José Luis Reyes Carrillo
Pedro Cano Ríos
A. M. Reséndez Rubi M. Soto

As abelhas e a polinização do melão

José Luis Reyes Carrillo
Pedro Cano Ríos
A. M. Reséndez Rubi M. Soto

As abelhas e a polinização do melão

ScienciaScripts

Imprint

Any brand names and product names mentioned in this book are subject to trademark, brand or patent protection and are trademarks or registered trademarks of their respective holders. The use of brand names, product names, common names, trade names, product descriptions etc. even without a particular marking in this work is in no way to be construed to mean that such names may be regarded as unrestricted in respect of trademark and brand protection legislation and could thus be used by anyone.

Cover image: www.ingimage.com

This book is a translation from the original published under ISBN 978-613-8-97694-3.

Publisher:
Sciencia Scripts
is a trademark of
Dodo Books Indian Ocean Ltd. and OmniScriptum S.R.L publishing group

120 High Road, East Finchley, London, N2 9ED, United Kingdom
Str. Armeneasca 28/1, office 1, Chisinau MD-2012, Republic of Moldova, Europe
Printed at: see last page
ISBN: 978-620-7-63576-4

Conteúdo

Do autores

José Luis Reyes Carrillo . Engenheiro Agrônomo Zootecnista do Instituto de Tecnologia e Estudos Superiores de Monterrey (ITESM), Monterrey, Nuevo León; Mestrado em Administração em o ITESM Campus Laguna e Doutor em Ciências Agrícola pela Universidade Autônoma Agrário Antonio Narro (UAAAN). Membro do Comitê de Saúde e Produção Apfcola do Conselho Técnico Conselheiro Nacional de Saúde Animal (SENASICA-SADER) e apicultor desde 1977. Membro do Corpo Acadêmico Sistemas Sustentável para Produção Agricultura (CASISUPA) e Rede Acadêmica de Inovação em Alimentação e Agricultura Sustentável (RAIAAS). Concorrente em 133 publicações técnicas e ciências , 8 livros como autor e coautor . Orientador principal de 113 teses de bacharelado , coorientador de 132 e colaborador em 25 teses de pós-graduação . Professor-pesquisador do Departamento de Biologia da UAAAN, Unidade Laguna (UL) em Torreon, Coahuila, México. Pesquisador Nacional Nível I do Sistema Nacional de Pesquisadores (SNI) do Conselho Nacional de Ciência e Tecnologia (CONACYT)

Pedro Cano Rfos . Engenheiro Agrônomo pela UAAAN de Saltillo, Coahuila em 1972, com mestrado (1977) e doutorado. em Genética (1986) na New Mexico State University, EUA. Pesquisador do Instituto Nacional de Pesquisa Silvicultura Agrícola e Pecuária de 1972 a 2007. Pertence à CASISUPA. Participou na publicação de 81 artigos científico , 90 artigos in extenso, 10 livros / panfletos , 20 capítulos de livros , 7 desenvolvimentos tecnológico , 2 livros editado e na qualificação de 318 bacharelado , 27 mestrado em ciências e 19 doutorados . Atualmente realizando como Professor-investigador do Departamento de Horticultura da UAAAN-UL. Pertence ao SNI do CONACYT Nível I com nomeação emérito em 31 de dezembro de 2027

Alejandro Moreno Reséndez . Engenheiro Qtimico , Universidade Autônoma de Coahuila (FCQ), Mestrado em Ciências em Solos e Doutor em Ciências Agrícola , Universidade Autônoma Agrário Antonio Narro. Professor - investigador , Departamento de Solos , UAAAN-UL. Pesquisador nível I do SNI-CONACYT. Membro da Sociedade Mexicana de Ciência do Solo , Coordenador AC do Corpo Acadêmico Sistemas Sustentável para Produção Agricultura , UAAAN-CA-14 e Rede de Inovação Acadêmica em Alimentação e Agricultura Sustentável , patrocinado por o Conselho Estadual de Ciência e Tecnologia de Coahuila e a Comunidade de Instituições de Ensino Superior de La Laguna (COECYT-CIESLAG). Publicou 58 artigos científico , revistas nacionais e internacionais , 40 capítulos de livros autor e coautor . Orientador de 48 teses de graduação e 15 teses de pós-graduação . Palestrante em Congressos Nacionais e Internacionais com 15 conferências magistral . Membro do Comitê de Arbitragem de 10 revistas periódico Nacional e internacional .

Rubi Muñoz Soto. Engenheira Bioquímica formou-se na Universidade Autônoma de Coahuila e fez mestrado em Administração de Capital Humano pela Universidade CNCI. De 2010 a 2014 chefe do Programa Acadêmico de Engenharia em Processos Ambiental e de 2014 a 2018 responsável pela área de Controle Escolar e Serviços Universitários . Publicou 10 artigos cientistas e participou como principal conselheiro e colaborador na formatura de 72 alunos de diversas carreiras em grau . No momento professor-investigador e chefe do Departamento de Biologia da UAAAN-UL.

Prólogo

Iniciar mundo Existem mais de 20.000 espécies de abelhas e entre elas estão muitos que polinizam , tanto a vegetação selvagem , como o culturas de interesse para os humanos . A abelha mais conhecida é a abelha meHfera (*Apis mellifera* L.) que é apreciada majoritariamente para mel , pólen , cera , própolis , geleia real e veneno de abelha que produz. No entanto, o benefício destes produtos é insignificante em comparação com a função destes insetos como polinizadores , um serviço enorme ambiental útil para a conservação da biodiversidade e para a produtividade culturas que beneficiam a humanidade . Através de milhões de anos a abelha euKfera evoluiu para se tornar em a espécies surpreendentemente adaptável; desenvolvimento hábitos extremamente gregário e organizado para viver em grande grupos dividido em um sistema de castas composto por a A maioria das abelhas fêmeas inférteis , chamadas trabalhadores , um grupo minoria de homens férteis conhecidos como drones e um abelha rainha . Os trabalhadores executar todos o colmeias enquanto a rainha e o os drones são os jogadoras . A principal forma de comunicação entre todos eles são realizados através da troca de sinais aromáticos , isto é , substâncias produtos químicos voláteis . Os sinais que a rainha emite manter harmonia e organização dentro da colônia, e tudo esse juntamente com o diligente trabalho dos trabalhadores , permite manter unhas excepcional condições de vida dentro da colmeia .

Em seu caminho abelhas evolutivas euKferas desenvolvido a relação simbiótico com plantas angiospermas que conquistariam o mundo . São pisos eram em desenvolvimento unhas estruturas atraentes e coloridos , que oferecem aos seus visitantes a recompensa de um substância delicioso em açúcares chamado néctar, em troca do transporte de seus gametas masculino , - o pólen -, para outros estruturas igual em outros plantas a serem fertilizadas . Foi assim que as flores foram formadas . O pólen em si constituído a recompensa , já que tinha um alto conteúdo proteína e as plantas a produzem em grande quantidades , tais maneira que eles poderiam para satisfazer as necessidades alimentação de seus visitantes e até garantir que sempre tive o suficiente para carregar para outras flores.

Para o transporte de pólen de um flor para outro é chamado de polinização , que é o mecanismo que permite a reprodução sexuada de plantas e abelhas são especialistas polinizadores . Adicionalmente o néctar processado pelas abelhas é o principal constituinte do mel . Quando depois da polinização sobrou fertilização do estigmas florais e com ele a união dos gametas masculino e feminino , isso dá origem ao frutas e sementes que mais tarde Eles poderiam ser dispersos para ir para um ambiente fértil em onde germinará para se tornar em novo andares . Esta continuidade Garante a permanência da espécie , princípio evolutivo de sobrevivência .

Polinização através de abelhas garante a espécie vegetais a fertilização cruzado , ou seja, entre indivíduos diferentes , evitando assim a autofecundação , que é degenerativa para a maioria das espécies . Este benefício da função abelha polinizadora se multiplica quando a visão é ampliada no nível do ecossistema e ainda mais quando exibido da perspectiva global . Por esta razão, considera-se que as atividades das abelhas impacto numa direção positiva em todos ele mundo já que todas as espécies de plantas Dependem direta ou indiretamente das abelhas para sua crescimento e reprodução . Esta atividade tem tal transcendência que Maurice Maeterlinck, naturalista , ganhador do Prêmio Nobel de Literatura e escritor do livro *A vida da abelha* disse : " Tire a abelha do chão e em ele mesmo golpe que você suprime pelo menos cem mil plantas que não sobreviverão . "

Este trabalho constitui um compêndio , exemplo e explicação de algo que acontece na maior parte ecossistemas, tanto naturais como modificado por homem e que é essencial para a vida vegetal , a polinização realizada pelas abelhas . É um síntese de vários casos de estudo sobre ele cultivo de melão (*Cucumis melo* L.). Em cada capítulo do presente livro foi capturado o esforços por contribuir todos classe de dados prático sobre polinização dos poros o resto importante cultivo de melão . Esta espécie goza de grande aceitação entre consumidores dada a agradável consistência do seu polpa , o sabor tão doce da fruta e seu conteúdo de biocomposto funcional como vitaminas e antioxidantes . Tem uma grande procura ao nível mundo e seus preço pode ficar muito alto em alguns países onde não têm condições adequado para o seu Produção como ele está caso do Norte da Europa e do Japão . Para ele contrário , em países Assim como o México, acontece o contrário , que devido à oferta excessivo ele preço fica tão baixo que prejudica o produtores .

Você tem em suas mãos um trabalho extremamente útil . Nele ele conhece toda a informação possível sobre ele cultivo de melão e sua polinização para que ambos produtores inexperiente como o com experiência pode beneficiar do seu leitura . A intenção de seus autores é clara de que em consideração de todos o temas que são discutidos aqui , o agricultores pode gerir as suas culturas de uma forma mais produtiva e sustentável . É responsabilidade de todos pegar em perceba que o culturas não existem isolado mas eles formam parte de um ecossistema em onde todos o componentes são peças importante da sua biodiversidade e são necessários alguns para outros para poder função . Nele , um espécies prosperar apenas quando os outros espécies ou componentes prosperar também . Isto é crucial para entender porque as atividades do homem afetam o ecossistemas e quando a espécies morra ouna componente é destruído , tudo o resto do ecossistema parece afetado .

Dr. José Luis Garda Hernandez
Pesquisador Nacional Nível III do SNI
Líder do Corpo Acadêmico " Produção Agrícola Sustentável " consolidada
Chefe do Departamento de Pesquisa da Faculdade de Agricultura e Zootecnia da Universidade Juarez do Estado de Durango, México

Prefácio

Como parte dos incontáveis relações ecológicos que têm lugar dentro do ecossistemas terrestre , existe um de extrema importância que é dado de forma simbiótico entre certos animais e plantas , polinização . Os agentes reguladores deste mecanismo natural são polinizadores . O equilíbrio dentro destes relacionamentos é alcançado graças ao fato de que grupo de polinizadores Está integrado por uma grande variedade de insetos , aves e mamíferos . É a partir disso maneira que a natureza tentar garantir a polinização .

Entre todos o polinizadores , os insetos ocupar o primeiro lugar , tanto em número como em diversidade e as mais importantes são, sem dúvida , as abelhas , por dele estaca na polinização de culturas que alimentam milhões de pessoas humanos e muitos animais doméstico . Outros importante Os polinizadores são vespas , moscas , borboletas, alguns espécies de mosquitos e muitos espécies de besouros .

As abelhas Eles polinizam mais de 70% das aproximadamente 100 espécies que os humanos cultivada para diversos fins. No total, estima -se que as abelhas Eles polinizam mais de 25 mil espécies de plantas com flores . Outro facto Importante é que 60% das frutas e vegetais que consumimos hoje eles desapareceriam Sim eles vão parar de ser polinizados pelas abelhas .

Em relação à atividade apfcola , nas condições de um clima semideserto como o da Comarca Lagunera , as abelhas face diversos desafios anualmente para sobreviver . Algumas das dificuldades são clima extrema e escassez de recursos em certo épocas do ano ou alguns anos . Para outro parte , a conversão das terras que originalmente era cobertura vegetal nativo num atual mosaico de culturas agrícola não é o cenário mais adequado para desenvolver a apicultura saudável na região, em todos porque existir culturas que são regularmente pulverizado com inseticidas produtos químicos que afetam seriamente ou matar as abelhas .

O melão é um dos produtos horripilantes mais importantes na Comarca Lagunera , que também ocupa o primeiro lugar em produção deste cultivo de nível nacional . Os pomares de melão oferecem um nicho de oportunidade para as abelhas , pois oferecem recursos alimentos e tempo eles precisam da abelha para um polinização adequado . Diversos estudos Eles têm demonstrou que o uso de abelhas em ele cultivo dá resultados magnífico aumentando ele Desempenho por hectares , bem como ele tamanho da fruta . No entanto, esta informação é normalmente ficar em o meios de divulgação científica nada mais e não atingem o principal interessado como o agricultores e os apicultores . PARA Isso ocorre porque quando o tema entre eles , existe muitos questões sobre manejo de abelhas nos pomares de melão .

Ciente do problema , o autores deste livro que eles assumiram a tarefa de reunir toda a informação relevante e convidativo para especialistas em ele tópico para apresentá-lo em um Maneira técnica e prática para informar , esclarecer dúvidas e orientação horticultores e apicultores em ele dirigindo adequado para melão e abelhas em ele horta .

Eu convido o leitores aproveitem isso local de construção Tenho certeza que seu conhecimento aumentará em ele gestão do jardim e que se beneficiarão dos benefícios que as abelhas oferecem como polinizadores em esses agroecossistemas .

Dr. Arturo Daniel Tijerina Chavez

Diretor Regional Centro Regional Norte de Pesquisa Centro Instituto Nacional de Pesquisa Silvicultura , Agrícola e Pecuária

Obrigado

trabalho colaborativo dos alunos de graduação , mestrado e doutorado é motivo de gratidão . em o trabalho de pesquisa que deu origem para o resultados apresentados em cada capítulo

pessoal do Laboratório de Solos da Universidade Autônoma Unidade Agraria Antonio Narro Laguna, QFB Norma Lidia Rangel Carrillo, TQ Juan Carlos Mej^a Cruz e TQ José Silverio Alvarez Valadez pela seu apoio inestimável em ele análise e processamento de amostras pesquisar projetos

Ao QFB Ana Maria Mej^a Fernandez e Ex . Paulino Aguilar Marchand do Laboratório de Biologia da Universidade Autônoma Unidade Agrária Antonio Narro Laguna por dele ajuda em ele processamento de pólen e fotografias microscópicas

Ao QFB Vfctor Alcantar Rosales do Centro de Investigação e Assistência em Tecnologia e Design do Estado de Jalisco campus Apodaca, Nuevo León por ele análise de pesticidas em mel e cera

À Associação de Apicultores de Laguna para dele estreito colaboração na detecção de problemas parasitas e perda de colmeias por pesticidas

Para o fotógrafos que com oportunidade capturou as imagens que ilustram o diferente capítulos

À Fundação Produce Coahuila , AC por dele apoiar econômico nas investigações iniciais na polinização do melão com abelhas euHferas na região de Laguna

Universidade Autônoma Agrário Antonio Narro por ele financiamento para projetos de pesquisa

Ao MVZ Juan Ernesto Enemegio Marrero em dele desinteressado ajuda na criação do glossário

Agora Doutor Roberto Quintero Dominguez aluno brilhante do Centro Universitário de Ciências Ciências Biológicas e Agrícolas da Universidade de Guadalajara pela revisão exaustiva e altruísta deste local de construção .

" Sentir gratidão e não expressá -la é como embrulhe um presente e não dê "

William Arthur Ward

Autores e colaboradores do capítulos
Azucena Vargas-Valero. Instituto Nacional de Pesquisas Florestais ,
Agropecuárias (INIFAP), Campo Experimental de Edzna , Campeche- Pocyaxun
, Campeche. E-mail: azvalero@gmail.com
Eduardo Castro Martínez . Campo Experimental INIFAP La Laguna, Matamoros,
Coahuila (falecido).
George Maltos Buendía. Campo Experimental do INIFAP La Laguna,
Matamoros, Coahuila. E-mail: maltos.jorge@inifap.gob.mx
José Luis Galarza Mendoza. Instituto Tecnológico de Torreón, município de
Anna de Torreón, Coahuila. E-mail: galarzajl@yahoo.com.mx
João Cabrera Reis. Instituto Tecnológico de Torreón, município de Anna de
Torreón, Coahuila. Coahuila: cabra_kingsj@yahoo.com.mx
Luis Henrique Moreno Alvarado. Orientador agrícola Correspondência:
emoreno.s.stairs@gmail.com
Pablo Preciado-Rangel. Universidade autônoma Agrária Antonio Narro, Unidade
Laguna, Torreon, Coahuila. E-mail: apreciador@yahoo.com.mx
Urbano Nava Camberos. Universidade Juarez do Estado de Durango, Gomez
Palacio, Durango. E-mail: nava_cu@hotmail.com
Verônica Ávila Rodriguez. Universidade Juarez do Estado de Durango, Gomez
Palacio, Durango. E-mail: vavilar@gmail.com
Verônica Garda Mendoza. consultoria empresarial agrícola Correspondência:
agronegociosrentablesmktg@gmail.com

Abelhas forrageiras nas flores da erva olho de gato (Fotografia Jordan Hernandez Sanchez)

"Se as abelhas apenas coletassem néctar de flores perfeitas, não poderiam
produzir nenhum "uma única gota de mel "

Matshona Dhliwayo

" Parece-me , Sancho, que não há provérbio que não seja verdadeiro ,
porque são todas frases tirado dele experiência , mãe das ciências todos
"

Don Quixote

Apresentação

Obter o máximos rende , na maioria culturas requerem a atividade de insetos que realizam a polinização . Quando o polinizadores são escassos ou ineficientes , a quantidade e a qualidade dos frutas diminui . Entre o polinizadores do plantações agrícola , abelhas meKferas são os melhores conhecido . Esses trabalhoso os insetos são extremamente eficiente para polinizar e também eles aproveitam o néctar das flores para produzir Mel .

Para que o leitor possa saiba mais sobre esses interessante insetos e aprenda para apreciá- los e respeitá-los , eles incluem em esse livro tópicos como a vida dentro da colméia e comportamento das abelhas , fluxo de entrada e saída das abelhas da colméia , captura de pólen , coleta de outros materiais durante o tempo de escassez , africanização e Síndrome da Colmeia Desaparecida . Todos eles são fatores que afetam a sobrevivência das abelhas e, portanto , sua disponibilidade e eficiência na polinização .

O melão, melão chinês ou reticulado , é um dos culturas que necessitam de abelhas para seu polinização , mas são poucos o produtores que colocam urticária em suas plantações ou se os colocam , o fazem em um inadequado .

O uso da abelha meKfera para polinização de poses de melão diversos questões , entre as quais se destaca a importância da localização das colmeias . Estes não podem ser em dentro da área de cultivo porque atrapalhar o trabalho manuais de irrigação e controle de ervas daninhas e há ele risco de mordidas . Assim É sempre melhor localize-os na periferia . Outro consideração importante é determinar o momentos mais oportunos para instalá- los e removê-los tendo em conta a influência da distância do apiário na produção e qualidade da fruta ; Além disso , ele acesso ele mesmo às colmeias para gerenciá-las Deveria ser fácil .

Embora seja sabido que a flor do melão é atrativa para as abelhas , principalmente por dele pólen que é muito abundante , e seu néctar, embora Isso é escasso , agricultores Precisa de mais informação sobre ele comportamento das abelhas durante a polinização do melão : padrões e quantidade de captura de pólen , distribuição temporal e espacial das abelhas Em suas visitas ao acervo , o número colmeias ideais por hectare por um correto polinização e o abelha forrageando em pisos selvagem ou cultivado diferente das plantas de melão nas proximidades da cultura . Devido ao exposto , propósito fundamental deste trabalho é responder aqueles perguntas e fornecer informações para que agricultor , com apoio do apicultores , alcançam máxima qualidade e desempenho em suas áreas , considerando suas momento o controle de ervas daninhas , pragas e doenças que afetam a lavoura , o trabalho agrícola , o solo e nutrição também poderia afetam as abelhas e seus Função como polinizadores .

" Os livros são as abelhas que carregam ele pólen de um inteligência para outro " James Russel Lowell

1. Polinização

Azucena Vargas-Valero, José Luis Reyes-Carrillo e Alejandro Moreno-Resendez

Introdução

Polinização é a transferência de pólen de estames , parte macho da flor , até estigma , parte feminino de um flor para outro do mesmo espécie . Isto como isso começa ele mecanismo de fertilização e o conseqüente produção de frutos e sementes [1] . Este processo pode ser realizado por vetores Bióticos como o animais e abióticos como ele vento e o água , embora a maioria das plantas com flores dependa de água . animais , principalmente insetos , entre Os polinizadores mais numerosos e eficientes são as abelhas , que são , portanto, excelência participar em Está atividade de grande importância econômico e ecológico em agroecossistemas [2] . É tal dele relevância , que a maior parte alimentos que são consumidos em ele mundo Dependem da polinização [3] . Plantas que requerem polinização atrair responsável por isso processo através de flores vistosas , oferecendo dois importantes recompensas : néctar e pólen . O néctar, composto por açúcares , aminoácidos , minerais e substâncias aromáticos , é fonte de energia para alguns animais como abelhas , borboletas , beija-flores e mariposas , enquanto o pólen Representa a fonte de proteínas e lipídios , abelhas ao mesmo tempo vez que se alimentam do néctar, recolhem- no e transportam -no para o ninho como fonte de alimento para seus descendentes [4] .

As plantas e polinizadores Eles carregam milhões de anos em coevolução , constituindo a proporção de mutualismo [5,6] No entanto, foi relatado recentemente a diminuir aumento significativo do número de polinizadores , o que tem gerado grande preocupação devido às suas repercussões ambientais tão econômico [7] . Vários pesquisar Eles têm permitido determinar que as causas da "crise do polinizadores " são: 1) a introdução de espécies insetos exóticos que competem por recursos como néctar e pólen e que carregam parasitas , 2) desmatamento , 3) grandes extensões de monocultura , 4) o usar uso indiscriminado de agroquímicos e 5) o alterações climáticas [8,9,10] .

Devido ao exposto, em ele presente capítulo destaca a importância de polinizadores , como também são descritas abelhas , formigas , vespas , moscas , mariposas , besouros , beija-flores e morcegos. algumas de suas características e comportamento , bem como o fatores que afetam dele diversidade e abundância .

Coevolução

Existe a relação evolutiva entre plantas e polinizadores que resultou em resultado ele melhoria do mecanismo de reprodução sexuada das plantas , por um lado , e por outro lado outro , adaptação anatômico e comportamental polinizadores . A reprodução sexuada permitiu que as plantas produzissem sementes e frutos , e facilitou a propagação e sobrevivência das espécies que as constituem . ele alimentos para animais e humanos [11] . As adaptações do polinizadores levou à existência de polinizadores que são generalistas e visitam uma grande variedade de plantas para obter dele alimentos , bem como polinizadores pessoas específicas que visitam um pequeno número de andares [5] . Dentro deste relacionamento complexo foi gerado a forte competição entre polinizadores por ele acesso ao néctar e pólen , e entre plantas , para atrair polinizadores através da cor e do cheiro das flores.

relação planta- polinizador Está regulada por quatro fatores:1) a abundância de recursos floral , 2) a disponibilidade de ambientes de nidificação , 3) a presença de predadores e patógenos e 4) pesticidas [12] . Para outro lado , a perturbação do ecossistemas , conversão de habitat [e] homogeneização da paisagem 13 Eles têm Eu venho alterando comunidades de plantas polinizada e a função de polinização , colocando em sério risco de desaparecimento polinizadores e serviço polinização ecológica . Em lugares onde Isso aconteceu , se houver existia como um serviço gratuito e abundante , tornou- se em um serviço escasso e caro .

A importância de polinizadores em o ecossistemas

Importância de polinizadores para vegetação selvagem

A polinização é um serviço que polinizadores eles fornecem ao ecossistema . Sem ela ou sem eles , o o ecossistema foi seriamente afetado [14] ; Kremen e colaboradores [15] indicam que 60 a 90% da vegetação selvagem depende direta ou indiretamente do insetos polinizadores para o seu reprodução . O habitat natural proporciona fontes de alimentos alternativas e locais de nidificação para polinizadores . Isto é de extrema importância , uma vez que o fornece recursos quando o as colheitas não são na floração [12,16] . Foi demonstrado que a área natural em torno dos campos agrícolas aumenta a diversidade de polinizadores [17] .

A importância de polinizadores para a agricultura

A abundância e diversidade de polinizadores eles garantem uma prestação sustentada de serviços de polinização a uma ampla diversidade de plantas . Para nivelar em todo o mundo , polinização contribui consideravelmente para o desempenho agrícola [18] ; No entanto, o crescimento atividade excessiva agricultura causou isso ao longo dos últimos décadas são cortadas as florestas e são desmatadas indiscriminadamente milhares de hectares para dar espaço para a chamada agricultura intensivo . O desaparecimento da vegetação selvagem colocado em perigo para muitos espécies polinizadoras , como abelhas selvagem , gerando a incapacidade de ecossistemas para gerar ele serviço polinização ambiental não apenas para vegetação selvagem mas também para os grandes extensões de culturas [19] . Se o sistemas agrícola permanecerá confinado a um pequeno escala e se abstiveram de usar agroquímicos , eles poderiam contribuir para apoiar o polinizadores naturais e melhorar a reprodução das plantas [20] . Uma estimativa global indica que a produção de mais de 87,5% das plantas cultivado depende principalmente do insetos polinizadores [6,21] e um terço dos plantações agrícola depende do seu ajuda para a polinização . Para nivelar mundo foi estimado o valor econômico da polinização em 265 bilhões de dólares anualmente [22] . Assim , para complementar a actividade da polinizadores locais , agricultores aluguel colmeias de abelhas ou zangões [15] . Os produtores agrícola do Os Estados Unidos da América e a Europa são os únicos ter claramente identificado ele beneficiar economia da polinização [22] .

Mesmo que cereais são polinizados majoritariamente por ele vento ou autopolinização , foi demonstrado que com a participação de insetos polinizadores , dão melhor rendimentos e maior qualidade [23] . As colheitas hortícola como nozes , frutas , vegetais , oleaginosas e alguns forragem usado para alimentação de gado depender exclusivamente do insetos polinizadores , então diminuir em suas populações isso afeta sério produção dessas culturas [24]

flor de girassol com um abelha coletando ele pólen que constitui dele comida (Fotografia de Juan Cabrera Reyes)

Principal polinizadores

Entre o polinizadores mais eficientes são encontrados abelhas , borboletas, moscas , besouros , mariposas , vespas , formigas , pássaros e morcegos , entre outros . Através das visitas às flores facilitam e melhoram a produção do alimentos e têm impacto positivo em meio ambiente ajudando a manter a biodiversidade em ecossistemas [18,25]. O seguinte descreve o comportamento do principal grupos de polinizadores : insetos , beija-flores e morcegos .

insetos

Os insetos entender ele maior e mais diversificado grupo do reino animal . Polinização entomofilia , ou seja , aquela realizada por insetos , é a categoria mais antiga e importante em ele grupo de animais polinizadores : os As ordens mais representativas são Hymenoptera , D^ptera , Lepidoptera e Coleoptera [26].

Abelhas, zangões , vespas e formigas

Iniciar ordem Hymenoptera são as abelhas , os abelhas do gênero *Bombus* , formigas e vespas . PARA esse conjunto pertencem às espécies que possuem desenvolveu a mais alta organização social, como a abelha meHfera e vários espécies do gênero *Bombus* . No entanto, a grande maioria das abelhas é solitária e existe muitos que são cleptoparasitas , ou seja , roubam ele comida do que outros espécies Eles têm coletado ou produzido [29h30].

Pequeno formigas visitando as flores de cenoura (Fotografia José Luis Reyes Carrillo)

Características e comportamento do Himenópteros

Os himenópteros são pequenos , comparados às borboletas e mariposas , e , besouros , que têm representantes que conseguem superar 15 centímetros . Eles têm um dispositivo oral equipados com mandíbulas que utilizam para cortar e transportar o comida - como ele pólen - ou com línguas para lamber ou chupar o néctar Eles visitam as flores cujas aparência e mecanismos biológico atrai sobre tudo para as abelhas , essas flores têm certo características que insetos identificar como sinais , como a coloração em tons que vão do branco ao amarelo indo pelos seus vários nuances , ou azul claro , um cheiro muito doce perfumado , um corola tubular simétrica pequeno em cujo mentiras de fundo o néctar, e eles geralmente oferecer pólen em quantidades que podem ser escassas ou muito abundantes [1, 27] . A concentração de açúcares no néctar que eles preferem o insetos para o seu a comida está em média de 31,2% para espécies diurno com uma língua curta - menos de um centímetro - como abelhas e moscas . Para espécies que também são diurnas mas Possuem língua comprida - mais de um centímetro -, como o abelhas e alguns abelhas grande , é de 32,7% [28] .

A grande diversidade de Hymenoptera implica que eles podem ser encontrar em uma grande diversidade de habitats. Abelhas , zangões e vespas são os polinizadores mais abundantes , é comum encontrá-los em quase qualquer Lugar do mundo em onde existir angiospermas . As formigas , por dele parte , eles são mais abundantes Nas regiões tropicais e subtropicais , vivem em ele solo e árvores ; como alguns espécies de abelhas , formam colônias muito grandes numerosos , altamente organizado e dividido em castas em que cada membro tem a função específica [29h30] .

As abelhas melíferas e o abelhas do gênero *Bombus* Eles têm desenvolveu um sofisticado sistema de comunicação . Em primeiro lugar Eles têm um laboratório corporal completo para síntese e liberação substâncias controladas produtos químicos voláteis que servem para transmitir sinais comportamental , mas Além disso , são capazes de informar , através de movimentos rítmico sequenciado complexo Informação sobre fontes de alimentos e água , demonstrando a incrível associação de dados como direção, distância e qualidade do alvo , bem como cores , cheiros e formatos de flores [31] . Ambas as abelhas euKferas , como o abelhas e um tribo disso mesmo família de abelhas chamadas Euglossinas , são de hábitos forrageando e coletando generalistas ele pólen de vários fontes floral . A especialização ocorre com mais frequência em abelhas solitárias [5,32] . Ser generalista influências na acessibilidade às fontes alimentares , na digestibilidade e na variação do conteúdo nutricional [5] do que é recolhido . espécies de língua longa Eles têm a vantagem do poder bebem o néctar das flores de um maior número de plantas , enquanto aquelas espécies que possuem língua curta [33] só podem pecorear em flores com corolas tubulares shorts . As formigas São também generalistas [34] .

Pesquisar sobre ele comportamento do Himenópteros

Principal Polinizadores de jatropha estão em dele maioria insetos . Besouros , moscas e abelhas coleta néctar e pólen , enquanto formigas , vespas e borboletas apenas procurando por o néctar [35] . A planta Bendejo é polinizada por formigas , abelhas tênias e moscas . Entre eles , moscas os pequenos e as formigas eles vieram procurando néctar e polinívoros , abelhas e moscas médio e grande porte , buscaram pólen [34] . Para outro Side , de la Pena e colaboradores [36] Eles relatam que polinizadores de flores de abacate no México e na América Central em dele A maioria delas são abelhas , seguidas por vespas , moscas ,

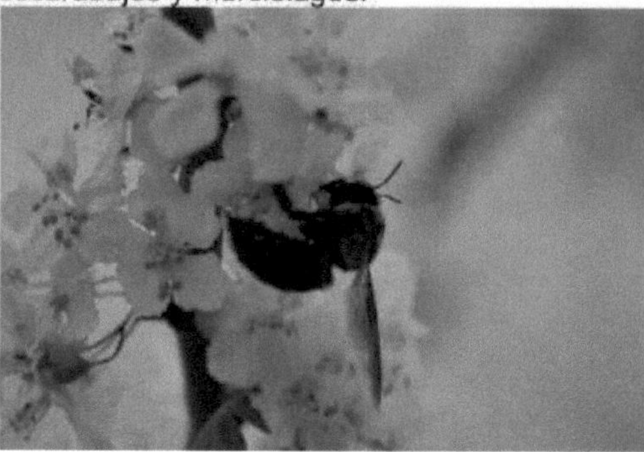

Vespa visitando as flores de uma algaroba americana (Fotografia Isabel Blanco Cervantes)

Na polinização da palmeira solitária , o maior número de visitantes floral Eram dos besouros e Hymenoptera , porém as abelhas sem ferrão eram o visitantes mais eficientes [37] . Da mesma forma maneira , o O polinizador mais abundante e eficaz do coentro foi a abelha [38,39] . Iniciar cultivo de melão reticulado , polinização com abelhas garantias o máximos retorna quando a polinização é induzida colocação urticária em cultivo [40] .

Moscas e mosquitos

existir aproximadamente 150.000 espécies de d^pterans descrito em nível em todo o mundo , dos quais se estima que existam cerca de 30.000 espécies no México [26] . Iniciar ordem Diptera são as moscas , mosquitos e mosquitos , que embora sejam um grupo de insetos muito pouco apreciados , eles desempenham um papel importante nas interações ecológico como polinizadores [41] e são um dos três mais antigo e diversificado grupos de animais do mundo [42] .

Características e comportamento do dípteros

Assim como o himenópteros , os d^pterans são geralmente de tamanho pequeno , embora alguns moscas eles podem chegar até sete centímetros de comprimento . Eles apresentam um dispositivo oral adaptado para chupar Kquidos . Esses insetos Eles visitam as flores que têm ele projeto e mecanismos biológico para atrair sobre todos moscas : cores discretas como ele roxo ou verde -, fragrância de substâncias em decomposição , néctar escasso ou ausente , pouco pólen e um Corola rasa e não simétrica [27] .

Mosca se alimentando de flor cempoal (Fotografia Isabel Blanco Cervantes)

Vivem em um grande número de habitats terrestres , com maior diversidade em o trópicos . Eles são encontrados perto de fontes de alimento , como vegetação em ele caso do d^pteros nectarívoros e polinívoros , a questão em decomposição em ele caso do necrófagos e necrófagos e animais em ele caso do d^pteros hematófagos , que se alimentam do sangue que deles sugam . Moscas e mosquitos são essenciais nas cadeias trófico do ecossistemas já que devido à diversidade de seus hábitos alimentares ocupar a importante variedade de nichos ecológico , principalmente por ser fonte de alimento para outras espécies [41] , bem como pelos seus serviços como polinizadores generalistas altamente uniforme e eficaz [33] .

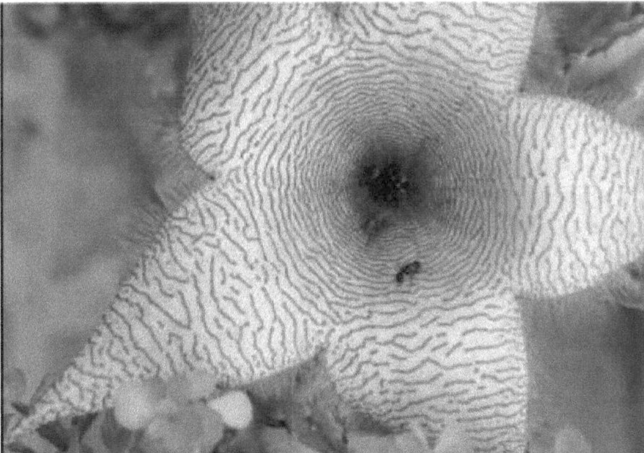
Flor de lagarto , planta ornamental suculenta com moscas atraído por dele fétido cheiro (Fotografia José Luis Reyes Carrillo)

Pesquisar sobre ele comportamento do dípteros
As moscas são polinizadores de pelo menos 555 espécies selvagem e mais de 100 espécies cultivado como manga , caju , cacau , cebola , morango , brócolis , mostarda , cenoura , maçã e mandioca [42] . As moscas Calliphoridae se reproduz comercialmente como polinizadores do plantações mencionado e alguns outros

como nabo , girassol, trigo sarraceno , alho, alface , pimenta e tomate [19].

Flores de manga em uma plantação em Culiacán, Sinaloa (Fotografia Hector Genaro Galindo Rodriguez)

Borboletas

Borboletas e mariposas - palomilas - pertencem à ordem das lepidópteros . Seu nome é derivado do grego " *lepidos* " que significa escamas e asas " *pteron*", ou seja , "asas com escamas ". Como é habitual na nomenclatura de seres vivo , isso nome é muito apropriado já que de fato , quando você os vê sob o microscópio , você pode observe que as asas estão constituído por a delicado filme translúcido área coberta por escamas coloridas . Mora em todos o continentes exceto na Antártica e são mais numerosos e diversos em o trópicos . existir aproximadamente 150.000 espécies de borboletas e mariposas em ele mundo , do qual cerca de 18.000 espécies Correspondem às borboletas e o restante às mariposas . No México eles vivem aproximadamente 1.800 espécies [26].

Borboleta visitando as flores da planta Lantana (Fotografias Isabel Blanco Cervantes)

Características e comportamento do lepidópteros

Esses insetos eles visitam as flores lepidopterófilas , termino genérico para todas as espécies morfologicamente adaptado à polinização por lepidópteros . Eles são subdivididos em borboletas diurnas , borboletas esfinge e borboletas noturnas . Entre seus interessantes adaptações as flores estão se abrindo sincronizado à noite , corolas brancas a creme , corola tubular muito estreito e longo com um simetria radial ou bilateral , fragrância doce e emissão de aroma que começa suave e se torna mais intenso à tarde , presença de néctar abundante e escondido no fundo do tubo , com quantidade regular de pólen [27]. Esses insetos Eles podem ser de muito pequeno a muito grande , com medidas de 20 milímetros a 30 centímetros de ponta a ponta da asa . As antenas nas borboletas eles são mais longos , enquanto nas mariposas em dele A maioria deles é mais curta e mais fina ; Eles têm um dispositivo oral alongado , em forma de língua , chamado spiritrompa , que normalmente Está enrolado mas eles se esticam para

sugar Líquidos [26] .
A maioria das mariposas são crepusculares ou noturnas , enquanto as borboletas podem ser diurnas ou noturnas . A vida útil das borboletas e mariposas é curta , aproximadamente um mês , embora algumas borboletas como a Monarca possam viver até nove meses [32] .

Visita da borboleta monarca algumas flores de Aster (fotografia Jose Omar Enriquez Santacruz)

Os lepidópteros alimentação de adultos principalmente do néctar. Eles transportam aliás ele pólen que gruda no seu corpo enquanto Eles bebem das flores e carregam - nas num flor para outro contribuindo para isso caminho para a polinização . Em relação à concentração açúcares médios de néctar preferidos por espécie noturno é de 44,6%, sendo o maior em relação ao outros polinizadores (28); durante ele pecoreo se alimenta de diferentes fontes floral como parte da aprendizagem social [31] . Existem borboletas generalistas , que visitam todos tipo de flores e outros são especialistas que visitam apenas as flores de certos espécies de plantas [43] . Foi demonstrado que borboletas, ninfas e mariposas dia esfinge colibri são capazes de identificar e diferenciar a cor e o tamanho das flores [31] . As mariposas mostrar a especialização em ele pecoreo de igual ou menor como abelhas e pássaros [32] .

uma mariposa bebendo o néctar das flores de uma tília (Fotografia José Luis Reyes Carrillo)

Pesquisar sobre ele comportamento do lepidópteros Principal polinizadores de mostarda , gergelim e alguns vegetais são borboletas [44] . Também foi observado que eles visitam ativamente o culturas de macadâmia , amendoim , caju e mamão [19] . Em relação à eficácia polinizador de borboletas [45] sabe-se que embora sejam o visitantes mais frequentes de alguns espécies , elas não são as polinizadores mais importantes , porque não transportam nenhum depósito grande quantidades de pólen ; por Por exemplo , ao visitar as flores da planta silvestre " trombeta pinho dourado " as borboletas eram o visitantes mais frequentes embora eram o menos eficiente na polinização [46].

Foi descoberto que existe a relação proporcionalmente direto entre borboletas de língua maior , plantas com maior comprimento do tubo floral e maior teor de açúcar do néctar. Em relação ao hábitos de forrageamento , as borboletas têm um grau de especialização iguais ou menores que abelhas e beija -flores [32].

Para preservar o polinizadores em florestas na América [do] Norte, Hanula et al . mencionar a importância do bom práticas de manejo florestal para que as espécies de plantas que já vivem lá se beneficiem tempo ser reservatórios de polinizadores para recolonização de habitats circundantes .

Besouros

Para nivelar mundo são conhecidos cerca de 358 mil espécies de besouros da Ordem Coleoptera, agrupados em 165 famílias . No México houve 114 famílias foram relatadas e mais de 35.500 espécies são estimadas [26] e é o ordem mais antiga e mais rica em espécie . Esses polinizadores influenciou de uma forma importante na evolução das flores das angiospermas . Compreende espécies de hábitos diurno , bem como à noite e em dele maioria , o Os besouros são animais solitários [48].

Características e comportamento do besouros

O corpo do adultos é difícil e varia em tamanho bem existir espécies que medem de a fração de um miKmeter de até 15 centímetros de comprimento. Sua cutícula ou exoesqueleto Está composto por quitina e escleroproteínas que lhe conferem rigidez . Possuem dois pares de asas; o primeiro deles , chamado élitro , perdeu dele Função como uma asa e se tornou em a ngida estrutura protetora do outro par de asas que são funcionais . Na cabeça possuem um par de antenas , um par de olhos compostos que só faltam em alguns espécies subterrâneas e que vivem em cavernas e um aparelho mastigador oral [26] equipado com um mandfoula que em muitos casos é extremamente poderoso . Esses insetos Visitam as flores cantarófilas , isso com abertura diurno e noturno , com corolas de tubos rasos e simétricos , de cor imperceptível , com fragrância frutada em estado de decomposição , sem néctar mas com pólen abundante [27].

A maior parte Os coleópteros se alimentam de diferentes partes das plantas , como raízes , caules , folhagens , pólen , frutos ou sementes . Os besouros que polinizam as flores têm aparelhos bucais adaptado para coleção e consumo de néctar , mas sobre todo pólen . A evolução do besouros polinizadores representa a adaptação de um sistema de tipos generalista para único especialista bem em o primeiro não importa a abertura noturnos e são mais propensos para usar padrões de cores na maioria das flores . Os besouros polinizadores eles vão para as flores para três razões: 1) pela recompensa floral do néctar, 2) em procure um local de acasalamento e 3) em busca por proteção desde a flor ofertas proteção contra variações e intempéries [37.49].

Besouro alimentando- se de pólen em a flor hediondilla (fotografia Jose Omar Enriquez Santacruz)

Pesquisar sobre ele comportamento do besouros

Os besouros são os principal polinizadores familiares Annonacea , cujas flores, curiosamente , não produzem néctar. As pétalas são verdes e têm cheiro frutado . em estado de decomposição que também atrai tripes , moscas e baratas, entre outros visitantes [36,50,51] .

Tamaulipas Magnólia Possui sistema de polinização especializado já que você precisa necessariamente a visita do besouros do gênero *Ciclocefalia* . As flores oferecem como recompensa um néctar rico em carboidratos e baixo fibra . Eles abrem em a noite e estão abertos 24 horas . As pétalas são térmicas , ou seja, quando se abrem presente a temperatura alto que gradualmente está diminuindo [52] .

Aves

Os pássaros nectarífero por excelência são os beija-flores são distribuídos exclusivamente em ele Continente americano com cerca de 330 espécies , das quais 57 vivem no México [53] . Contudo há muitos outros espécies de aves que também são nectaríferas em maior ou menor extensão .

Características e comportamento das aves

Os pássaros polinizadores Eles visitam as flores chamadas ornitófilos , ou seja , aqueles que possuem adaptações para serem atraídas por eles . Caracterizado por ter a abertura ramo diurno , corola ou inflorescência predominantemente vermelho , amarelo, azul ou violeta , sem aroma, com abundante presença de néctar e quantidade regular de pólen . Suas corolas eles normalmente ter tubos longos e estreitos , com simetria bilateral [27] . Todas as espécies de beija-flores são pequenas ; seu peso vai de 2 a 24 gramas , possuem bicos longos e finos , línguas longas , tubulares , extensíveis , e todas as espécies são nectarívoras [27], [53] .

Beija-flor se alimentando da flor do ocotillo (Fotografia Isabel Blanco Cervantes)
Os beija-flores eles podem ao vivo em uma grande variedade de ecossistemas , como áreas costeiras , áreas áridas , selvas florestas úmidas e secas , temperadas e montanhosas , e até mesmo em áreas urbanas como parques e jardins . São somente ausente em áreas com climas muito frio Alguns espécies executar longas migrações distância , por exemplo , em América do Norte ele O urubu escuro se reproduz no Alasca e no Canadá e passa ele inverno em ele centro e sul do México. São pequeno Os pássaros se alimentam do néctar de uma grande variedade de plantas , polinizando as flores de mais de 1.000 espécies . A polinização ocorre quando bico na flor e espalhe sua língua para extrair o néctar Naquele momento Sua cabeça e pescoço estão impregnados com o pólen do estames e posteriormente o transporta para o pistilos de outras flores. Como vai relacionamento é benéfico tanto para a planta quanto para o beija-flores , é identificado como a interação mutualística [53] .
A concentração de açúcar do néctar que preferem para a sua dieta [28] é de 27%. Espécies de beija-flores de bico curto mostrar maior especialização em dele hábito alimentar [32] , [54] atraído para as flores vermelhas tubular , que produz quantidades concentração moderada de néctar e açúcar em ele faixa favorito por essas aves [55] .

Pesquisar sobre ele comportamento do beija-flores
Em um estudo em o Vale de Puebla sobre a polinização dos cactos colunares , conhecidos como " órgãos " constatou- se que durante ele d^a suas flores são visitadas por beija-flores e durante a noite por morcegos . A acumulação média o néctar diário nas flores desses cactos era de 0,087 microlitros , com um concentração de açúcar de 25 a 48%. Iniciar d^a foram observados três espécies de beija-flores e à noite , duas espécies de morcegos diverso mariposas . Os beija-flores apresentado maior frequências de visitas individuais transportadores de pólen em comparação com morcegos [55] .
Na cordilheira oriental da Colômbia , constatou -se que visitantes floral de maracujá eram as abelhas sem ferrão , as beija-flores , borboletas, vespas e moscas , porém, por dele comportamento e frequência de visitas são os últimos não têm impacto significativo na polinização então eles são considerados apenas como visitantes florais e não como polinizadores [56] .

Murcielagos
Os quirópteros são aqueles mamíferos alados que conhecemos mais comumente como morcegos . Iniciar mundo tem sido descreveu 927 espécies e no México existem cerca de 137 espécies . O número de espécies Tende a ser maior em regiões tropicais . A maioria das espécies de morcegos Mexicanos são insetívoros embora incluir outros os pequenos invertebrados em dele dieta (67,88%), mas Há também morcegos que se alimentam de frutas (16,06%), néctar e pólen (8,76%), carnívoros (3,65%), sangue (2,19%) e peixes (1,46%) [57] . Aqueles que se alimentam de néctar e pólen têm adaptado para obter dele alimento de algumas flores e em suas visitas , assim como acontece com o outros grupos de polinizadores que vimos , carregam ele pólen de um flor para outra permitindo assim a polinização .

Características e comportamento do morcegos
Eles visitam as flores que têm adaptações para receber a visita do morcegos e sendo polinizados por eles ; eles são conhecidos como espécies quiropterófila . Entre suas características estão as flores com abertura cor noturna e não chamativa como verde e branco , um cheiro de cogumelo mais intenso durante a noite , néctar e pólen abundantes , corola em forma de sino grande e pendente [27]

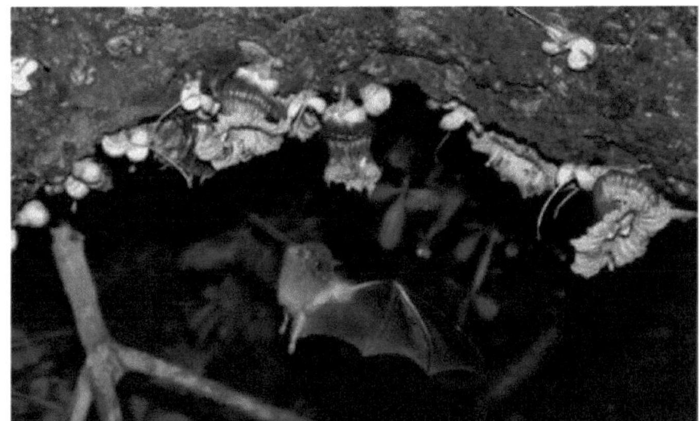
árvore tecomata em flor visitado por bastão em Urique , Chihuahua (fotografia Javier Cruz Nieto)

Os morcegos prefira para o seu alimentação com néctar de 44,6% de açúcar . Essa concentração é maior em comparação com o que a maioria das pessoas prefere . polinizadores diurnos [28] . As flores diferem daquelas polinizado de d^ para em termos de antese floral , cor e tamanho das flores , odor e volume de néctar [58] . Para ele voo noite , o morcegos eles navegam com um sistema ecolocalização especializada , emitindo pulsos de ultrassom shorts que lhes permitem recriar em dele cérebro um mapa perfeito do seu ambiente e localizar objetos e presas do ecoa esse retorno . Isto maneira como eles se movem suavemente em ausência de luz [59] .

Existem duas famílias de morcegos especializado em flores. A primeira é constituída por o morcegos encontrados na África, Ásia e Europa. Eles são considerados como visitantes oportunistas de flores porque dele dieta é muito diversos e entre outros comida também Eles consomem néctar. O segundo está integrado por o morcegos encontrados Na América. Eles são nectarívoros especializado bem, eles se alimentam exclusivamente do recursos florais [58,60] . Não como os outros polinizadores como insetos e pássaros , morcegos transporte grande quantidades de pólen em seus corpos e transferi -lo para grandes distâncias . Plantas que polinizam eles normalmente encontrar em tipo habitats árido e semi-árido com abundância de cactos e agaves, bem como em florestas tropicais secas como úmido com espécies como cultivava eucaliptos e bananeiras [58] .

Pesquisar sobre ele comportamento do morcegos

Muchhala et al · Descobriram que as flores da Afelandra eram polinizado por morcegos que carregavam grande quantidades de pólen e bons qualidade , sendo o responsável por aproximadamente 70 % do seu polinização ; por outro lado , há um especialização dos morcegos , devido à ausência de outros espécies de plantas e volume de pólen que estes eles transferem nas árvores tropical vem para o transporte grande quantidades ele pólen - até 18 quilômetros de distância - e são os principal polinizadores de agaves e epífitas , que são plantas que crescem sobre outro vegetal [58] .

Outros polinizadores

existir outros animais que podem começar a polinizar alguns espécies de plantas , entre elas estão o marsupiais , vários espécies de macacos e roedores , o lêmure, o esquilo arboricola e alguns espécies de papagaios , qual eles usam o néctar como comida e ao mesmo tempo executar ele papel polinização secundária [18,31,62] . Em tudo esses casos ele sucesso na polinização Depende das características do animal, como tamanho , ciclo de vida , forma de forrageamento , exigências nutricional e de habitat, e da planta, como tamanho , formato da flor , recompensa oferecida , época de floração . Outros fatores que podem influência são os clima e as interações entre os diferentes espécies polinizadoras [63] .

Fatores que afetam a diversidade e abundância de polinizadores

A nível global , muitos polinizadores são encontrados atualmente sob ameaça de extinção devido ao impacto das atividades humano 40% deles Está representado por abelhas e borboletas e 16,5 % por aves e morcegos 18 · Existem vários fatores que afetam a diversidade e abundância de polinizadores mas entre os os principais são ele mudança no uso da terra , usar uso indiscriminado de agroquímicos venenoso e efeitos relacionado ao alterações climáticas [64] .

Terra - mudança de uso

A modificação da paisagem através da fragmentação, degradação e destruição de habitats naturais para o estabelecimento de novos . espaços de desenvolvimento urbano , práticas agrícola intensivo e monoculturas Eles têm ferido até certo ponto interações superlativas planta- polinizador em escala individual , populacional e comunitária [15,65] em muitos ecossistemas do mundo .

Desmantelamento de mesquita para plantar forragem na região de Lagunera (Fotografias Samuel Atahualpa Ramirez Macias)

Sob estes pressões , o polinizadores mais generalistas ter maior chances de sobreviver . As abelhas meKferas , por exemplo , por ter hábitos comida polifloral e a capacidade de visitar comunidades vegetais diverso , presente a menor vulnerabilidade e maior resistência . Para ele parte , o polinizadores que ajuda de custo monoflorais são encontrados em maior perigo e isso mostra porque o mudança no uso da terra Está afetando seriamente para os polinizadores [66] . No entanto, o mudança no uso da terra não necessariamente representa algo negativo . Se o ser humano respeitará o ecossistemas quando desenvolve suas atividades produtivo e irá realizá - los sem destruir o recursos naturais sendo inseridos de forma discreto e inteligente em na natureza , a disponibilidade , diversidade e abundância de recursos de néctar e pólen seguiria fornecendo a nutrição adequado para todos o polinizadores , que afinal são os responsável pela produção da maior parte de nossos comida .

Uso de agroquímicos

Os polinizadores estão morrendo envenenado por ele usar uso indiscriminado de agroquímicos [67] , [68] . Os pesticidas usados em o sistemas agrícolas intensivo não só mata pragas mas também são letais para muitos outros seres vivo . Para as abelhas , em ele melhor do cenários , causam transtornos graves em dele capacidade de forrageamento [69] . Para nivelar mundo o holofotes vermelho estão sobre de faz três décadas ao longo das quais ocorre aviso para o produtores e a população em geral sobre o prejudicial efeitos que pesticidas ter sobre o insetos polinizadores e em particular nas abelhas 18,70,71 .

abelhas mortas na entrada da colmeia por envenenamento com pesticida (Foto Octavio Vázquez Calvete)

Das Alterações Climáticas

O troco climático é reconhecido mundialmente como um dos maiores ameaças à biodiversidade . Altas temperaturas, secas e inundações , entre outros eventos climático extremos , tem causado mudanças fenológicos e desequilíbrios entre as populações de plantas e polinizadores que subsequentemente eles podem levar à extinção de ambos. Apesar de mudar a destruição do clima e do habitat foi relacionado com o declínio global da biodiversidade [18.72] . Isso gera mudanças na biodiversidade das espécies de acordo com as altitudes, o que leva a um descompasso espaço entre as plantas e polinizadores ; foi mostrado nas borboletas que mudanças altitudinal em resposta ao clima diminuir a riqueza de espécies associado a distúrbios , com reduções forte onde a destruição do habitat é maior [73] .

Prevê- se que o o aquecimento global aumentará o eventos climático extremos , como tempestades , inundações e secas . Isso pode ter um grande impacto nas comunidades locais de polinizadores [65] ; haverá deslocamentos em padrões de floração , quer cheguem cedo ou tarde e percam sincronicidade com a chegada ou com o nascimento de seus polinizadores naturais , perdendo esses dele fonte de alimento . Estima-se que entre 17 e 50 % das espécies polinizadores eles vão sofrer escassez de alimentos devido a distúrbios em o padrões de floração das plantas [74] .

Queimar mesquitera intencional para fazer carvão e lenha (Fotografias José Luis Galarza Mendoza)

Conclusões

Entre a grande diversidade de polinizadores estão abelhas , vespas , formigas , moscas , borboletas, besouros , mariposas , pássaros e morcegos . Sua diversidade é resultado de um estreito coevolução entre plantas e animais que os polinizam . A polinização é fundamental para a continuidade das espécies vegetais e, portanto, para a sua diversidade . Perder a heterogeneidade vegetativo colocaria em risco ele herança biológico do planeta então não é mais opcional mas imperativo banimento ele uso de venenos agroquímicos que afetam direta ou indiretamente ao polinizadores , então como para diversificar o plantações em áreas agrícolas , a fim de aumentar dele abundância e riqueza . A diminuição os polinizadores não só causariam uma crise agrícola em o plantações depende deles , mas as consequências ecológico Eles serão maior bem eles são a base das correntes trófico do ecossistemas e são os responsável pela quantidade e qualidade da produção de muitos de nossos comida .

algaroba sobreviventes de desmatamento para plantio de forragem (Fotografia Samuel Atahualpa Ramfrez Madas)

Referências

1.   Buchmann SL, Nabhan GP. Os polinizadores esquecidos. Island Press/Shearwater Books, Washington DC;1996;292p.
2.   Kelly D, Sork VL. Semeadura de mastro em plantas perenes: por que, como, onde? Annu Rev Ecol Syst. 2002;33:427 -47.
3.   Organização das Nações Unidas para a Alimentação e a Agricultura (FAO). Princípios e avanços sobre polinização como
serviço ambiental para a agricultura sustentável em países da América Latina e do Caribe. 2014. [Online]: http://www.fao.org/3/a-i3547s.pdf (Consultado em 12/09/20).
4.   Vaudo AD, Tooker JF, Grozinger CM, Patch HM. Nutrição de abelhas e restauração de recursos florais. Curr Opin Insect Sci. 2015;10:133 -41.
5.   Nicolson SW, Wright GA. Interações planta-polinizador e ameaças à polinização: perspectivas da flor à paisagem. Eco Funcional. 2017;31:22 -5.
6.   Ollerton J. Diversidade de Polinizadores: distribuição, função ecológica e conservação. Annu Rev Ecol Evol Sist. 2017;48:353 -76.
7.   Gallai N, Salles JM, Settele J, Vaissiere BE. Avaliação económica da vulnerabilidade da agricultura mundial confrontada com o declínio dos polinizadores. Eco Eco. 2009;68(3):810-21.
8.   Tur C. Mudanças no uso da terra como responsável pelo declinio dos polinizadores . Ecossistemas . 2017;27(2):23-33.
9.   Bartomeus I, Bosch J. Perda de polinizadores : evidências , causas e consequências . Ecossistemas . 2018;27(2)(2):1-2.
10.   Sosenski P, Dominguez CA. O valor da polinização e riscos que você enfrenta como serviço ecossistema . Rev Mex Biodivers . 2018;89:961 -70.
11.   Nicholls CI, Altieri MA. A biodiversidade vegetal melhora as abelhas e outros insetos polinizadores nos agroecossistemas. Uma revisão. Agron Sustentar Dev. 2012;33:257 .
12.   Minarro M, Garcia D, MaMnez -Sastre R. Insetos polinizadores na agricultura : importância e gestão de sua biodiversidade . Ecossistemas . 2018;27(2):81-90.
13.   Kovacs- Hostyanszki A, Espundola A, Vanbergen AJ, Settele J, Kremen C, Dicks LV. Intensificação ecológica para mitigar os impactos do uso intensivo convencional da terra nos polinizadores e na polinização. Eco Lett. 2017;20:673 -89.

14. Garantonakis N, Varikou K, Birouraki A, Edwards M, Kalliakaki V, Andrinopoulos F. Comparando os serviços de polinização de abelhas melíferas e abelhas selvagens em um campo de melancia. Ciência Hortic . 2016;204:138 -44.

15. Kremen, C., Williams NM, Aizen MA, Gemmill-Herren B, LeBuhn G, Minckley R, et al. Polinização e outros serviços ecossistêmicos produzidos por organismos móveis: uma estrutura conceitual para os efeitos das mudanças no uso da terra. Eco Lett. 2007;10(4):299-314.

16. Simba LD, Foord SH, Thebault E, Van VFJ F, Joseph GS, Seymour CL. Interações indiretas entre culturas e vegetação natural através de visitantes de flores: a importância das repercussões temporais e espaciais. Ambiente Ecossistêmico Agrícola . 2018;253:148 -56.

17. Alomar D, Gonzalez-Estevez MA, Traveset A, Lazaro A. Os efeitos interligados da vegetação natural, da comunidade floral local e da diversidade de polinizadores na produção de amendoeiras. Ambiente Ecossistêmico Agrícola . 2018;264:34 -43.

18. Organização das Nações Unidas para a Alimentação e a Agricultura (FAO). A importância das abelhas e outros polinizadores para a alimentação e a agricultura. Zirovnica , -República da Eslovénia- Ministério da Agricultura, Florestas e Alimentação. 2018. p.16 [En linea]: http://www.fao.org/documents/card/en/cZi9527enZ (Consulta 10/09/20).

19. Klein AM, Vaissiere BE, Cane JH, Steffan- Dewenter I, Cunningham SA, Kremen C, et al. Importância dos polinizadores na mudança de paisagens para as culturas mundiais. Proc R Soc B. 2007;274:303 -13.

20. Hass AL, Kormann UG, Tscharntke T, Clough Y, Fahrig L, Martin JL, et al. A heterogeneidade configuracional da paisagem pela agricultura de pequena escala, e não a diversidade de culturas, mantém os polinizadores e a reprodução das plantas na Europa Ocidental. Proc Roy Soc B. 2018;285(20172242).

21. Ollerton J, Winfree R, Tarrant S. Quantas plantas com flores são polinizadas por animais? Oikos. 2011;(321):321-26.

22. Lautenbach, S, Seppelt R, Liebscher J, Dormann CF. Tendências espaciais e temporais de benefício da polinização global.
Plos Um. 2012;7(4).

23. Nicole W. Poder do polinizador: benefícios de segurança nutricional de um serviço ecossistêmico. Perspectiva de Saúde Ambiental . 2015;123(8):A 210-A215.

24. Spivak M, Mader E, Vaughan M, Euliss NH. A situação das abelhas. Tecnologia Científica Ambiental. 2011;45(1):34-8.

25. Rader R, Bartomeus I, Garibaldi LA, Garratt MPD, Howlett GB, Winfree R. et al. Insetos não abelhas são importantes
contribuintes para a polinização global das culturas. Proc Natl Acad Sci EUA. 2016;113(1):146-51.

26. Llorente- Bousquets J, Ocegueda S. Estado do conhecimento da biota, In Capital natural do México. Conhecimento atual da biodiversidade . Conábio , México. 2008;1:283–322 .

27. Wolff D. Composição do açúcar do néctar e volumes de 47 espécies de Gentianales de uma floresta montanhosa do sul do Equador. Ana Bot. 2006;767–77.

28. Chalcoff VR, Aizen MA, Galetto L. Concentração e composição de néctar de 26 espécies da floresta temperada da América do Sul. Ana Bot. 2006;97: 413-2

29. Reyes-Novelo DG, Melendez- Ramurez A. Abelhas selvagens (Hymenoptera: Apoidea) como bioindicadores na região neotropical. Agroecossistemas Trop Subtrop . 2009;10:1 -13.

30. Sharkey NA, Nieves- Aldrey JL. Himenópteros . In : A árvore da vida : sistemática e evolução da seres vivo , Edição : Impulso Global Solutions, SA Madrid, Espanha. Vargas P, Zardoya R. (eds.) 2012;322-33.

31. Jones PL, Agrawal AA. Aprendizagem em insetos polinizadores e herbívoros. Annu Rev Entomol . 2017;(62):53-71.

32. Waser NM, Ollerton J (eds.). Interações planta-polinizador: da especialização à generalização. The University of Chicago Press, Chicago, EUA. 2006;445p.

33. Amorim FW, Haber WA, Johnson SD, More M, Frankie GW, Stanley DA, et al. Resumindo: uma análise global dos nichos de polinização da traça-falcão e das redes de interação. Eco Funcional. 2017;31(1):101-15.

34. Gomez JM, Zamora R. Generalização vs especialização no sistema de polinização de *Hormathophylla spinosa* (Cruciferae). Ecologia. 1999;80(3):796-805.

35. Samra S, Samocha Y, Eisikowitch DVY. As formigas podem igualar as abelhas como polinizadores eficazes da cultura energética *Jatropha curcas* L. nas condições mediterrânicas? Global Chang Biol. 2014;6:756 -67.

36. De la Pena L, Perez V, Alcaraz L, Lora J, Larranaga N, Hormaza I. Polinizadores e polinização em árvores frutíferas subtropicais : implicações em gestão , conservação e segurança alimentar . Ecossistemas . 2018;27(2):91-101.

37. Nuñez-Avellaneda LA, Carreno JI. Polinização por abelhas em *Syagrus orinocensis* (Arecaceae) na Orinoquia Colombiano . Acta Biol Colomb. 2017;22(2):221-33.

38. Chaudhary OP, Singh J. Diversidade, abundância temporal, comportamento de forrageamento de visitantes florais e efeito de diferentes modos de polinização em coentro (*Coriandrum sativum* L.). Colheita de aroma de especiarias J. 2007;16(1):8-14.

39. Painkra GP. Comportamento de forrageamento de abelhas melíferas em flores de coentro (*Coriandrum sativum* L.) em Ambikapur de Chhattisgarh. J Entomol Zool Stud. 2019;7(1):548-50.

40. Reyes-Carrillo JL, Galarza-Mendoza JL, Munoz-Soto R, Moreno-Resendez A. Diagnóstico territorial e espacial da apicultura em o sistemas agroecológico da região de Lagunera . Rev. Mexicana Cien Agnc . 2014;5 (2): 215 28.

41. Skevington JH, Dang PT. Explorando a diversidade de moscas (Diptera). Biodiversidade. 2002;3(4):3-27.

42. Ssymank A, Kearns C, Pape TC. Moscas Polinizadoras (Diptera): Uma Contribuição Importante para a Diversidade Vegetal e a Produção Agrícola. Biodiversidade. 2008;9:86-9 .

43. Tobar LD. As cargas pohnicas nas borboletas da bacia do no Oak- Quindfo . Caldásia 2001;23(2):549-57.

44. Bhaskar JD, Kaushik P, Nabanita B, Wine KB. Estudo da diversidade de insetos polinizadores de culturas cultivadas de rabi nas áreas vizinhas da cidade de Barpeta , em Assam, Índia. Rev. 2018;5(4):172-7

45. Barrios B, Pena SR, Salas A, Koptur S. As borboletas visitam com mais frequência, mas as abelhas são melhores polinizadores: A importância das dimensões do aparelho bucal na remoção e deposição eficaz do pólen.

Plantas AoB . 2016; 8:plw 001.

46. Krauss J, Steffam-Dewenter I, Tscharntke T. Como o contexto da paisagem contribui para os efeitos da fragmentação do habitat na diversidade e densidade populacional de borboletas? J Biogeografia. 2003;(30):889-900.
47. Hanula JL, Ulyshen MD, Horn S. Conservando polinizadores nas florestas da América do Norte: uma revisão. Áreas Nat J. 2016;36(4): 427-39.
48. Bernhardt P. Evolução convergente e radiação adaptativa de angiospermas polinizadas por besouros, Plant Syst Evol . 2000;222:293 -320.
49. Li, JK Huang SQ. Polinizadores eficazes do lótus sagrado asiático (*Nelumbo nucifera*): os polinizadores contemporâneos podem não refletir a síndrome de polinização histórica. Ana Bot. 2009;104(5): 845-51.
50. Caleca V, Lo Verde G, Ragusa S, Tsolakis H. Insetos e polinização manual de *Annona* spp na Sicília. Fitófago . 2002:117-27.
51. Silva-Costa M, Silva-Ricardo J, Paulino-Neto HF, Barbosa-Pereira MJ. Polinização por besouros e ritmo de floração de *Annona coriacea* Mart. (Annonaceae) no cerrado brasileiro : Características comportamentais de seus principais polinizadores. PLos One 2017;12(2):e 0171092.
52. Dieringer G, Cabrera RL, Lara M, Loya L, Reyes-Castillo P. Polinização por besouros e termogenicidade floral em *Magnolia tamaulipana* (Magnoliaceae). Internacional J Plant Sci. 2009;160(1):64-71.
53. Arizmendi MC, Berlanga H. Colibnes do México e América do Norte . Comissão Nacional para o Conhecimento e Uso da Biodiversidade (CONABIO). México, DF 2014;160p.
54. LoPresti EF, Goidell J, Mola JM, Page ML, Specht CD, Stuligross C, et al. Uma hipótese de ação de alavanca para flores pendentes de beija-flor: evidências experimentais de um columbino. Anais de Botânica. 2019;125(1):59-6
55. Dar S, del Coro-Arizmendi M, Valiente-Banuet A. Polinização diurna e noturna de *Marginatocereus marginatus* (Pachycereeae : Cactaceae) no México Central. Ana Bot. 2006;97: 423-2
56. Medina-Gutierrez J, Ospina-Torres R, Nates-Parra G. Efeitos da variação altitudinal na polinização em culturas de maracujá roxo (*Passiflora edulis* f. edulis). Acta Biol Colombo. 2012;17(2):381-95.
57. Sanchez O. Morcegos do México. CONÁBIO. Biodiversidade . México, DF 1998;20:1-11.
58. [PubMed] Fleming TH, Geiselman C, Kress WJ. A evolução da polinização por morcegos: uma perspectiva filogenética. Ana Bot. 2009;104(6):1017-43.
59. Jakobsen L, Olsen NM, Surlykke A. Dinâmica do feixe de ecolocalização durante a perseguição de presas em morcegos falcoeiros. Proc Natl Acad Sci. 2015;1-6.
60. Stewart AB, Dudash MR. A colocação diferencial de pólen em um morcego néctar do Velho Mundo aumenta a eficiência da polinização. Ana Bot. 2017;117:145 -52.
61. Muchhala N, Caiza A, Vizuete JC, Thomson JD. Um sistema de polinização generalizada nos trópicos: morcegos, aves e *Aphelandra acanthus* . Ana Bot. 2008;103:1481 -87.
62. Wester P. Os polinizadores esquecidos - primeira evidência de campo de alimentação de néctar principalmente por musaranhos -elefante insetívoros . J Enquete Ecol. 2015;16(15):108-11.
63. Garibaldi LA, Morales LC, Ashworth L, Chacoff PN. Os polinizadores na agricultura . Ciência Hoy. 2012;21(126):35-42.
64. Barron AB. Morte da colméia: Compreendendo o fracasso de uma sociedade de insetos. Curr Opin Insect Sci. 2015;10:45 - 50.
65. Goulson D, Nicholls E, Botias C, Rotheray EL. O declínio das abelhas é causado pelo estresse combinado de parasitas, pesticidas e falta de flores. Ciência. 2015;347(6229):1255957-8.
66. Alaux C, Ducloz F, Crauser D, Le Conte Y. Efeitos da dieta na imunocompetência das abelhas. Biol Lett. 2010;6(4):562-65.
67. Programa das Nações Unidas para o Meio Ambiente (PNUMA). Questões emergentes do PNUMA, distúrbios globais nas colônias de abelhas e outras ameaças aos insetos polinizadores. 2010. [En Hnea]:https://www.unenvironment.org/es/node/12059 (Consulta 30/09/20).
68. Hladik ML, Vandever M, Smalling KL. Exposição de abelhas nativas que se alimentam em uma paisagem agrícola a pesticidas de uso corrente. Ciência Total Meio Ambiente. 2016;54:469 -77.
69. Desneux N, Decourtye A, Delpuech J. Os efeitos subletais dos pesticidas em artrópodes benéficos. Annu Rev Entomol . 2007;52(1):81-106.
70. Cutler GC, Scott-Dupree CD. A exposição à canola tratada com sementes de clotianidina não tem impacto a longo prazo nas abelhas melíferas. Economia J Entomol . 2007;100(3):765-72.
71. Chauzat MP, Carpentier P, Martel AC, Bougeard S, Cougoule N, Porta P, et al. Influência dos resíduos de pesticidas na saúde das colônias de abelhas (Hymenoptera: Apidae) na França. Ambiente Entomol . 2009;38(3):514-23.
72. Bellard C, Bertelsmeier C, Leadley P, Thuiller W. Courchamp F. Impactos das mudanças climáticas no futuro da biodiversidade. Eco Lett. 2012;15:365 -77.
73. Forister ML, Mccall AC, Sanders NJ, Fordyce JA, Thorne JH, O'Brien J, et al. Os efeitos agravados das mudanças climáticas e da alteração do habitat alteram os padrões da diversidade da mosca-borboleta. Proc Natl Acad Sci EUA. 2010;107(5):1-5.
74. Memmott J, Craze PG, Waser NM, Preço MV. Aquecimento global e interrupção das interações planta-polinizador. Eco Lett. 2007;10:1 -8.

"Para as abelhas , a flor é a fonte da vida . Para as flores, a abelha é a mensageira do amor."

Kahlil Gibran

2. Vida dentro da colmeia

José Luis Reyes-Carrillo

Organização social

colônias de abelhas euHferas Eles têm um sistema de castas que envolve diferente tipos de abelhas fazendo diferente tarefas . Em primeiro lugar cada colônia tem a rainha Responsável pela atividade reprodutivo dentro da colmeia . Em segundo lugar , a população de abelhas euKferas tem a pequeno número de zangões ou abelhas machos , além disso , possuem um grande número de abelhas trabalhadoras que são mulheres estéreis [1] .

As abelhas os trabalhadores são morfologicamente idênticos , mas podem ser Separar De acordo com seus papéis comportamentais , eles mostram uma divisão de trabalho por idade onde as abelhas recentemente saiu da cela Após a metamorfose , eles tendem a realizar tarefas como ele cuidados com a criação e manutenção do interior da colmeia , e das abelhas trabalhadores maior executar tarefas em o exterior, como a busca por alimento , seja pólen e néctar conforme a necessidade , e substâncias essenciais para a colônia como ele própolis e água [1-3] . As raças de abelhas podem ser distinguir por diferenças anatômica bem definida [4] .

Reino	Animal
Filo	Artrópodes
Aula	inseto
Ordem	Himenópteros
Família	Apidae
Gênero	*APIs*
Espécies	*melífera* L.

Ilustração do diferente raças de abelhas melífera . O ponto verde na parte posterior do tórax é utilizado para identificar a rainha do ano 2019 dentro da colônia de acordo com a marcação da rainha internacional cor 5 (Fotografias Jose Luis Reyes Carrillo)

Divisão de trabalho

A divisão do trabalho nas abelhas é um dos fenômenos melhorar explorado em ele estudo do comportamento animal . Embora as investigações remontem a 1800 , o trabalho experimental dedicado começou na década de 1930 e continuou até presente com numerosos laboratórios de centros de pesquisa que abordam ele problema de todas as perspectivas biológicas [4] .

Em uma colônia de abelhas meKferas , existem vários fenômenos em aqueles que comportamento de um rainha e dezenas de milhares de suas filhas trabalhadores eles devem coordenar para manter a sobrevivência e a função . Nas colónias estabelecidas , um destes fenômeno é a divisão reprodutiva do trabalho , onde a rainha põe ovos que são cuidados até a idade adulto por abelhas trabalhadores opcionalmente estéril , que geralmente eles põem ovos apenas em ausência de um rainha e ninhada . Os trabalhadores também Exibir uma divisão de trabalho baseado em idade , onde se especializam em diferente tarefas à medida que amadurecem , com abelhas jovens - " enfermeiros " - que realizam cuidados com ninhadas e abelhas os mais velhos - " pecoreadoras " - que colecionam recursos ambientais . O pecoreo em si é outro processo essencial ao nível da colónia , onde as actividades de uma papel população substancial estão finamente coordenado para facilitar ele descoberta exploração eficiente e lucrativa das fontes alimentares [6].

Abelhas forrageando flores de lavanda (Fotografias Jose Luis Reyes Carrillo)

A rainha

As rainhas do insetos social eles podem impor cooperação e esterilidade aos trabalhadores de vários maneiras , como agressão comunicação física e química [7-8]. na abelha euKfera , a rainha utiliza o " feromônio mandibular da rainha ", que impede a ativação do ovários de abelhas operárias [7] inibindo a oviposição ; também provoca uma " resposta de cortejo " dos trabalhadores , na qual eles se encontram em ao redor da rainha Formando uma comitiva , eles a tocam com suas antenas e cuidam dela [9] . Este feromônio é compartilhado pelos trabalhadores quando trocam comida entre eles - este atividade é chamada trofalaxia - e durante a preparação indicando assim para toda a colônia a presença da rainha através da disseminação desses " cheiros " real ".

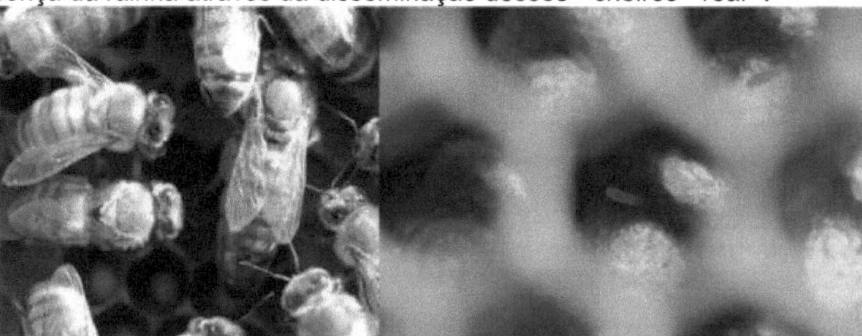

A abelha rainha seguido por ele comitiva que o toca com as antenas (esquerda) e células com ovos em formato Upica de salsicha branca (direita) (Fotografias José Luis Reyes Carrillo)

A tarefa de cuidar da rainha – alimentá-la , escová-la , examiná- la e tratá-la – é uma forma de cooperação. necessário para o funcionamento da colônia entre as abelhas operárias e a rainha ; então os trabalhadores eles devem alimentá- la e mantê-la desde a rainha Está ocupado individualmente na tarefa de botar ovos ; Portanto , a resposta das operárias à rainha é de fundamental importância para a saúde da colônia. Existe a variação natural em resposta à rainha entre as operárias de uma colônia de abelhas melíferas de acordo com a idade [de 10 a 11 anos] e isso variação em resposta contribui para a divisão do trabalho na colônia, ou seja, o indivíduos específico são mais propensos a responder e, portanto, cuidar da rainha [12] , para que a o séquito de abelhas é substituído e renovado constantemente .

abelhas operárias

Abelhas mais limpas . Após a posição do ovo e subsequente estádios larvais , ocorre a metamorfose , onde aos 21 dias surgirá a trabalhador adulto As abelhas recentemente surgiram eles não podem voar ou mordem e são , portanto, imaturos em dele desenvolvimento . O primeiro dias da vida de um passe de abelha desenvolvendo e adquirindo são habilidades . O repertório de tarefas durante esse período consiste na limpeza das células , com o resto do tempo inativo ou aliciamento que consiste no puro Limpeza do corpo , antenas e pernas individual e coletivamente . Este grupo de abelhas não inclui um componente funcional crítico da colônia , já que o membros de outros castas também Eles limpam as células . Portanto, este raça Pode ser ele resultado de restrições fisiológico em ele desenvolvimento de abelhas melíferas [4] e isso ocorre em o três primeiro dias de vida como abelha adulto depois de sair da célula .

Células operculado , isto é, selado com cera, operário onde ocorre a metamorfose (imagem à esquerda) e abelha trabalhador recentemente saída de célula com cabelos ainda incolor que o cobre (imagem à direita) (Fotografias José Luis Reyes Carrillo)

Abelhas enfermeiras . atividade das abelhas enfermeira geralmente dura aproximadamente a semana , de 4 a 12 dias de vida adulto Os trabalhadores amas de leite eles alimentam os jovens larvas com uma massa de proteína digerida [de 4] e rica em lipídios [5] chamado " pão de pólen " composto de pólen , mel e diversos enzimas adicionado para as abelhas que transformam ele produto através de um fermentação . Ao contrário do pólen sozinho , como é o caso de outros abelhas social , provavelmente O " pão de pólen " aumenta a taxa de crescimento da larva porque ela não precisa digerir a camada externa de pólen , que é muito resistente . Além de alimentar os jovens , as enfermeiras também transferir dele secreção proteína para abelhas mais jovens e mais velhas em ele ninho e, portanto , são críticos para seu desenvolvimento e manutenção . As amas de leite também Eles cuidam da rainha formando ele comitiva para seu ao redor , regular dele comportamento através da velocidade com que o alimentam e agem como abelhas mensageiros espalhando os feromônios da rainha sobre o ninho [4] reforçando constantemente a informação da presença da rainha através dos " cheiros" real ".

pólen embalado nas células , onde você pode ver seus diferentes cores de acordo com ele origem floral e trabalhadores patrulhamento (imagem à esquerda) e trabalhadores amas de leite alimentando as larvas nas células reprodutoras (imagem à direita) (Fotografias José Luis Reyes Carrillo)

Abelhas médias idade . Abelhas médias idade permanecer em Está categoria por um pouco mais de um semana , de 12 e até 21 dias ; são Eles têm um repertório de tarefas distribuído por todos ele ninho , embora dele distribuição se sobrepõe à dos enfermeiros , sua comportamento é bastante diferentes , pois não apresentam interesse na criação . Em vez disso , seu gama de tarefas entende cerca de 15 atividades diferentes que vão desde a construção e manutenção de células , a recepção e processamento do néctar, até à protecção da entrada da colmeia . Os estudos sugerir que em Está a idade pode ser dividir em duas categorias com uma variabilidade contínua entre eles ; as jovens eles parecem passar mais tempo na construção de favos de mel e na manutenção geral das colônias , enquanto as abelhas mais velhas pode processar néctar e outros tarefas , o que aproxima-se da entrada do ninho [4-6] . Os trabalhadores perto da entrada estão o pilar de defesa da colmeia bem com sua comida armazenados e a reprodução não podem ser relegados a um papel menor na organização , desde a perda do ninho ou de seu contente tem um impacto importante sobre sobrevivência e potencial reprodução de colônias [13] .
A atribuição de tarefas é feita através de um processo localização e transmissão sincronizadas , o que lhes permite acompanhe o mudanças na demanda por trabalho em toda a colônia sem a necessidade de se comunicarem entre si sobre aqueles mudanças . As atividades destes trabalhadores eles devem ser firmemente relacionados aos dos coletores para que a colônia colete 20 quilos de mel necessário para sobreviver ele inverno . Isto porque , embora as forrageadoras Eles coletam o néctar e transferem para os trabalhadores perto da entrada para processá-la e armazená-la e, portanto , o número de abelhas envolvido ao receber néctar você deve ser ajustado para corresponder à taxa de alimentação atual .

abelhas operárias em favo de mel descarregando suas colheitas de néctar (Fotografia José Luis Reyes Carrillo)

Receptores de néctar e **construtores de favos de mel** . A dança ou dança da comunicação , produzida para as forrageadoras quando determinar que há muito alguns receptores de néctar , serve para recrutar mais trabalhadores para recebê-lo ; são abelhas também eles devem construir um novo favo de mel velocidade suficiente para garantir que haja suficiente espaço disponível para entrada de néctar [4] ; já que a cera é um exsudato de quatro pares de glândulas que as operárias possuir em seu abdômen.

trabalhadores prédio favo de mel de cera onde você puder veja a brancura das células com cera fresca exalou (Fotografia José Luis Reyes Carrillo)

Abelhas guardiãs . Um grande número de abelhas preparados para serem guardiões daria a aparência de inatividade em ausência de distúrbio na colônia. Na verdade , estes trabalhadores eles podem ser desempenhando um papel muito importante como reserva defensiva que pode mobilizar imediatamente em ele momento de um ameaça . Proteção e respostas à entrada do ninho vôo massivo e picada evoluiu em resposta a diferentes tipos de ataques às colônias. A proteção de entrada é principalmente a resposta à pilhagem - roubo entre colmeias -, mas Também é eficaz contra outros invertebrados , como vespas e abelhas . A resposta massa dos guardiões evoluiu como resultado da predação de vertebrados como o gambás , guaxinins , ursos e humanos [13] .

Lagarto invasivo morto para as abelhas guardiões e cobertos com própolis para evitar dele decomposição (Fotografia Hector Genaro Galindo Rodriguez)

Nas colônias fortemente defensivo , um pequeno número de trabalhadores guardiões moscas e picadas observadores humanos e animais nas proximidades da colônia ; em esse comportamento pode estabelecer um elo de recrutamento , através de odores de alarme que liberam o picada destacado ao morder , em abelhas perto do interior e aqueles aposta na saída que eles percebem o cheiro [14] . É atribuído principalmente ao acetato de isopentila e 24 outras substâncias encontradas na glândula venenosa à reação de alarme e ataque da colméia [15] . em abelhas Africanizado foi descoberto também ele Acetato de 3-metil-2-buten-1-il como novo componente de alarme em a picada [16] .

A necessidade disso complexidade a química do sinal de alarme não é muito óbvio bem alguns atributos comportamentais especificidades foram atribuído a componentes individual , mas não explicação claro em o conjunto de compostos [17] . Este modelo pode ser útil para entender as abelhas altamente Defesas " africanizadas " que são muito mais propensas a eventos de mordida em massa [18] . As diferenças entre os comportamento defesa das abelhas Europeu e africanizado poderia explicar por a série de hipóteses . Primeiro, a defesa em colônias de abelhas africanizado pode organizar o mesmo como nas colónias europeias , mas as africanizadas Eles podem ser mais numerosos ou mais propensos a morder . Em segundo Coloque o grupos de trabalhadores que não guardiões , podem ser recrutados mais facilmente em respostas defensiva e terceiro coloque os apicultores africanizado pode ser mais eficaz no recrutamento abelhas defensores que contraparte Europeu .

Por fim , a defesa em colônias de abelhas africanizado pode organizar de uma forma completamente diferente , com todos ou a maioria dos trabalhadores da colônia participando na defesa conforme necessário em em vez de ter um grupo diferenciado dos defensores . A identificação dos defensores como um grupo diferente dos trabalhadores pode ajude a resolver um dos principal mistérios da divisão do trabalho das abelhas meKferas , o fenômeno da " abelha " preguiçoso "; que consiste em que muitos abelhas passar grande proporções de suas vidas em aparente inatividade . Um grande número de abelhas preparados para serem defensores daria a aparência de inatividade em ausência de perturbação da colônia, na verdade , estes abelhas eles seriam desempenhando um papel muito importante como reserva defensiva que pode mobilizar imediatamente em ele momento de necessidade [13] .

As abelhas trabalhadores guardiões eles alcançaram Está categoria de funcionalidade na colônia por volta dos 19 dias de idade adulto e antes de em busca de vôos para os campos transporte das substâncias necessárias na colmeia .

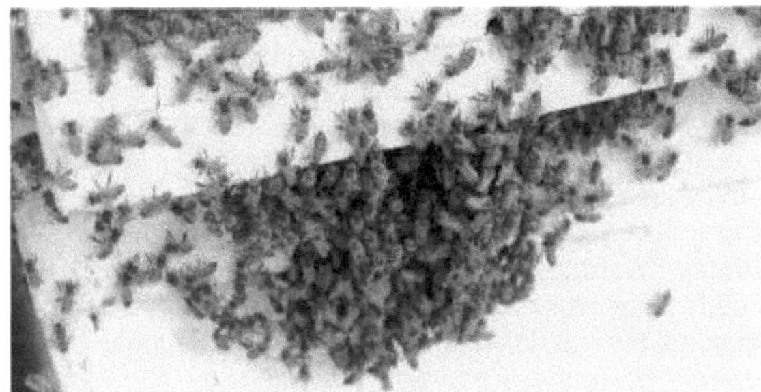

Abelhas agrupadas na entrada da colméia antes de um ameaça (Fotografia José Luis Reyes Carrillo)

Abelhas forrageiras . Assim que a transição de trabalho for feita dentro da colônia para a forrageadora , as abelhas da colméia eles começam a forragear em em média cerca de 20 dias após a eclosão [de 5] e estes abelhas eles não participam mais em tarefas dentro do ninho ; em mudar , eles se concentram em procurar os quatro recursos que as colônias necessitam : própolis , água , pólen e néctar e dos quatro , o pólen e néctar constituem a maior parte da atividade alimentar , exceto em períodos de estresse por aquecer em aqueles que coletam água pode ser muito importante .

Embora eles tenham encontrado desvios na tendência de procurar a substância específico , quase todas as abelhas se especializam em pólen ou néctar em uma determinada viagem em ele curso dele voo de forrageamento , a maioria das abelhas parecem ser generalistas [4] , embora alguns se especializam na coleção de própolis vegetal resinoso que em nossa região pode ser arbustos ou árvores como o pinabetes , _o governador de ra, o Huizac ele e o mesqui te , entre outros
.

trabalhadores trocando comida , mostrando carga de pólen nas corbículas na abelha no topo , (imagem à esquerda) (Fotografia José Luis Reyes Carrillo) e outra coletando própolis nas folhas do pinheiro , (centro) e nas abelhas saqueadores de própolis (à direita) (Fotografias Yasmin del Rocio Guevara Ramirez)

Vida util. Taxas de mortalidade de abelhas trabalhadores diferir de acordo com a divisão do trabalho , que influencia em dele vida útil . Em geral, a mortalidade das abelhas na colmeia é baixo . Em contraste com isto , as taxas de mortalidade das forrageadoras demonstraram ser substancialmente mais elevadas . A predação , as condições clima e a possibilidade de se perder representar riscos extras para as abelhas que se aventuram fora da colmeia . A fase de forrageamento das abelhas meliferas dura aproximadamente a semana e estimou- se que a taxa de mortalidade destes abelhas batidas 15 por centenas diário . Devido ao alto taxa de mortalidade dos trabalhadores , ao facto de a tempo e energia dedicado ao forrageamento é relativamente constante entre as abelhas trabalhadores , a esperança de vida destes abelhas Está determinado por volta ^{dos 5 anos} de idade de início do forrageamento e geralmente ocorre aos 20 dias de idade adulto Não é estranho Bem, a vida de um trabalhador , desde dele eclosão da célula do favo de mel até o seu morte , seja entre 35 e 40 dias .

Comunicação e forrageamento . Cada ânus , uma colônia de abelhas consome um quantidade considerável de alimentos , aproximadamente 20 quilos de pólen e 60 quilos de mel . Para isso Eles visitam e coletam – forrageiam – um grande número de plantas . Os milhares de trabalhadores forrageiras em uma colônia coletada laboriosamente este alimento de comunidades vegetais em floração que ocorre em o campo ao redor da colméia . Normalmente, as abelhas de uma colônia visitam cada d^a a dúzia ou mais fontes potenciais alimentares , cada um com o seu ter nível de capacidade de provisão , determinado por variáveis como distância da colmeia , a abundância e qualidade da comida oferecida . Coletar dele comida eficientemente , uma colônia deve espalhe suas abelhas trabalhadores entre as flores de acordo com as recompensas que oferecem [19] .

Abelha chegando na flor do cardenche (Fotografia Juan Cabrera Reyes)
dança de comunicação

Recompensa . As abelhas forrageadoras retornando de um fonte de néctar ou pólen abundante ter uma probabilidade maior de realizar a dança de forrageamento , fazê-la com mais força e retornar à fonte de alimento com mais frequência do que as abelhas que visitam um A pior fonte de recompensa . A decisão a nível da colónia de recrutar abelhas que visitam a fonte de qualidade superior ou abandono a fonte inferior , portanto , é uma propriedade emergente regulamentado a nível individual da abelha forrageira [19] . Os trabalhadores em esperando para sair em busca de alimento, eles não participam das múltiplas " danças " que são realizadas em ele quadro num esforço por encontrar aquele que corresponde ao melhor fonte de alimento , mas experimentam apenas uma antes de sair da colméia em procurar o alimento anunciado [20] .

Isso é conhecido de começo do século passando pelas abelhas euKferas eles podem aprenda a hora do dia em que as flores secretam o néctar As forrageadoras eles voltam para um fonte de alimento ao mesmo tempo em dias consecutiva e esta habilidade persiste durante diversos dias depois que a fonte de alimento é removida . Isso aparente a memória do tempo foi testada experimentalmente e mostra que as abelhas pode ser treinado para coletar néctar e pólen praticamente em qualquer hora do dia As abelhas sincronizar dele comportamento rítmico floral diariamente , alimentando-se apenas quando o néctar e o pólen estão em seus níveis mais abundantes na flor Em outros Às vezes , eles permanecem na colmeia , preservando energia que de outra forma seria consumida em voos de busca não produtivos . As abelhas em repouso eles podem até parque em lugares relativamente distante em o interior da colmeia , longe da intensa atividade de dança de comunicação [21] .

Tipos de dança . De ele trabalho pioneiro de von Frisch e quem fez isso digno do Prêmio Nobel de Fisiologia e Medicina Em 1973, o comportamento alimentar de colônias de abelhas euHferas poderia estudar realizando as danças das abelhas Individual . A dança ou dança da cauda e a dança circular contêm Informação sobre onde as abelhas se alimentavam dançarinos e agem como abelhas meHfera ele único animal que conta diretamente ao observador onde coletado dele comida . Porque só as abelhas forrageiras que trabalham com principal lugares floridos executam a dança, nem todas as comunidades de plantas em florescer em qual é a colônia pecoreando estão representado por esta dança [22] . As abelhas euKferas Eles alimentam regularmente vários quilômetros do ninho , a distância mais comum é de 600 a 800 metros da colméia , o A média é de 2 a 3 quilômetros e o círculo que circunda 95 por cento A percentagem da actividade alimentar da colónia tem um raio de 6 quilómetros [23] .

Em um estudo sob condições extremos de escassez , interpretando distâncias de forrageamento através da dança da cauda na floração da urze , era utilizado a colmeia isolado , localizado em uma floresta e descobriu-se que a distância média de busca foi de 6,1 km e a distância média de forrageamento Foram 5,5 quilômetros . Apenas 10 % das abelhas alimentadas num raio de 500 metros da colmeia , enquanto 50 % excederam 6 quilômetros , 25 % a mais que 7,5 quilômetros e 10 % ultrapassados a 9,5 quilômetros de distância da colmeia [24] .

Este trabalho revelado distâncias de coleta extraordinário apenas explicável devido à escassez de alimentos nas proximidades da colmeia e é muito É possível que sob condições áridas ele comportamento de coleta para as abelhas é semelhante.

Abelha voando até a flor da árvore majagua (Fotografia Mario Ruiz Caballero)

Uma análise mais recente revela dois possíveis razões para o qual a maioria observadores Os participantes anteriores não haviam percebido a semelhança fundamental entre a dança da cauda e a dança circular. Primeiro, embora as danças que anunciam fontes de alimentos longe da colmeia , ou seja, até 500 metros de distância , apresentam um padrão de giros bastante regular . alternar À esquerda e à direita , a regularidade deste padrão diminui num modo não linear à medida que a distância entre a colmeia e a fonte de alimento diminui . É possível que as observações anterior vai passar ignorar a natureza linguagem de dança unitária porque o padrão alternado o voltas para esquerda e direita é muito menos evidente para fontes de alimentos perto da colmeia .

Em segundo lugar , a grande quantidade de leve " ruído " – na forma de zumbido em o danças para fontes de alimento perto - obviamente levou a uma conclusão inicial de que não havia informação direcional dentro da dança rodada , conforme descrito por von Frisch [22] . No entanto, o exame atual deste comportamento de sinalização mostra que tanto a informação de distância Como estão as orientações? codificado em danças para todas as distâncias . No entanto, a relação sinal - ruído aumenta à medida que aumenta ele espaço e, portanto, é possível concluir que as abelhas Eles têm apenas uma dança que sempre codifica a distância e direção da fonte de alimento , mas a precisão da expressão desta Informação Depende da separação do objetivo de recrutamento [4] .

Coleta de água . Muitas vezes a necessidade a água de uma colônia está satisfeita com o água que seus coletores eles se recuperam de passagem enquanto coletar néctar , já que o néctar consiste majoritariamente em água . Às vezes , porém, um parte de As forrageadoras da colônia devem juntar água intencionalmente de riachos, lagoas e outros lugares úmido ; já que as abelhas eles carregam grande quantidades de água para resfriar a colmeia aumentando dele coleção quando os altos temperaturas ambientes torná -lo obrigatório resfriamento do interior da colônia [25] . Foi constatado que existem abelhas em aparente inatividade que são armazéns vivo com água , esperando Entrem em Ação quando a temperatura da colmeia aumentar abruptamente e os carregadores de água não conseguem abastecer na necessidade de esfriar a colméia .

coleta de abelhas água (imagem à esquerda) e trabalhadores empoleirados na piquera ventilar a colmeia para resfriá-la (imagem à direita) (Fotografias José Luis Reyes Carrillo)

Devido ao exposto, a necessidade de captação de água por a a colmeia é , portanto , muito variável , e não é surpreendente que uma Colmeia de abelhas possuir cuidadoso mecanismos para controlar a velocidade com que suas forrageadoras eles coletam água . Entender provérbios mecanismos de controle é essencial para entender como colônias de insetos social pode responder de uma forma adaptativo a um ambiente imprevisível [26] .

Trabalhadores fora água pt uma válvula de irrigação (Foto de Romualdo Basilio Montiel)

Os zanganos

Número de drones . colônias de abelhas euHferas estão composto por dezenas de milhares de trabalhadores estéreis , uma única rainha e centenas ou milhares de zangões [27] . Os drones abelha meKfera não forrageia nenhum participar em ele manutenção ou defesa da colônia e sua única função conhecida é a fecundação de rainhas vkgenes , que acasalam com um número variável de drones - que era conhecido entre 6 e 17 drones durante um voo de casamento [28], [29] , mas empregos recente Eles descobriram que pode acoplar com 34 e até 77 drones [30] . No entanto, cada drone só pode fazer isso levar a cabo a tempo bem Ele morre logo após o acasalamento , quando seus órgãos genitais se desprendem do corpo. corpo , já que atuam como um plug para dar momento em que o esperma migraram para a espermateca [31] da rainha onde serão preservadas por todos dele vida reprodutivo .

Drone morto mostrando parte de intestinos ao perder o órgãos genitais em ele acasalamento de voo casamento com a rainha (Fotografia José Luis Reyes Carrillo)

Origem do drones Os drones são produzidos a partir de ovos não fertilizados que as rainhas eles põem nas células dos drones - um terço maior que a célula dos trabalhadores - ou colocadas pelos trabalhadores , que raramente eles põem ovos , mas pode ocorrer quando não há rainha ; são ovoposito nas células dos trabalhadores e dão origem a drones pequeno do tamanho de um trabalhador O número de drones encontrado em uma colônia se correlaciona positivamente com o número de trabalhadores presente . As maiores colônias eles podem tem até 1.500 drones adultos e seus número Está limitado em grande medida pela quantidade de bebês drones produzidos de acordo com a abundância de alimentos ; No entanto, as colônias aceitarão grande números de drones alienígenas que derivam de colmeias vizinhos ou que são introduzidos nas colônias e são aceitos para os trabalhadores tutores em condições normais [29] e são mais cuidados e mimados quando a colmeia este órfão [32] .

Os drones solicitar alimentar os trabalhadores e consumir mel das células , embora as operárias o alimentar quase exclusivamente durante o primeiro três dias do seu vida adulto , o drones mais de sete dias tratar para alimentar por si próprios. Eles têm um ritmo de alimentação diurno com consumo comida máxima antes do início da atividade de voo . O vôo do drones Começa entre as 11h00 e as 14h00 e termina entre as 16h00 e as 18h00. Embora a atividade máxima de voo ocorre entre 14h00 e 16h00 . drones até eles podem começará a voar a partir das 9h da manhã e se juntará ao enxames que saem da colônia entre 9h00 e 13h00. A hora do dia em que eles voam o drones pode ser visto determinado para as condições condições ambientais , época do ano e possivelmente para a orientação que eles têm as colmeias das colmeias , antes em que recebem o sol ao amanhecer . Se as condições climático impedi-los de voar o drones um dia , o seguindo voo Isso acontecerá mais cedo no próximo dia [29] .

Vida util. No os drones têm relatado expectativa de vida média de 13 a 14 dias , 21 a 24 dias e 34 a 54 dias de vida . Esta vida útil pode variar sazonalmente em que existem nascido e pode ser afetado por atividade de voo ou região geográfica . A vida média de drones tende a ser mais curto em verão que em outono e pode variam de 13 dias em verão em 38 dias no outono [29] embora o predadores eles podem encurtar a vida útil dos drones [33] .

Drone sobre pólen e favo de mel e trabalhadores trabalhando em seu ao redor (Fotografia José Luis Reyes Carrillo)

As taxas de sobrevivência de drones diminuir abruptamente com ele início da atividade de voo e probabilidade de sobrevivência diminui à medida que aumenta ele número de voos . As abelhas trabalhadores regular ele número de drones Adultos em uma colônia expulsando o drones em outono e durante o períodos em que o néctar é escasso . Os trabalhadores Eles tendem a forçar drones para o favos de mel exteriores da colônia, depois para as paredes e finalmente para as partes inferiores antes de expulsá-los da colônia. Certo trabalhadores se especializam em atos agressivo contra drones , o eles mordem e abusam e alguns vezes o Eles os tiram da colméia . A expulsão do drones é um processo gradual que leva diversos semanas durante ele outono . Normalmente, não mais do que 10 a 15 zangões são expulsos de uma colónia num único dia [29] . Na região de Lagunera é comum que após o primeiro geadas de outono ou inverno por toda parte drones , incluindo Adultos jovens , pupas e larvas , quer Expulsos imediatamente da colméia para que morram de fome e não consumam as reservas alimentares .

Repouso invernal

O comportamento individual das abelhas na colônia muda dramaticamente à medida que a colônia progride através dos diferentes temporadas . No final da primavera, o verão e início do outono , os trabalhadores são de uma vida curta - cerca de 30 dias - e exibir uma divisão de trabalho baseado em idade . As abelhas mais jovens , geralmente menos de dez dias de idade , realizar tarefas de enfermagem , abelhas médias idade , entre 10 e 20 dias , dedicam- se a tarefas como a construção de favos de mel , o armazenamento de alimentos , guarda e tudo o que for oferecido , enquanto as abelhas mais velhas da colônia servem em o exterior como forrageiras . Iniciar outono , à medida que a ninhada diminui , são produzidas " abelhas de inverno " – longas vida , até oito meses – que sobreviverão ao inverno . Essas " abelhas de inverno " formam ele conjunto termorregulador quando as temperaturas caem . Uma vez que a criação de novos as abelhas recomeçam no final do inverno ou início da primavera , a divisão do trabalho é retomada entre as abelhas trabalhadores que sobreviveram ao inverno [3] .

Enjambrazon

Um exemplo notável de coordenação e comunicação é o enxame . reprodutivo , um processo de divisão de uma colônia em qual a rainha e aproximadamente dois terços ou até três quartos de suas abelhas deixar dele ninho original ou colônia materna para formar a nova colônia. Ao partirem , os trabalhadores de um enxame Eles formam um grupo temporário e começam a procure um novo local de nidificação enquanto Eles estão sem teto . Os trabalhadores que permanecem na colmeia eles criam uma das filhas da velha rainha como dele nova rainha [6] .

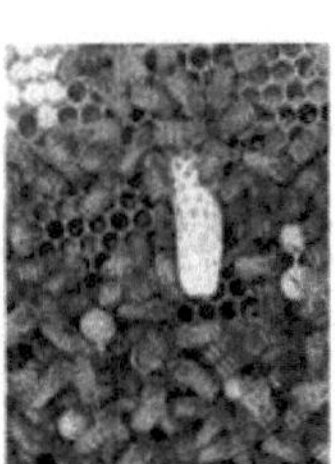
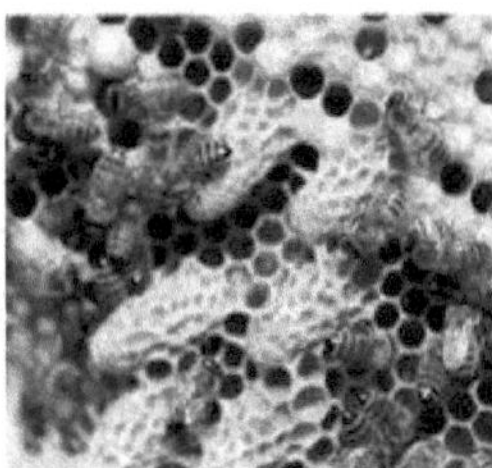

Células real que eles vão dar origem para um rainha ao lado das células dos zangões , - com opérculo abaulamento - e trabalhadores cuidando deles (Fotografias Yasmin del Rocio Guevara Ramirez)

O desenvolvimento e acumulação de descendentes na primavera geralmente leva a um enxame , onde a maioria dos trabalhadores Eles saem da colônia com a velha rainha em procurar um novo local de nidificação , deixando voltar a novo rainha e as abelhas trabalhadores restante para reconstruir a colônia original. Após o enxame , ambas as colônias originais como os novos passar o resto do verão e início do outono coletando pólen , que é usado como fonte de proteína para reprodução e néctar , que se torna em mel e usado como fonte geral de energia , especialmente durante os meses de inverno . Quando a temperatura cai por abaixo de 10 graus cenrigadas , abelhas na colônia eles formam um grupo termorregulador ; Eles formam um aglomerado e vibram seus músculos de voo para gerar calor que mantém a temperatura da borda externa superior a 6 graus cenrigado mas geralmente 12 graus centígrados . Isso garante que as abelhas em o as bordas externas do grupo não esfriam por sob o seu temperatura viável . Quando a reprodução começa em inverno , o conjunto rodeia a área de reprodução e mantém a temperatura central em 33 graus centígrados . Esta termorregulação só é alcançada quando ele conjunto Está em um espaço confinado , como em ele caso de colmeias naturais ou fabricadas por o homem [3] .

Conclusões

A rainha é um membro importante da colônia de abelhas meKferas e pode ser um determinante importante saúde e produtividade da colônia . As colmeias Eles têm um sistema de castas , que envolve diferente tipos de abelhas , realizando diferente tarefas em o interior da colmeia de acordo com a idade , como ele cuidado da ninhada , alimentação da rainha e do manutenção do interior da colmeia como limpeza , termorregulação e defesa . Lá fora , as abelhas forrageiras são responsáveis pela coleta substâncias essenciais como ele pólen , própolis , néctar e água necessário para o seu alimentação e resfriamento . Os coletores são capazes de se comunicar com outras pessoas , através de uma dança circular e uma dança de cauda , a localização , distância e abundância da fonte comida . O zangão ou abelha macho só tem a Função reprodutivo , morre ao acasalar com a rainha virgem , é tolerado enquanto existir recursos comida na colônia e é solto fora da colmeia na chegada ele inverno ou estação de escassez . O desenvolvimento da colônia na primavera e a aquisição força com nascimento de novo bebês , geralmente leva à formação de um enxame , onde grande parte dos trabalhadores Eles saem da colônia com a velha rainha em procurar um novo local de nidificação , deixando na colmeia original para um novo rainha e os trabalhadores restante Eles reconstruirão a colmeia original .

Enjambres de abejas pt diferentes arboles (Fotografias Jose Luis Reyes Carrillo)

Literatura Citada

1. Russell S, Barron AB, Harris D. Modelagem dinâmica do crescimento e fracasso de colônias de abelhas (*Apis mellifera*). Modelo Ecol . 2013;265:158 -69.
2. Seeley TD. Significado adaptativo do cronograma de polietismo por idade em colônias de abelhas. Comportar-se Eco Sociobiol . 1982;11(4):287-93.
3. Doke MA, Frazier M, Grozinger CM. Abelhas hibernando: biologia e manejo. Curr Opin Insect Sci. 2015;10:185 -93.
4. Johnson, BR. Divisão do trabalho nas abelhas: forma, função e mecanismos próximos. Comportar-se Eco Sociobiol . 2010;64:305 -16.
5. Knoll S, Pinna W, Varcasia A, Scala A, Cappai MG. A abelha melífera (*Apis mellifera* L., 1758) e a adaptação sazonal das produções. Destaques no reboque de verão na intertransição e de volta à atividade metabólica de verão. Livest Sci. 2020;235:104011 .
6. Grozinger CM, Richards J, Mattila HR. Das moléculas às sociedades: mecanismos que regulam o comportamento da enxameação em abelhas (*Apis* spp.). Apidologia . 2014;45:327 -46.
7. Slessor KN, Winston ML, Le Conte Y. Comunicação de feromônios na abelha (*Apis mellifera* L.). J Chem Ecol. 2005;31(11):2731-45.
8. Kocher SD, Grozinger CM. Cooperação, conflito e evolução dos feromônios da rainha. Análise. J

Chem Ecol. 2011:37:1263-75.
9.	Slessor KN, Kaminski LA, King GGS, Borden JH, Winston ML. Base semioquímica da resposta do séquito às abelhas rainhas. Natureza. 1998;332(6162):354-6.
10.	Kocher SD, Ayroles JF, Stone EA, Grozinger CM. A variação individual na resposta dos feromônios se correlaciona com características reprodutivas e expressão genética cerebral em trabalhadores abelhas . PloSOne . 2010;5(2):e 9116.
11.	Walton A, Toth AL. A variação no comportamento individual das abelhas operárias mostra características de personalidade. Comportar-se Eco Sociobiol . 2016;70:999 -1010.
12.	Walton A, Dolezal AG, Bakken MA, Toth AL. Com fome da rainha: o ambiente nutricional das abelhas afeta a resposta dos feromônios das operárias de maneira dependente do estágio da vida. Função Eco. 2018;32(12):2699-706.
13.	Raça MD, Robinson GE, página RE. Divisão de trabalho durante a defesa da colônia de abelhas. Comportar-se Eco Sociobiol . 1990;27:395 -401.
14.	Raça MD, Guzman-Novoa E, Hunt GJ. Comportamento defensivo das abelhas: organização, genética e comparações com outras abelhas. Ann Rev Entomol . 2004;49:271 -98.
15.	JB grátis. Feromônios de abelhas sociais. Chapman e Hall, Londres, Reino Unido. 1987;236p.
16.	Hunt GJ, Wood KV, Guzman-Novoa E, Lee HD, Rothwell AP, Bonham CC. Descoberta de 3-metil-2-
acetato de buten-1-il, um novo componente de alarme no aparelho de ferrão das abelhas africanizadas. J Chem Ecol. Fevereiro de 2003;29(2):453-63.
17.	Trhlin , M, Rajchard J. (2011). Comunicação química na abelha (Apis mellifera L.): uma revisão. Veterinário Med. 2011;56(6):265-73.
18.	Guzman-Novoa E, Hunt GJ, Page RE, Uribe-Rubio JL, Prieto-Merlos D, Becerra-Guzman F. Efeitos paternos no comportamento defensivo das abelhas. J Hered . 2005;96:376 -80.
19.	Seeley TD, Camazine S, Sneyd J. Tomada de decisão coletiva em abelhas: como as colônias escolhem entre as fontes de néctar. Comportar-se Eco Sociobiol . 1991;28:277 -90.
20.	Seeley TD, Towne WF. Táticas de escolha de dança em abelhas: as forrageadoras comparam danças? Comportar-se Eco Sociobiol . 1992;30:59 -69.
21.	Moore D. Relógios circadianos das abelhas: controle comportamental de operárias individuais até ritmos de toda a colônia. J Inseto Physiol. 2001;47:843 -57.
22.	von Frisch K. A linguagem da dança e orientação das abelhas. Harvard University Press, Cambridge, MA.1967;566p.
23.	Visscher PK, Seeley TD. Estratégia de forrageamento de colônias de abelhas melíferas em uma floresta decídua temperada. Ecologia. 1982;63:1790 -801.
24.	Beekman M, Ratnieks FLW. Forrageamento de longa distância pela abelha Apis mellifera L. Funct Ecol. 2000;14:490-96.
25.	Kuhnholz S, Seeley TD. O controle da coleta de água em colônias de abelhas. Comportar-se Eco Sociobiol . 1997;41:407 -22.
26.	Gordon DM. A organização do trabalho em colônias sociais de insetos. Natureza. 1996;380:121 -24.
27.	Brutscher LM, Baer B, Nino EL. Fatores putativos de cópula de drones que regulam a reprodução e a saúde da rainha das abelhas (Apis mellifera): uma revisão. Insetos. 2019;10:1 -18
28.	Woyke J. Acasalamento múltiplo da rainha das abelhas (Apis mellifica L.) em um voo nupcial. Bull AcadPolonSci Cl. 1955;3:175 -80.
29.	Currie RW. A biologia e o comportamento dos drones. Abelha Mundo. 1987;68(3):129-43.
30.	Retirar JM, Tarpy DR. Subfamílias "reais enigmáticas" em colônias de abelhas (Apis mellifera). PLoS UM 2018; 13:e 019912.
31.	Woyke J, Ruttner F. Estudo anatômico do processo de acasalamento na abelha. Abelha Mundo. 1958;39:3 - 18.
32.	Langowska A, Zduniak P. Nenhum contato direto é necessário para que os drones reduzam a vida útil dos trabalhadores nas abelhas. J Apic Res. 2019;59:88 -94.
33.	Rueppell O, FondrkMK , página RE. Análise biodemográfica da mortalidade de abelhas machos. EnvelhecimentoCélula . 2005;4:13 -9.

E quando ele outono eu chego , e eu chego também ele terminou seus dias , ele tinha ainda dá

tempo de dar uma última lição antes de morrer para as meninas abelhas que o rodeavam : Não é nosso inteligência , mas nosso trabalho Quem nós torna tão forte

Horácio Quiroga

3. Número de abelhas entrando na colmeia e capturando pólen
José Luis Reyes-Carrillo, José Luis Galarza Mendoza e Juan Cabrera Reyes

Introdução

As abelhas meKferas são atraídos por o estímulos características visuais e olfativas das flores [1]. Os compostos os aromáticos tornam-se progressivamente mais fácil para as abelhas se identificarem com o aumentar na concentração do odor . Isso torna mais fácil também a discriminação entre alguns aromas e outros [2]. Os polinizadores eles visitam sequencialmente e fielmente as flores de um mesmo espécies ainda quando voar para cima ou para lá perto de outras flores espécies em função de recompensa . Esta " constância floral " do comportamento de forrageamento tem sido descrito majoritariamente em abelhas meKferas [3] dado que seu atividade em o campo pode ser determinado muito várias formas [4]. Em um colmeia , ao mesmo tempo , diferente grupos de abelhas são dedicados a tarefas você especifica como ele o cuidado da prole , a construção dos favos , a defesa da colônia, a manutenção da temperatura do ninho de cria , bem como coletar e processar néctar e pólen . Porque em cada momento existem centenas de indivíduos em desenvolvimento diferente trabalhos Simultaneamente , alguns desses tarefas Eles devem ser coordenados para que a colónia sobreviva [5]. Asl as abelhas ajustar dele atividade de forrageamento de pólen de acordo com as necessidades da colônia , que são certo pela quantidade de pólen armazenados e pela quantidade de criação jovem já que ele pólen arrecadado é depositado nas células watts do nos bastidores em aqueles com maior quantidade de reprodução aberto , independentemente do local deste quadro dentro da colmeia . As abelhas também eles inspecionam um número maior de células naquele rack e passam a maior parte de seus tempo aí , que é um evidências de que forrageadoras de pólen Eles têm a capacidade de avaliar o necessidades de pólen da colónia [6] e, portanto , garantir que o abastecimento não falte .

Coordenação de atividades em a colmeia Isso acontece de duas maneiras : primeiro há a coordenação entre aqueles abelhas participantes em a mesmo trabalho, e em segundo , o daqueles que realizam trabalhos diferente mas complementar do que alguns Maneira eles devem estabelecer links de comunicação [7] que permitem sincronizar seu trabalho [8]. Por exemplo , os trabalhadores que coletam néctar devem coordenar suas atividades com abelhas enfermeiras [9,10]. Estudos recente sobre o processos de abastecimento de alimentos , comportamento construtivo e diferenciação social em sociedades de insetos ou sociedades de outros artrópodes gregário , mostram a importância de mecanismos de auto-organização [5,10,11]. Uma medida da força de uma colônia é a população. existente e portanto será observado um maior número de abelhas saindo e entrando pela piquera quando a colmeia É mais populoso . Mesmo quando se sabe ele comportamento produtiva da colmeia , na Comarca Lagunera não se sabia quanto pólen coletar as abelhas na temporada de outono e sim ele número de abelhas entrando pela piquera , como indicador populacional , mantido alguns relação com a quantidade de pólen colhido . São dúvidas foram resolvidas estudo ele entrada de pólen na colmeia através observações de campo .

Estudar

O presente trabalho foi realizado em ele apiário Escola do Instituto Tecnológico Agrícola nº 10, atualmente Instituto Tecnológico Torreon , em a Anna ejido, município de Torreon, Coahuila, de 13 a 26 de outubro para determinar a relação entre o número de abelhas entrando por minuto , que é um indicador da quantidade de população da colônia, e da quantidade de coleta de pólen durante Outono [12] . foram utilizados oito colmeias de abelhas Tamanho Jumbo , cada a equipado com um armadilha de pólen Ontário modificado tipo [13] . No inicio ele experimento , primeiro foi determinado ele número de abelhas entrando nas colmeias por minuto às doze horas por observação direta no canto de cada colmeia .

Abelhas entrando na colmeia através da piquera antes de colocar armadilhas de pólen (Fotografia Jose Luis Reyes Carrillo)

Determinando o número de abelhas entrando por minuto em que foi feito cinco vezes consecutivo e obtido ele média , para ficar como prossiga :
Número de abelhas entrando na colmeia por minuto antes de colocar armadilhas de pólen Tipo Ontário modificado .

colmeia	abelhas
1	163
2	143
3	114
4	159
5	133
6	107
7	98
8	97
Adição	1014
média	126,7

Concordo com você dados coletado , o menor número de abelhas entrando Foram 97 e o máximo foi 163 abelhas. por minuto . A média geral dos oito urticária foi de 126,7 abelhas por minuto .
O pólen era colhidos individualmente e diariamente em cada colmeia ao pôr do sol , e separados por tamanhos de acordo com dele diâmetro através das malhas padrão de laboratório de 2,04 miKmeters (pólen grande), 1,91 miKmetros (pólen médio) e 1,19 miKmetros (pólen pequeno) e depois pesado fresco em a balança de laboratório digital . Foi feita uma análise estatísticas dos resultados [14] .

Resultados

Em primeiro plano um colmeia sobre a armadilha de pólen tipo Ontário modificado em que se observa a entrada das abelhas . Na colmeia de fundo você pode distinguir a bandeja onde se acumula ele pólen (fotografia Juan Cabrera Reyes)

Quantidade de pólen colhido

A quantidade de pólen colhido durante ele mês de amostragem eu apresento altos e baixos muito marcado com um declínio particularmente acentuado na última semana . A gravidade do mudanças impedido encontre um padrão de captura consistente em ele tempo , uma vez que são observados altos e baixos na coleta de pólen na próxima gráfico :

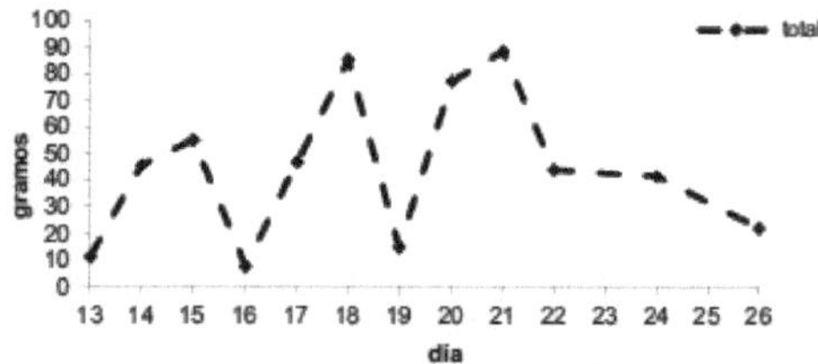

dia

Pólen corbicular total médio por oito horas do dia colmeias com armadilhas cara *Ontário modificado para mês de outubro*

Abelha com pólen amarelo claro nas corbúculas (Fotografia Jose Luis Reyes Carrillo)

Entre pólen separado por tamanhos encontrados apenas cúmulos médio (1,91 mm) e pequeno (1,19 mm), com predomínio daqueles de tamanho médio . As diminuições e aumentos na quantidade de pólen não mudou esse padrão de coleção , mantendo um paralelismo entre os dois tamanhos e em favor do clusters de tamanho médio , como pode perceber na próxima gráfico :

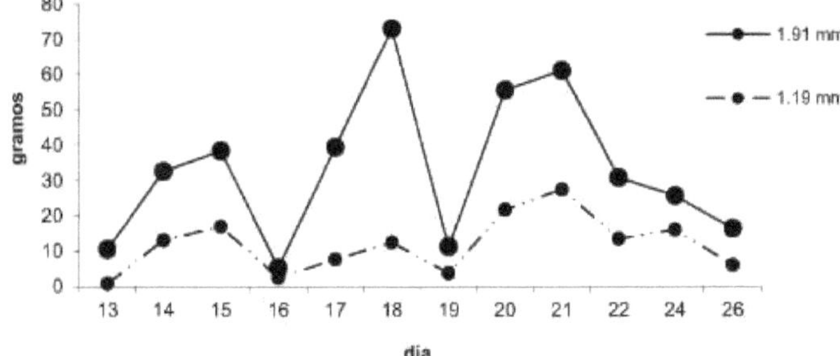

pólen corbicular médio (1,91 mm) e pequeno (1,19 mm) em urticária com armadilhas tipo Ontário modificado em ele mês de outubro
Durante o época do estudo , foi possível observe que o altos e baixos na quantidade colheita de pólen mostrou um padrão de aumento de duas semanas na quantidade de pólen e semana de queda muito marcado . Isso foi repetido por três vezes até a última semana , quando terminou ele período de observação .

Bandeja de armadilha de pólen de Ontário modificada mostrando ele pólen recuperado de corbáculas de abelhas (Fotografia Juan Cabrera Reyes)
Desde o objetivo principal do trabalho era relacionar ele número de abelhas entrando na colmeia com a quantidade de pólen coletadas , as observações podem ser representar graficamente como prossiga :

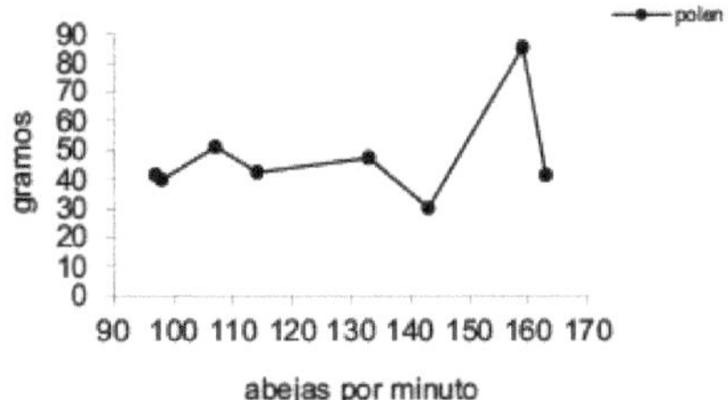

Quantidade de pólen média diário em relação ao número de abelhas entrando por minuto para a colmeia em ele mês de outubro
Não foi observado a tendência captura de pólen definida , uma vez que a relação entre o número de abelhas entrando por minuto para a colmeia com o gramas de acúmulo de pólen não foi muito definido e, portanto, sem qualquer valor preditivo ; isto é, não poderia ser determinar a quantidade de pólen a ser colhida contagem por colônia ele número de abelhas na piquera ; esse pode porque quando você

tinha uma colônia com 159 abelhas por coleta de pólen por minuto Foi o máximo, mas diminuiu para níveis semelhante a menos colmeias entrada de abelhas e foi o mesmo que com ele máximo número de abelhas entrando , que era 163. Isso mostrou a inconsistência que eu não permiti associado são quantidades com o número de abelhas .

Em relação à quantidade média de pólen coletado por dia por colmeia durante ele mês de outubro , a comparação do médias indicam uma diferença apenas pelo valor de 143 abelhas por minuto , que foi o mais velho. Para o resto das colónias, a colheita de pólen era igual .

Número de abelhas entrando na colmeia por minuto e quantidade média de pólen por d^a durante ele mês de outubro

colmeia	abelhas	média (g)
1	163	41,4
2	143	85,3
3	114	30.1
4	159	47,3
5	133	42,3
6	107	51,0
7	98	39,9
8	97	41,5
Adição	1014	378,8
média	126,7	47,4

Este comportamento errático pode devido ao tempo dedicada para participar ele solicitar água da colônia . Já que os trabalhadores eles coletam a quantidade de água importante para resfriar a colmeia , eles aumentam dele coleção quando as temperaturas durante o dia são altos bem exigir resfrie a colmeia e diminua dele transporte quando acontece ele período aquecimento crítico [25] . Esta poderia ser uma explicação para os altos e baixos na coleta de pólen , já que as abelhas eles seriam ocupado carregando regar e suspender ele transporte de outros produtos para colmeias , como ele pólen , néctar e própolis . É possível que durante a primavera e o verão as estações em que as abelhas se reproduzem em maior quantidade e demandam maior volume de alimentos , sua atividade de tráfego de entrada refletir melhorar dele força .

Conclusões

Durante o mês de outubro a quantidade de pólen coletado por A colmeia não apresentou um padrão consistente e diminuiu no final do mês . As abelhas coletou uma quantidade maior de aglomerados de pólen do mesmo tamanho médio . O número de clusters de tamanhos médio e pequeno aumentou e diminuiu de forma semelhante . A comparação entre a quantidade de pólen colhido por colmeia e o número de abelhas observado entrando na colmeia por Eu não economizo um minuto relação alguns .

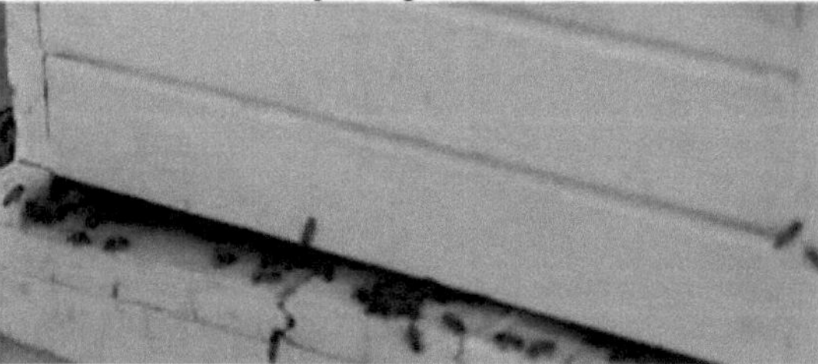

Abelhas entrando e saindo na colmeia (Foto de Jose Luis Reyes Carrillo)

Referências

1.   Galizia CG, Kunze J, Gumbert A, Borg-Karlson AK, Sachse S, Markl C, et al. Relação de parâmetros de sinais visuais e olfativos em um sistema de mimetismo de flores que engana alimentos.

Comportar-se Eco 2005;16: 159-6
2. Wright GA, Smith BH. Variação em estímulos olfativos complexos e sua influência no reconhecimento de odores . Proc R Soc Londres B 2004;271:147-52 .
3. Gegear RJ, Laverty TM. O efeito da variação entre características florais na constância floral de polinizadores. *In* : Chittka L, Thomson JD. Editores. Ecologia cognitiva da polinização. Comportamento animal e evolução floral. Cambridge University Press. Cambridge, Reino Unido 2001;1-20.
4. Hagler JR, Jackson CG. Métodos de marcação de insetos: Técnicas atuais e perspectivas futuras. Annu Rev Entomol . 2001;46:511 -43.
5. Amdam GV, Norberg K, Fondrk MK, página RE. A planta reprodutiva pode mediar os efeitos da seleção em nível de colônia no comportamento individual de forrageamento em abelhas Proc Nat Acad Sci USA. 2004;101:11350 - 55.
6. Dreller C, Tarpy DR. Percepção da necessidade de pólen por forrageadoras em uma colônia de abelhas. Anim Behav 2000;59: 91-6.
7. Tautz J, Casas J, Sandeman D. A reversão de fase dos sinais vibratórios no favo de mel pode ajudar as abelhas dançantes a atrair seu público. J Exp Biol 2001;3737-46.
8. De Marco RJ, Farina WM. Trofalaxia em abelhas forrageiras (*Apis mellifera*): a incerteza de recursos aumenta os contatos de mendicância? J Comp Physiol A Neuroethol Sens Neural Behav Physiol. 2003;189:125 - 34.
9. DeGrandi -Hoffman G, Hagler J. Como as abelhas podem usar a colocação do néctar que chega em uma colônia como meio de comunicação. Am Bee J 2000;140:892 -4.
10. Farina WM. A interação entre dança e comportamento trofalático na abelha *Apis mellifera*. J CompPhysiol . 2000;186:239 -45.
11. Farina WM, Wainselboim AJ. Mudanças na temperatura torácica das abelhas enquanto recebem néctar de forrageadoras coletando em diferentes taxas de recompensa. J Exp Biol. 2001;204:1653 -58.
12. Orozco-Vidal   JA, Reyes-Carrillo JL, Cabrera-Reyes J, Galarza-Mendoza JL. Número de Abejas
entrando na   colmeia e capturando pólen . Relatório do 14º Congresso Internacional de Atualização Apfcola , Boca del Rfo , Veracruz. 16 a 18 de maio de 2007;146-50.
13. Waller GD. Uma   modificação da armadilha de pólen OAC. Am Bee J 1980;120:119 -21.
14. Aço RGD, Torrie JH. Princípios e procedimentos de estatísticas. McGraw-Hill Book Company, Inc.
1960;Nova York, EUA:481p.
15. Kuhnholz S, Seeley T. O controle da coleta de água em colônias de abelhas. Comportar-se Eco Sociobiol 1997;41: 407-422 .

" Embora querido esse em cada flor , sempre faz falta a abelha para tirá-lo "

Guiterman

4. As abelhas coletar materiais estranhos ao pólen durante a era da escassez

José Luis Reyes-Carrillo, José Luis Galarza Mendoza e Juan Cabrera Reyes

Introdução

Identificação de pólen em um estudo de polinização Ele serve a vários propósitos . Ao analisar ele pólen que eles carregam o visitantes florais você pode encontre a evidência na variedade de espécies visitadas [1,2] . O pólen em estigmas pode indicar Sim ele pólen depositado é da mesma espécie [3] , se existe um potencial bloqueio de estigma por ele pólen de outros espécies ou outras efeitos semelhantes [4] . A identificação do pólen também é importante em estudos que medem o padrões temporadas de polinização masculino e feminino . Pesquisadores estudando anemofilia - polinização por ele pólen transportado por ele vento - pode precisar identificar a espécie presente em suas amostras com o objeto de saber o diferente porcentagens de espécies encontrado ou determinado o conteúdo de pólen das espécies alergênico em o ar [5] . A caracterização do pólen fóssil fornece um registro da flora e clima em os últimos [6] .

As abelhas consumir ele pólen das flores e proporcionam um benefício diretamente às plantas através de suas atividades de coleta 7 ˙ As plantas que produzem sementes são polinizadas por animais e geralmente ter pólen grande , esculpido e coberto com cera adesiva ou algum substância oleoso A capa faz com que os grãos de pólen adiram uns aos outros e ao animais polinizadores , alimentam os herbívoros , atraem polinizadores e ser um bom fonte de alimento para eles [8] .

Em um estudo de coleta de pólen na Comarca Lagunera , ao coletar amostras de bandeja destinatários em a armadilha tipo Ontário modificado , eles poderiam perceber materiais vegetais que foram identificados como partes da planta reguladora, partes secas de plantas ou sementes que parecem pequenas ossos , sementes de vegetais que foram identificados como de alguém tipo de grama , partes de plantas desconhecido , vagens cheio de sementes de grama conhecido como " mostacilla " ou " chili de pajaro " e anteras sorgo completa ; alguns abelhas eles pegaram entre nas bandejas receptores da armadilha de pólen , deixando encurralado em ela com a bola de pólen equipado em ele picar , certamente como estratégia para evitar que a armadilha de pólen os retenha e isso foi observado em datas diferentes [9] .

Abelhas com seus respectiva bola de pólen equipado em ele picada , semente aderido à partícula de própolis e tecido vegetal governadora encontrado nas armadilhas de pólen (Fotografias José Luis Reyes Carrillo)

Sob condições áridas e baixas temperaturas em ele inverno da Comarca Lagunera [10] , em Está estação é a menor presença de floração em pisos silvestres ou cultivadas e abelhas então poderia obtivermos materiais além do pólen em dele coleta de alimentos .

O acima é mostrado em esse capítulo produto de uma investigação realizada em esta região [11] onde a pergunta é respondida Sim em as abelhas são escassas eles coletam materiais estranho ao pólen

Estudar

O presente trabalho foi realizado em ele apiário Escola do Instituto Tecnológico Agrícola n° 10, atualmente Instituto Tecnológico Torreon , em a Anna ejido, município de Torreon, Coahuila durante os meses de inverno de janeiro , fevereiro e março com o propósito de verificar sim, as abelhas eles coletaram substâncias além do pólen durante o tempo de escassez . 12 colmeias foram usadas Tipo Jumbo equipado cada um com um armadilha de pólen Ontário modificado tipo [12] colheita ele pólen semanalmente . O pólen era separado por tamanho de acordo com dele diâmetro através das malhas padrão de laboratório de 2,04 milímetros (pólen grande), 1,91 milímetros (pólen médio) e 1,19 milímetros (pólen pequeno) e depois pesado fresco . As substâncias estranho ao pólen eram separados , identificados e pesados em fresco. Tanto o Unid estrangeiro como ele pólen foi pesado em a balança de laboratório digital . Os dados do número , peso e quantidades respectivos foram processados estatisticamente [13] .

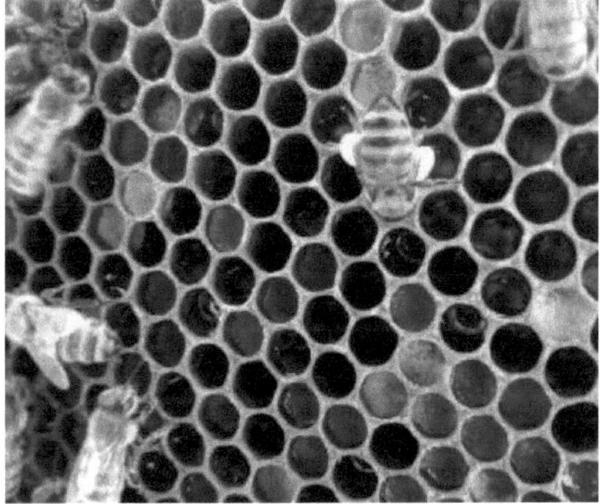

Células contendo pólen de cores diferentes (Fotografia Yazmin del Rocfo Guevara Ramfrez)

Resultados

Unid estranho ao pólen

Os elementos não relacionado ao pólen , a razão fundamental do estudo , apareceu desde o primeiro semana , revelando entre eles sementes minúsculo de vários plantas , folhetos secas da planta algaroba , que são comuns na região e onde estavam perto do apiário diversos árvores e arbustos deste espécie . Provérbios árvores para isso data Eles apresentaram a folha seca devido às geadas de inverno e queda do folhetos .

Também foram encontrados peças pequenas folhas coloridas verde claro e avermelhado de plantas não identificadas que não puderam ser localizadas nas proximidades do apiário e que pudessem correspondem a plantas ornamentais próprias escola ou Anna ejido , localizada a um quilômetro de distância aproximadamente .

Cones machos casuarina foram encontrado nas armadilhas de pólen e

comparado com o cones de pólen árvores mais próximas - a aproximadamente 500 metros de distância - coincidindo com a sua época de floração que suponha que eles fossem removido do árvores pelas abelhas e transferido para a colmeia , o que explica dele presença na armadilha de pólen .
Eles se conheceram e se separaram caules secas , lascas de madeira , aglomerados do tamanho de grãos de pólen , material vegetal que se parece com ossos e ferrões solto das abelhas . Alguns deles poderia fazer parte do desperdice essas abelhas eles queriam retire da colméia e eles foram jogado ou caído acidentalmente em armadilhas de pólen . Eles podem ser ver na sequência Fotografias :

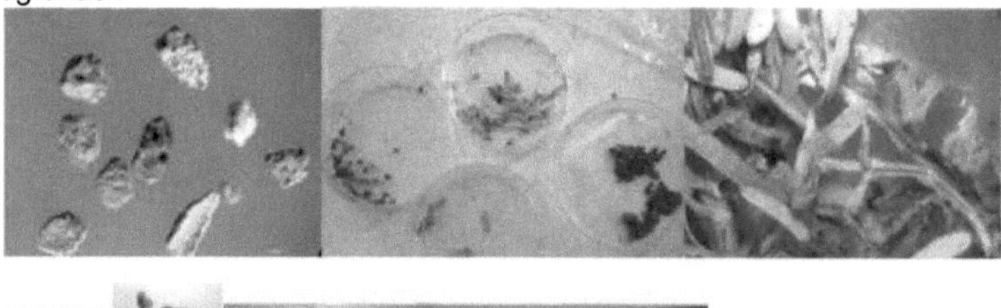

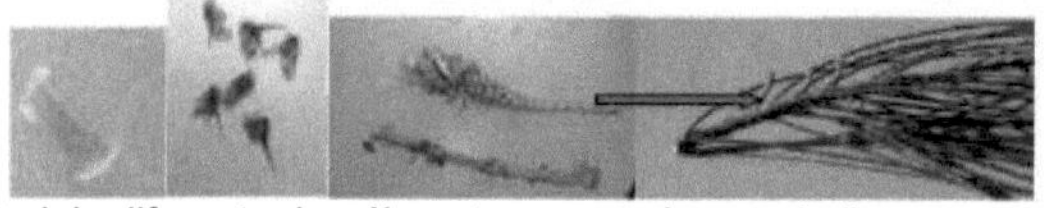

Materiais diferente do pólen , transportado por abelhas e capturado nas armadilhas de pólen (fotografia Juan Cabrera Reyes)

Iniciar seguindo imagem é mostrada o Unid encontrado em armadilhas de pólen durante ele período inverno e seus respectivos quantidades :
Número de elementos estranho ao pólen capturado por semana nas 12 armadilhas de pólen durante os meses de inverno de janeiro a março . Torreón, Coahuila.

semana	sementes	folhas/ folíolos peças /folha	torrões	caules lascas	cones pólen	flocos de própolis	ferrões
Jan-07	62	81	32	1	2	64	
Jan-13	10	14	17			19	
22 de janeiro	18	17	2			6	3
28 de janeiro	4	13		5		17	
Fev-04	2	12		2		4	
01 de fevereiro	1	5		2	1	13	1
18 de fevereiro	1	83		17		84	
25 de fevereiro		64	4	24		48	
março-04		16		6		31	2
11 de março	1	14		4		4	
17 de março	6	28	7	7	3	69	
total	**105**	**347**	**62**	**68**	**6**	**359**	**6**
média	**11.7**	**31,5**	**12.4**	**7.6**	**2,0**	**32,6**	**2,0**

Partículas de solo, semelhantes em tamanho ao pólen pertence ao típico chão sódio na região e com alto teor de sal , o que poderia explique a razão pela qual as abelhas eles coletaram dito material para usá-lo como complemento nutricional

Ao isolar o materiais pólen estrangeiro coletados , eles separaram Também as partículas de própolis , grandes e pequenas, que caíram nas armadilhas e dão uma ideia da atividade. promotor dentro da colônia, que consiste em ele vedação de lacunas , colagem molduras e tampa de colmeia dentro . Pode salientar que o própolis observado era a mistura de flocos , partículas e pedaços torrões que caíram das pernas das abelhas quando foram carregadas para a colmeia traseira e não poderia recuperá-los através da malha que impede dele acesso à bandeja colecionador .

Privar as abelhas de diversas fontes naturais de alimentos pode têm a consequência não intencional de aumentar dele aceitação de comida de outro forma seriam rejeitados [14] . Sabe -se que as abelhas não só detectam toxinas , mas também eles podem aprender para associam seus cheiros aos seus sabores e às consequências de consumi-los [15] . No entanto, em comparação com outros insetos a abelha Possui apenas 10 receptores gustativo e, portanto, seu o sentido do paladar é muito pobre em comparação com a mosca da fruta que tem 68 receptores gosto e o mosquito anopheles que tem 76 [16] .

É provável que o Unid vegetais como folhas ou fragmentos delas , folíolos de algaroba e pequenos caules , feijão poderia ter sido arrancado e transportado intencionalmente para o mesmo abelhas que precisam de comida , e não acidentalmente caiu nas bandejas , embora isso não pôde ser verificado através observações em campo .

O de cima observou , embora especulativo , é baseado em cuidadoso observações de campo acompanhadas de exames microscópico de outros estudos que forneceram evidência convencendo que envolvia a abelha meHfera como causa da perfuração da folha em espécies de bétula . Esses revelou que as abelhas eles cortaram ou separaram seletivamente pedaços de folhas e brotos jovens em procure por um substância pegajoso , aparentemente própolis .

Mais tarde , à medida que amadureceram Os cortes aumentaram e causaram ele arrancamento das folhas. Os estudos biológico Eles indicaram que isso doido alcançado seu ponto máximo na estação seco , com índice de até 90% de folhas jovens danificado por surto por mês e foi menor em os meses chuvosos durante ele pico de emergência foliar . O dano causado nas folhas pelas abelhas era consistentemente maior nas espécies de bétula em o Pequenas árvores jovens mais do que o árvores maduras e em folhas mais expostas ao sol do que em folhas sombreadas [17] .

Bandeja de armadilha de pólen contendo o aglomerados de pólen , Unid estranho ao pólen e às abelhas morto (fotografa Juan Cabrera Reyes)

Quantidade de pólen

A quantidade de pólen coletado através das colmeias pode considere isso baixo então corresponde ao inverno . Os dados apresentados são semanais para todas

as 12 colônias e são mostrados na próxima quadro :
Quantidade de pólen , substâncias estrangeiro colhida e porcentagem por semana em 12 colmeias fornecido com um armadilha de pólen durante os meses de janeiro a março . Torreón, Coahuila.

semana	pólen (g)	substâncias estrangeiro (g)	%	observações
7 de janeiro	152,8	36,60	24,0	
13 de janeiro	16.1	11h36	70,4	chuva
22 de janeiro	302,0	27.28	9,0	
28 de janeiro	64,1	16.28	25,4	chuva
4 de fevereiro	95,6	26,79	28,0	chuva
11 de fevereiro	325,7	29,82	9.2	
18 de fevereiro	423,0	40,22	9,5	
25 de fevereiro	338,8	63,31	18,7	
4 de março	282,9	34,24	12.1	
11 de março	221,8	46,88	21.1	
17 de março	269,0	30,61	11.4	
total	**2491,7**	**363,39**	**14.6**	
média semanalmente	226,5	33,0		
média colmeia	18,9	2.8		

Semana em que foi obtido menos pólen foi o segundo semana de janeiro , correspondente ao primeiro mês do estudo , e coincidindo com as chuvas luz anormal para isso época do ano em que foram apresentados que semana .

Durante o mês de janeiro e início de fevereiro foram registrados temperaturas baixas e chuvas luz que impedia a atividade normal das abelhas em forrageamento de pólen na espécie vegetais que se desenvolvem na região durante ele período inverno . Desde então ele Temperaturas de dezembro Hafran caiu abaixo de 0 °C, o restos de vegetação de verão já Eles desapareceram.

Outono - espécies de inverno comum na região , como mostacilla ou grama em cruz e malva [18] que toleram geadas iluminar , aparecer geralmente associado a culturas perenes como alfafa que é irrigada todos ele ano , além de culturas forrageiras anuais de inverno como aveia , triticale, azevém e trigo. São espécies Eles poderiam ser a fonte de fornecimento do pólen que apareceu nas armadilhas , mas dele origem botânico não era certo .

A quantidade de pólen coletado por semana das 12 colmeias mostra que o quantia era muito variável , uma vez que o valor mais elevado foi de 423 gramas - segundo semana de fevereiro - e o menor de 16,1 gramas , correspondente ao segundo semana de janeiro . No entanto, o média por colmeia Foram apenas 18,9 gramas .

Os dados das 11 coletas de pólen revelar que o período de estudo Eu represento para as abelhas a época grave escassez , dado que para a região de Lagunera em colmeias de armadilha de pólen durante a polinização do melão , em média da colheita normal por semana são 200 gramas de acúmulo de pólen durante a primavera e verão . Na região de Laguna na vegetação selvagem com colmeias longe de colheitas , foram obtidas em média quantidades de 430 gramas por semana na primavera, 361 gramas em ele verão , 76 gramas em outono e 85 gramas de pólen corbicular em inverno [19] .

Anterior quantidades de pólen estão relacionado à demanda pela quantidade de descendentes que a colônia tem e aos quais os trabalhadores reagem forrageiras carregando a proporção necessária [20] . Nos diferentes As estações do ano variam de acordo com a população da colmeia , sendo em outono e inverno quando a rainha diminui dele postura diante da falta de floração e perdas temperaturas , e Portanto , há a menor necessidade de comida proteína por ter menor quantidade de criação cada colônia.

pólen capturado nas armadilhas mostrando a variação de cores (Fotografias Juan Cabrera Reyes)

Ao comparar o gramas de pólen colhido No total das 12 colmeias, observa-se que não houve a relacionamento que poderia associar a quantidade de substâncias estranho em relação à quantidade de pólen levado para a colmeia bem ele aumentar em gramas destes produtos estranhos ao pólen não correspondem em Maneira alguns com variações em quantidades de pólen capturado em armadilhas , conforme ilustrado na próxima gráfico :

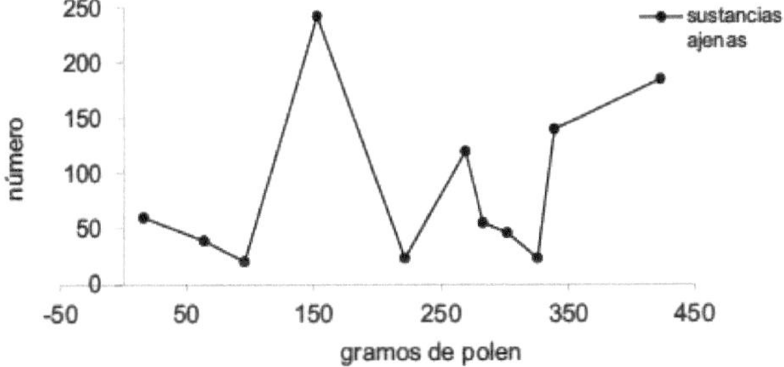

Número de substâncias estranho ao pólen em relação à quantidade de pólen colhido nas armadilhas de 12 colmeias
Um amplo variedade de materiais em cargas de pólen corbicular foi registrado na literatura . Exame microscópico de cargas de pólen de abelha euHferas encurralado em o campo e o pólen coletado em armadilhas nas colmeias Eles têm revelado constituintes adicional como pétalas , filamentos e estames completos de uma planta, possivelmente canola, filamentos de celulose de tecidos não lignificados da planta chamados Bugloss eles eram parte das anteras , e minúsculo insetos como tripes, ambos adultos como larvas [21] . Esses durar Quando são larvas se alimentam tecidos vegetais e adultos ter a dieta variado baseado majoritariamente em ele pólen . Supõe- se que para dele tamanho pequeno esses insetos eram embalado acidentalmente pelas abelhas ao fazer a bola de pólen .
Eles têm encontrado estames completo ou anteras em cargas de pólen corbicular de muitos espécies vegetais particularmente do gramíneas , plantas umbeHferas e plantago e trevos [22] . Em colmeias da região de Lagunera Perto do milho e do sorgo, as bolas de pólen são facilmente observáveis. corbicular com anteras do que abelhas eles carregam ambas as colheitas para seus colmeia .

53

Tamanho das cargas , aglomerados ou pellets de pólen

Com respeito a diferente tamanhos do aglomerados ou pelotas de pólen , que foi ele segundo abordagem para isso estudo , observou- se que nas semanas em que houve menor quantidade de captura , a maioria correspondeu a clusters de tamanho pequeno , - semana de 13 e 28 de janeiro - . Para os outros datas de avaliação predominou aqueles de tamanho intermediário , como pode ser perceber em ele seguindo gráfico :

Quantidade de pólen de diferentes tamanho colhido por semana em 12 colmeias durante ele inverno

semana	2,38 mm	1,91 mm	1,19 mm	total semanal
7 de janeiro	55,8	90,1	6,9	**152,8**
13 de janeiro	0,0	0,0	16.1	**16.1**
22 de janeiro	52,8	135,4	113,8	**302,0**
28 de janeiro	4.3	22,5	37,3	**64,1**
4 de fevereiro	11.4	50,9	33,3	**95,6**
11 de fevereiro	87,8	189,4	48,5	**325,7**
18 de fevereiro	78,3	284,9	59,8	**423,0**
25 de fevereiro	48,4	219,2	71,2	**338,8**
4 de março	34,3	183,7	64,9	**282,9**
11 de março	55,9	135,7	30.2	**221,8**
17 de março	123,4	100,7	45,0	**269,0**
total	552,1	1412,5	527,1	**2491,7**
média	**50,2**	**128,4**	**47,9**	226,5
percentagem	**22.2**	**56,7**	**21.2**	

Quando foi obtido ele média do três tamanhos do foram encontrados acúmulos para todas as semanas de colheita diferenças , ou seja, o clusters de tamanho intermediário eram os maiores e os menores grande e pequeno eram igual entre sL

Malhas de laboratório padrão para separar por tamanho o aglomerados de pólen . Eles se pesavam tanto pólen como substâncias não relacionado ao pólen (Fotografias Juan Cabrera Reyes)

Ao se referir em porcentagem de quantidades de pólen corbicularis foi observado que o clusters de tamanho pequeno -1,19 mm- e aqueles de tamanho grandes -2,38 mm- foram igual em quantidade e que a maioria correspondeu ao clusters de tamanho médio -1,91 mm-. Em um estudo para determinar ele tamanho da pelota carregou nas corbúculas das abelhas a área de superfície de cada pelota foi de 1.543 a 2.281 miKmetros quadrados [23] , o que coincide com as dimensões obtido , em relação ao menores e maiores clusters que foram obtidos e medidos com as malhas em esse estudar .

Em uma ideia relacionada sobre impulsividade , que envolve eleições rápido e impreciso sobre os lentos e precisos , foi sugerido que o grau de comportamento impulsivo em abelhas e outros insetos correlatos sociais positivamente com a necessidade nutrição que o animal enfrenta . Nas abelhas , uma regulação metabólica da impulsividade poderia significa que as forrageadoras pode tornar-se mais impulsivo devido à desnutrição resultante de fatores ecológico como a escassez e fazendo com que não aproveitem todos ele recurso floral [24.] Sabe-se que para tirar pólen para a colônia, as operárias forrageadoras com corbúculas maiores eles coletam pólen que comprime em pellets de tamanho maior e depois eles podem fazer menos viagens à colônia, dedicar menos hora de explorar em procure flores e passe mais tempo em fontes de pólen já localizado . No entanto, isso não é relevante quando ele o pólen é tão escasso que trabalhador não pode atender nenhum uma carga completa de pólen . Então ele o tamanho da cesta de pólen na perna da abelha não seria importante [23] mas as condições da região na época inverno .

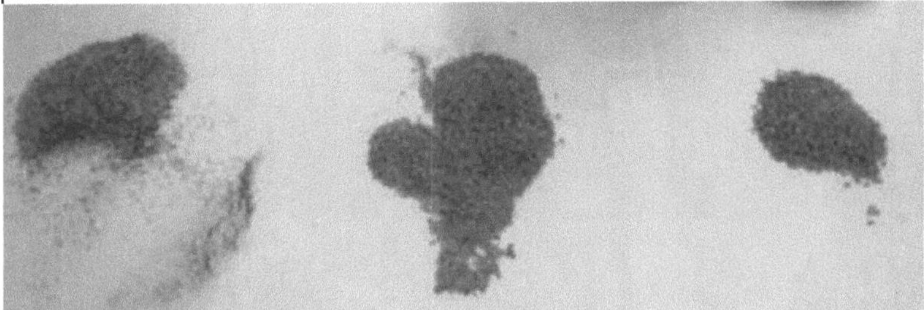

Pelotas de pólen de diferentes tamanhos separado nas malhas de laboratório , da esquerda para a direita : grande (2,38 mm), média (1,91 mm) e pequena (1,19 mm) respectivamente (Fotografia Juan Cabrera Reyes)

Total semanal de pólen coletado foi variável, com média de 226,5 gramas , destacando-se ele mês de janeiro devido à escassez , com as 2 semanas mais baixas de arrecadação em esse período inverno . Isso poderia associada à presença de chuva em aqueles datas , o que impediu os trabalhadores sair em busca de alimento .
Estima -se que uma colônia de abelhas consuma cerca de 20 quilos de pólen por ano [25] , o que corresponderia a cerca de 384 gramas. por semana , embora se entenda que dependendo da estação do ano tem que aumentar Está quantia na medida em que há mais bebés para alimentar e há uma maior quantidade de recursos e, diminuir quando há pouco postura de rainha e escassez de flores disponíveis .
A eficiência de um armadilha de pólen para capturar cargas de pólen é de cerca de 16% . Como ele fluxo como ele tamanho das cargas pode variar consideravelmente dependendo de fatores como a hora do dia , as espécies de plantas visitadas e as condições meteorológico . São durar eles podem forçando as forrageadoras a retornar à colmeia antes de terem preenchido uma carga [26] e que poderia ser um bom estimador do volume total colhido pelos trabalhadores de uma colmeia .

Conclusões

Durante o inverno descobriu-se que a quantidade de pólen coletado era muito baixo. Além do pólen , as abelhas eles coletaram sementes , folhas, fragmentos de folhas , aparas de madeira , pequenos caules , torrões de terra salgado e cones casuarina masculina . As substâncias estrangeiro coletado através das abelhas você pode atribuem à falta de comida . Esses materiais alheios ao pólen que não guardaram relação alguns com a quantidade de pólen capturado nas armadilhas . O resultado coincide com observações em outros estudos em aqueles que abelhas eles coletaram substâncias estranho ao pólen na época da escassez . Os acúmulos de pólen corbicular coletado para as abelhas eram de dimensões variado , em dele maioria do tamanho médio e, em igual quantidades de tamanho grande e pequeno .

Abelhas operárias com muito pólen corbicular nas pernas e células com pólen já embalado (Fotografia **Yazmin del Rodo Guevara Ramfrez**)

Referências
1.   Bryant VM, Pendleton M, Murry RE, Lingren PD, Raulston JR. Técnicas para estudar a adesão do pólen à lagarta da espiga do milho (Lepidoptera:Noctuidae) que se alimenta de néctar usando microscópio eletrônico de varredura. JEcon Entomol . 1991;84:237 -40.
2.   Goodwillie C. Polinização eólica e garantia reprodutiva em *Linanthus parviflorus* (Polemoniaceae), uma planta anual autoincompatível. Sou J Bot. 1999;86:948 -54.
3.   Takayama S, Shiba H, Iwano M, Shimosato H, Che F, Kai N, et al. O determinante polínico da autoincompatibilidade em Brassica *campestris* . Proc Natl Acad Sci EUA. 2000;97: 1920-2
4.   Tandon R, Manohara TN, Nijalingappa BHM, Shivanna KR. Polinização e interação pólen-pistilo em dendê, *Elaeis guinensis* . Ana Bot. 2001;87: 831-8
5.   Carinanos P, Galan C, Alcazar P, Dommguez E. O pólen transportado pelo ar regista a resposta às condições climáticas em zonas áridas da Península Ibérica. Environ Exp Bot.2004:52:11-22.
6.   Krassilov VA, Golovneva LB. Inflorescência com grãos de pólen tricolpados do Cenomaniano da Bacia de Tschulymo-Yenisey, Sibéria Ocidental. Rev Paleobot Palinol . 2001;115:99 -106.
7.   Ollerton J. A evolução das relações polinizador-planta dentro dos artrópodes. Bol SocEntomol Aragon Vol. Monográfico . 1999;741-58.
8.   Gorelick R. A polinização por insetos causou aumento da diversidade de plantas com sementes? Biol J Linn Soc. 2001;74:407 -27
0.   Reyes-Carrillo JL, Munoz-Solo R. Coleção de pólen em ele cultivo de melão , vegetação arredores e curiosidades em dele colheita por abelhas (Apis *mellifera* L.) na Comarca Lagunera . Relatório da 10ª Conferência Internacional sobre Atualização Apfcola , Tlaxcala, Tlaxcala, México. 2003;24-9.
10.   Schmidt RH. As zonas áridas do México: extremos climáticos e conceituação do Deserto de Sonora. J Arid Environ.1989;16:241-56.
11.   Reyes-Carrillo JL, Cabrera-Reyes J, Galarza-Mendoza JL, Orozco-Vidal JA. ^As abelhas eles coletam materiais estranho ao pólen durante a época de escassez ? Relatório da 14ª Conferência Internacional sobre Atualização Apfcola , Boca del Rto , Veracruz. 2007;35-9.
12.   Waller GD. Uma modificação da armadilha de pólen OAC. Am Bee J. 1980;120:119 -21.
13.   Aço RGD, Torrie JH. Princípios e procedimentos de estatísticas. McGraw-Hill Book Company, Inc.Nova York, Toronto, Londres. 1960;481p.

14.   Desmedt L, Hotier L, Giurfa M, Velarde R, de Brito-Sanchez G. A ausência de alternativas alimentares promove a alimentação propensa a riscos de substâncias desagradáveis em abelhas. 6: 31809 .
15.   Wright GA, Mustard JA, Simcock NK, Ross-Taylor AAR, McNicholas LD, Popescu A, et al. Caminhos de reforço paralelos para aversões alimentares condicionadas nas abelhas. Curr Biol. 2010;20:2234 -40.
16.   de Brito-Sanchez MG, Ortigao -Farias JR, Gauthier M, Liu FL, Giurfa M. Percepção do paladar em abelhas: apenas um gostinho de mel? Artrópode- PlantaInteract . 2007;1:69 -76.
17.   Nyeko P, Edwards-Jones G, Day R. Honeybee, *Apis mellifera* (Hymenoptera: Apidae), danos foliares em espécies *de Alnus* em Uganda: uma bênção ou maldição na agrossilvicultura? Bull Entomol Res. 2002;92(5):405-12.
18.   Reyes-Carrillo JL, Munoz-Soto R, Cano-Rtos P, Eischen FA, Blanco Contreras E. Pólen Atlas da Comarca Lagunera , México. Guzman Editores , México, DF 2009;347p.
19.   Reyes-Carrillo JL, Eischen FA, Cano- Rtos P. Coleção de pólen para as abelhas euKferas em áreas cultivadas de melão e vegetação selvagem . Relatório do 13° Congresso Internacional de Atualização Apfcola , San Luis PotosG San Luis PotosG México. 2006; 67-73.
20.   Dreller C, Tarpy DR. Percepção da necessidade de pólen por forrageadoras em uma colônia de abelhas. Anim Comportamento . 2000;59:91 -6.
21.   Davis AR. Outros constituintes diversos de cargas de pólen corbicular de *Apis mellifera* : pétalas, estames, fios de anteras e tripes. ISHS Acta Hortic.1997;437:199-206
22.   Maurizio A. Outras investigações sobre calcinhas de pólen: Contribuição para o registro de taxas de polinização em diferentes áreas da Suíça. [Weitereuntersuchungenanpollenhoschen : beitragzurerfassung der pollentrachtverhaltnisse in verschiedenengegenden der Schweiz. Alemão]. 1953;2(20):485-556.
23.   Milne CP, Pries KJ. Abelhas com corbículas maiores carregam pelotas de pólen maiores. J Apic Res. 1986;25(1):53-4.
24.   Mayack C, Naug D. Abelhas famintas perdem o autocontrole. Biol Lett. 2015;11(1):20140820.
25.   Seeley TD, Camazine S, Sneyd J. Tomada de decisão coletiva em abelhas: como as colônias escolhem entre as fontes de néctar. ComportarEcolSociobiol . 1991;28:277 -90.
26.   Goodwin RM, Perry JH. Uso de armadilhas de pólen para investigar o comportamento de forrageamento de colônias de abelhas melíferas em pomares de kiwis. NZJ Crop Hortic . Ciência. 1992;20:23 -6.

" abelhas sem comida, colmeias perdas "

Ditado Espanhol

5. Africanização
Rubi Munoz Soto, José Luis Galarza Mendoza e José Luis Reyes Carrillo
Introdução

Um valor é estimado no nível mundo de 212 bilhões de dólares por conceito de polinização de culturas facilitado para as abelhas todo ano [1] . Este dígito resultaria muito maior se você pudesse calcular também ele benefício da polinização de plantas selvagens [2] .

Um problema prioridade para a apicultura Mexicana , e especialmente para a polinização das culturas , é a africanização das populações de abelhas . As abelhas Africanizados são hiforídeos de raças de abelhas Europeus e africanos que foram criados em Brasil em 1956 com o objetivo de desenvolver um programa de melhoria genético . Eles chegaram ao México em 1986 , quando eles entraram o primeiro enxames através da fronteira com a Guatemala após 29 anos de migração de Brasil . Entre o principal efeitos indesejáveis das abelhas africanizado estão dele comportamento altamente defensivo e seu tendência nômade que os faz abandonar ou fugir das colônias [3,4] .

Os hiforídeos , agora abelhas Africanizados , são menos defensiva mas certamente Eles atacam com mais frequência do que as abelhas Europeu . Os apicultores selecione rainhas da colmeia menos colmeias defensivas para substituir aquelas das colmeias mais defensivas e assim mitigar gradualmente problema [5] . As abelhas africanizado eles podem reagir contra um intruso três vezes mais rápido que as abelhas Europeus e perseguem os seus agressores à distância mais de um quilômetro e depois retornam aos seus ninhos ficando alterado por vários dias [6] . Além de sua maior disposição para se defender , a abelha Africana é um pouco menor , forma enxames com mais frequência , suas colônias são menores , tende a para loja menos mel e sob condições desfavorável abandono o ninho [5.] A evasão ou emigração de todos os indivíduos de uma colônia é um característica que as abelhas africanizado eles expressam muito frequência . Esse comportamento se deve ao fato de que esses os insetos são altamente suscetível a distúrbios causado por apicultores , predadores ou fenômenos naturais , como ruído , manuseio calor excessivo intensa e escassez de água e alimentos . A evasão das colmeias ocorre com muito pequeno frequência em abelhas de raça Europeia , mas em africanizado pode observar nas colmeias de 30 a 100 por cento [7] .

As abelhas africano ter dele origem em zonas de clima tropical quente com longos períodos de seca e, portanto, milênios Eles têm enfrentou condições rústico e difícil que eles têm feito adotar mecanismos para sobreviver ; com o seu predisposição para a emigração em busca de recursos e seus alto habilidade reprodutivo , o desenvolvimento de comportamento defensiva afiado , produto de ser enfrentando constantemente um grande número de inimigos naturais em seu habitat africano incluindo o homem, e para isso para o menor sentimento de ameaça , eles respondem perseguindo seu agressor por grande distãncias e em grande número [8] . No México houve apresentado enxames enorme com muitos rainhas , que ao chegarem a um local ficam divididas em os pequenos núcleos colonizando grandes superfícies.

Enxame gigante africanizado pousado em uma nogueira em Hermosillo, Sonora (Fotografia Hector Genaro Galindo Rodriguez)

Quando ele apicultor realiza a extração de pólen e mel em colmeias de abelhas As pessoas africanizadas ficam perturbadas , sentem ameaçado e pode sair da colmeia [9].

A forma mais utilizada para determinar as diferenças entre as abelhas Europeia e africanizada , ambas presentes na apicultura nacional , sabe- se como Método rápido para identificar abelhas Africanizado (FABIS, *Sistema Rápido de Identificação de Abelhas Africanizadas*) [10,11]. Este método considere as medidas das características morfológica das asas anteriores e fêmures posteriores de um amostra de abelha . A medida das asas anteriores é denominada FABIS I, e a medida das Fêmures FABIS II . Isto é baseado em ele feito de abelha africanizado tem um menor tamanho da asa e do fêmur [12]. Embora no momento existir técnicas genética ao nível celular muito técnicas sofisticadas para caracterizar populações de abelhas em colmeias comerciais [13] , o O método FABIS segue sendo mais favorecido para esse fim por ser simples , econômico e não necessitar de equipamentos especializado .

Não só o enxames selvagem eles podem ser Africanizado ou Processo de africanização , mas também as colmeias gerenciou por apicultores presente esse doido ainda quando ele apicultor Troque suas rainhas regularmente . Assim resultado importante análise periodicamente ele status das colmeias e monitorar sobre todos ele grau de agressividade . O extinto Programa Nacional de Prevenção e Controle da Abelha Africana informou o primeiro enxame africanizado positivo em município de San Pedro de las Colonias Coahuila, em Outubro de 1991. O objetivo deste capítulo é descrever o panorama da presença da abelha africanizado nas colmeias da Comarca Lagunera .

Estudos feito desde 1992

Eles foram amostrados urticária e foram analisados enxames capturado em os municípios de Tlahualilo , Bermejillo , Mapimi , Gomez Palacio, Lerdo, Ciudad Juarez, Simon BoKvar e San Pedro del Gallo em ele estado de Durango, e Torreon, Matamoros, Viesca, Francisco I. Madero e San Pedro de las Colonias em ele estado de Coahuila.

O lugar onde eles aconteceram o análise para o diagnóstico de africanização de colmeias tecnificado e enxames era ele Laboratório de Apicultura do Instituto Tecnológico Agrícola nº 10, para anos de 1992 e 1993 [14] , em ele Laboratório de biologia da Universidade Autônoma Agrária Antonio Narro, Unidade Laguna para o anos 2002, 2003 e 2004-2005 [15] e apenas em urticária técnico em 2012 [16] e 2018 [17] . As abelhas foram coletadas em potes rotulado para o seu EU IA contendo álcool 70% como conservador e Em cada um foram introduzidos um mínimo de 50 trabalhadores .

Coletando amostras de colmeias técnico (Fotografias José Luis Reyes Carrillo)
Método de identificação FABIS I morfométrico

Identificação de abelhas por esse método é feito medindo o comprimento da asa de um lote de 12 abelhas tirado de um amostra aleatória e comparação ele média obtido com o valores críticos , os mesmos que fornecem ele resultado e conseqüente dele identificação . Através de um dissecação vestindo a pinça de relojoeiro , um total de 12 asas anteriores são destacadas do lado direito de cada abelha contenção firmemente à amostra por ele peito . Com outro a braçadeira sai a asa desde a base, cuidando para preservar o entalhe da veia dorsal . Com a ajuda do microscópio estereoscópio as asas são verificadas , certificando-se de que estão ficar em perfeitas condições do arestas .
Cada lote de 12 asas é colocado em fileiras de seis, em uma lamela . Para protegê-los, é colocado outro lamela na parte superior e as bordas são unidas com fita adesiva adesivo , selando isso modo de preparação . Cada um desses os preparativos são acomodados em a montar plástico para slides , marcação com lápis na parte inferior o dados de identificação , como ele número do processo e data de recebimento . Para vê-los , eles são colocados todos os slides em ele carrossel de um projetor de transparências .

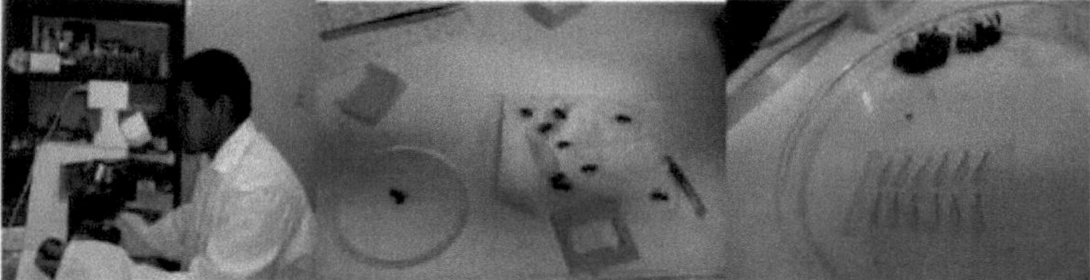

Montagem anterior em laboratório (Fotografias José Luis Reyes Carrillo)

Para fazer a medição utiliza-se um micrômetro ocular de um centímetro . Este acessório é para uso atual em o microscópios e consiste em a governante muito pequeno que é usado para medir o que é observado através da lente . É levado então ele micrômetro e montagem em uma moldura deslizante , assim como foi feito com os preparativos das asas . Está projetado em a tela ou parede lisa e ajuste a distância do projetor até que a imagem de um Régua de 50 centímetros de comprimento . Anteriormente, era utilizada a medida de 100 centímetros , que equivale a 100 vezes ele centímetro que mede ele micrômetro ocular , mas também a dificuldade de ter mais tela e espaço de projeção , como encontrar e gerenciar regras de um metro , levaram a fazer melhorar a modificação na fórmula, permitindo Então trabalhe com regras de meio metro e multiplique ele resultado por dois.

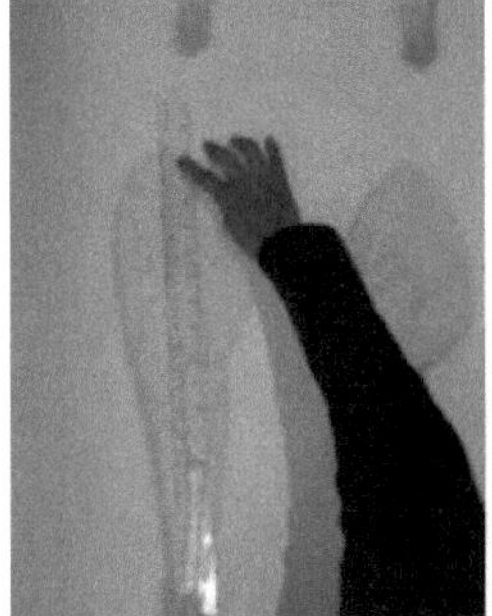 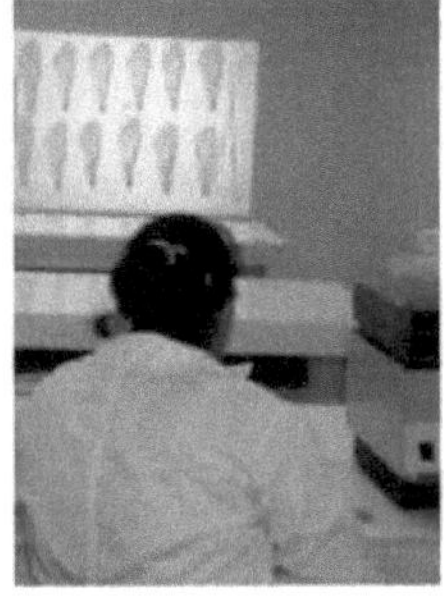 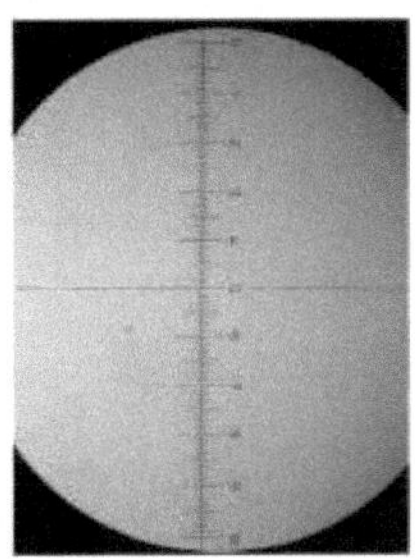

Medição das asas anteriores em laboratório e projeção do micrômetro para medi-lo com um Regra dos 50 centímetros (Fotografias Rubi Munoz Soto)

Determinando o grau de africanização das abelhas por ele O método FABIS I está concluído medindo o comprimento de 10 das 12 asas montadas em a deslizar . Isso permite descarte duas asas defeitos de danos naturais ou causados durante ele processo de montagem . A média das medições é comparada com a valores críticos , o que é um constante calculado a partir de muitos estudos e medições de asas de abelha Europeu e usado como Referenciador convencional em esses casos [12] .

Medição do fêmures de abelhas de acordo com o método FABIS II em laboratório (Fotografia Rubi Munoz Soto)

Urticária técnico

No primeiro ano do estudo (1992), foi detectada uma africanização de 5% em colmeias de abelhas técnico , sendo os 95% restantes de sangue Europeia , e não houve amostras suspeito . Para ele ano seguinte (1993) um menor porcentagem de abelhas Europeu , um aumento nos africanizados e 8% das amostras apareceram suspeito , são abelhas que não poderiam ser determinar com o Método FABIS em a categoria definiram . Isso é comum como resultado do processo de hibridização . no ritmo de nove anos (2002) descobriu-se que as abelhas africano eram presente em metade das colónias amostradas , restando apenas 42% europeias e 8% suspeitas , isto pode observar na próxima gráfico :

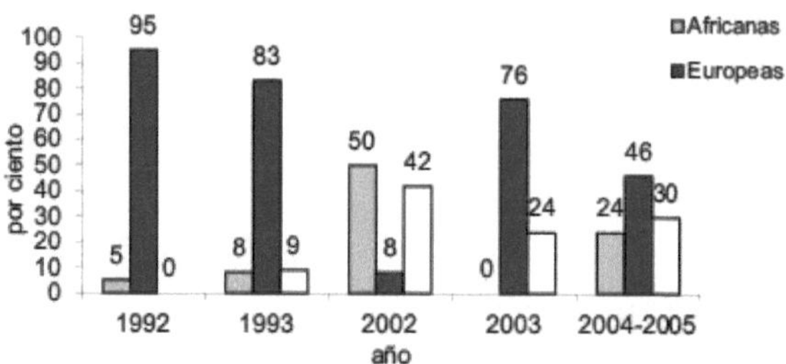

Abejas africanas, europeas y sospechosas en colmenas por el método FABIS en la Comarca Lagunera 1992-2005.

Abelhas africanas , europeias e suspeitas em urticária por ele Método FABIS na região de Lagunera 1992-2005.

Ano seguindo (2003) nas colmeias não abelhas Africanizado . Três quartos (76%) foram Europeia e os restantes 24% foram classificados como suspeito No entanto, para o período 2004-2005, 46% das colmeias eram Europeia , menos de metade , 24% africanizada e 30%, quase a terceira parte restante resultou suspeito

As porcentagens de abelhas Os africanos aumentaram consistentemente durante o próximos 11 anos até chegar 50 %. Isto ocorre provavelmente porque a prática de troca de abelhas rainhas nas colmeias que apicultores Eles tinham estado praticando regularmente e que a presença de africanos diminuiu diminuiu em esse período . Isto é refletido em o último ano em que apenas 46 % eram europeus .

Urticária técnico (fotografia José Luis Reyes Carrillo)

Enxames selvagem

em enxames selvagem a situação é diferente ; No início em 1992 o percentagem africanizado foi alto (68%). Desde que foi detectado o primoiro cnxamc africanizado Em 1991, a africanização continuou presente ano com ano ; mas , sim , para fins práticos consideramos as amostras suspeito com um certo grau de africanização e acrescentamos o porcentagens , descobriremos que quase os três quartos do enxames selvagem capturado eram já Africanizado . Supõe-se que o acima exposto ocorra naturalmente, pois não há controle sobre a progênie , nem sobre o enxame ao qual a abelha está mais inclinada . Africano

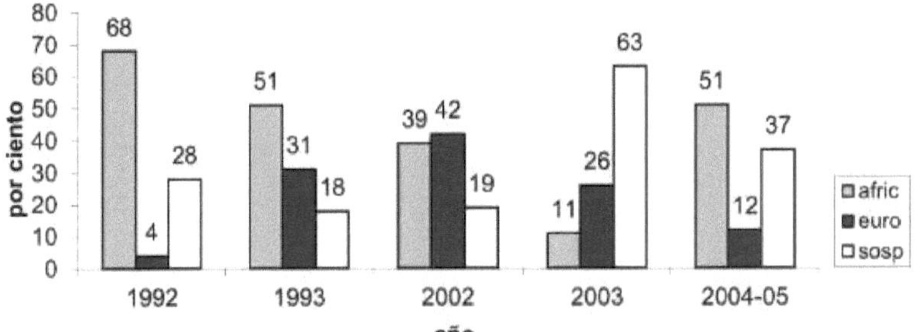

Abelhas africanas , europeias e suspeitas em enxames por ele Método FABIS na região de Lagunera 1992-2005.

Enxame de abelhas em algaroba (Fotografia José Luis Galarza Mendoza)

Ao totalizar o porcentagens encontrei abelhas Africano , europeu e suspeito você pode veja isso pela aparência das abelhas positivo para africanização e suspeito Em 1992, seu crescimento imediato foi notável em muito curto tempo Bem, em 1999, 50 % das abelhas , enxames e colmeias já eram Africanizado .

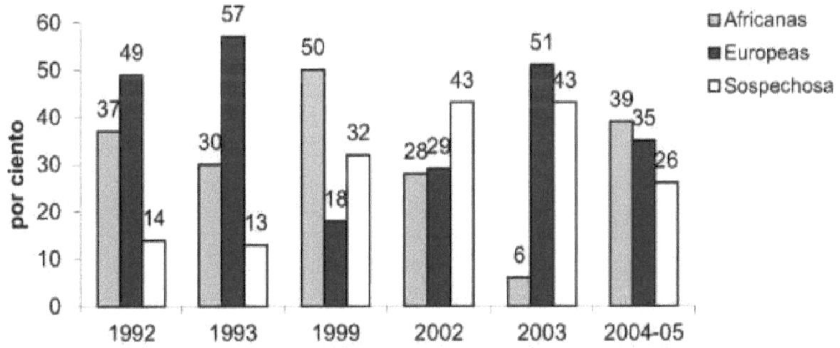

Abelhas totais Africano , europeu e suspeito por ele Método FABIS na região de Lagunera 1992-2005.

Para ele ano 2002, europeu e africano eles tinham o mesmo quantia porcentagem , mas Sim Consideramos que o suspeito eles podem tem um grau de africanização ele o desequilíbrio é notável a favor das mulheres africanas .
O ano de 2003 reflecte ele esforço do apicultores para substituir suas abelhas rainhas Bem, naquele ano presentes menos colônias com africanos mas os suspeitos tem uma alta porcentagem . Para o último período de estudo , os africanos positivo e suspeito Ao todo são dois para um em dele proporção com

abelhas Europeia , o que reflecte ele Avançar invasivo em colônias que deveriam ser mudar a rainha

Urticária tecnificado 2012

Para ele ano 2012, dez anos Depois , eles só foram levados amostras de abelhas de colmeias tecnologia na região, descobrindo que a maioria eram Europeu , com 20% africano e apenas 9% suspeitos :

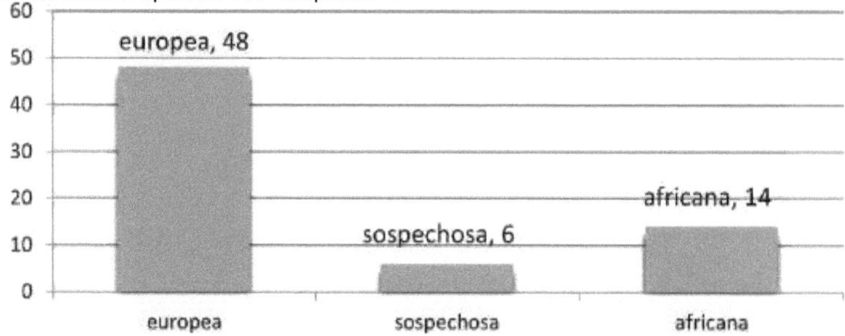

Porcentagem da amostragem geral analisada por o Métodos FABIS I e FABIS II em colmeias da região de Lagunera em 2012

Urticária tecnificado 2018

Para ele ano 2018 as colmeias técnico do apicultores lagunares mostrou uma porcentagem dominante (90%) das abelhas Europeu , 7% de abelhas suspeito e apenas 3% africano . Esses resultados levam à suposição de que a apicultura na região passou desenvolvendo com a introdução oportuna e constante de abelhas rainhas Europeu , graças ao facto de existirem três apicultores locais rainhas , certificados pela Secretaria de Agricultura e Desenvolvimento Rural, que fornece o apicultores da região e do país .

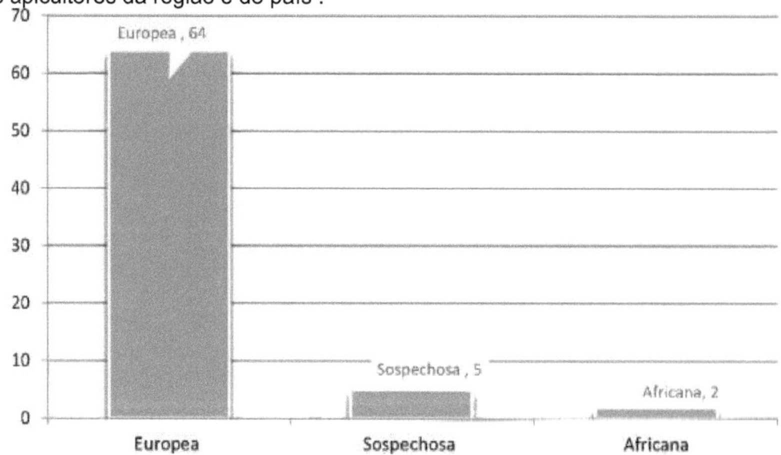

Conclusões

Com a presença abelha confirmada africanizado desde 1991 na região de Lagunera pode concluir que as colmeias mostrar tanto progresso como contratempos na africanização em função do esforço que fazem o apicultores trocando rainhas anualmente . Do seu chegada , o enxames selvagem eram africanizando alcançando 51 por centenas em ele penúltimo período de estudo . O número de enxames africanizado confirmado como ^ como aqueles enxames suspeito , indique a presença abelha dominante Africanizado Isso afeta de certa forma direto nas colmeias técnico seja por invasão ou por captura do enxames selvagem e seus encolmenação por parte do apicultor que tirar proveito de . Os estudos revelou que o durar anos era possível manter as colmeias técnico com 90% de predominância de sangue europeu possivelmente graças à mudança da abelha rainha por o produtores .

Captura de um enxame onde as abelhas são vistas entrando na colmeia (Fotografia José Luis Reyes Carrillo)

Referências

1.   Contreras-Ramirez DN, Perez-Leon MI, Payro de la Cruz E, Rodriguez-Ortiz G, Castaneda-Hidalgo E, Gomez-Ugalde RM. Comportamento defensivo , sanitário e produção de ecótipos Apis *mellifera* L. em Tabasco, México. Rev Mexicana Cienc Agric. 2016;7(8):1867-77.
2.   Aguero JI, Rollin O, Torretta JP, Aizen MA, Requier F, Garibaldi LA. Impactos da abelha melífera envelope plantas e abelhas animais selvagens em habitats naturais. Ecossistemas 2018;27(2):60-9.
3.   Moffett JO, Maki DL, Andrew T, Meliton-Fierro M. A abelha africanizada em Chiapas, México. Am Bee J. 1987;127;517–19.
4.   Meliton-Fierro M, Munoz MJ, Lopez A, Sumuano X, Salcedo H, Roblero G. Detecção e controle da abelha africanizada na costa de Chiapas, México. AmBee J. 1988;128(4):272-75.
5.   Mari-Mut JA. Abelhas, flores e mel . Terceira edição em Espanhol . 2018; [Online] https://issuu.com/jamarimutt/docs/abejas__flores_y_miel (Consultado em 27/05/20)
6.   Martinez- Puc FJ, Cetzal -Ix W, Gonzalez-Valdivia NA. apicultura em Campeche: Importância económico e desafios para aumentar dele Produção . 2018;[Online] http://ru.iiec.unam.mx/3826/W69-Mart % C3%ADnez-Cetzal-Gonz%C3%A1lez.pdf (Consultado em 16/09/20)
7.   Guzman-Novoa E, Correa-Benitez A, Espinosa-Montano JG, Guzman-Novoa G. Colonização , impacto e controle de abelhas melíferas africanizado no México. Veterinário Mex. 2011;42149-78.
8.   Lovato-Vila I. Origem da Abelha Africanizada . A abelha assassino : o caso que chocou para America. Revista Profissional Sobre Biologia . 2017 ;[Conectados] https://allyouneedisbiology.wordpress.com/2017/02/19/abeja-asesina/ (Consultado em 26/05/20)
9.   Uribe-Rubio JL, Guzman-Novoa E, Hunt GJ, Correa-Benitez A, Zozaya-Rubio JA. Efeito da Africanização na produção de mel , comportamento defensividade e tamanho das abelhas meliferas (*Apis mellifera* L.) em as terras altas mexicanas . Veterinário Mex. 2003;34(1):47-59.
10. Rinderer TE, Silvester HA, Brown MA, de Villa J, Pesante D, Collins AM. Técnicas de campo e simplificadas para identificação de abelhas melíferas africanizadas e europeias . Apidologie 1986;(17):33-48.
11. Rinderer TE, Allens H, Buco M, Lancaster VA, Herbert EW, Collins AM, Hellmich RL. Técnica simples melhorada para identificação de abelhas melíferas africanizadas e europeias . Apidologie 1987;(18):179-96.
12. Programa Nacional de Prevenção e Controlo da Abelha Africana (PNPCAA). Métodos morfometria para identificação de abelhas . Orientação técnicas nº 3 SARH, México. 1991; Impressoras SA de CV México, DF
13. Delaney DA, M. Meixner MD, Schiff NM, Sheppard WS. Caracterização genética de populações comerciais de abelhas (Hymenoptera: Apidae) nos Estados Unidos usando marcadores mitocondriais e microssatélites. Ann EntomolSoc Am. 2009;102(4):666-73.
14. Galarza-Mendoza JL. Detecção de abelha africano *Apis mellifera* cutellata na região Lagunera de Coahuila e Durango. Tese de Engenheiro Agrônomo em Produção Pecuária . Instituto tecnológico Agrícola No. 10, Torreon, Coahuila, México. 1996;63p.

15. Espitia -Villalva S. Detecção de abelhas Africanizado (*Apis mellifera* scutellata). Tese de Medicina Veterinária Universidade Autônoma Zootécnica Agraria Antonio Narro, UL Torreon, Coahuila, México. 2007;60p.

16. Morales-Perez GE. Determinação de abelha Africana (*Apis mellifera* scutellata) na região de Lagunera . Tese de Engenheiro em Agroecologia . Universidade autônoma Agraria Antonio Narro, UL Torreon, Coahuila, México. 2012;58p.

17. Hernández-Salinas CU. Determinação da africanização das abelhas (*Apis mellifera* L.) na Região Lagunera . Tese de Engenheiro Agrônomo em Horticultura . Universidade autônoma Agraria Antonio Narro, UL Torreon, Coahuila, México. 2019;51p.

"As abelhas que têm Mel na boca eles têm mordidas na fila"

Provérbio escocês

6. Síndrome do desaparecimento ou colapso das colmeias
Azucena Vargas Valero Introdução

As abelhas melhores esferas são talvez aquelas que realizam ele papel mais predominante na atividade agricultura , uma vez que cerca de um terço da plantações Dependem diretamente deles para serem polinizados . Estima- se que seu contribuição para a qualidade e quantidade das colheitas Vale aproximadamente 265 bilhões de dólares . por ânus . É onde você está abelhas ser peças -chave para a segurança alimentar e manutenção da biodiversidade [1] . Porém , no último três décadas foi documentado a assustador declínio nas abelhas meKferas no nível mundo . Numerosos estudos Eles têm revelou que as causas deriva de um muitos fatores que convergem em danos às abelhas [2] ; mais de um diminuir , o o fenômeno chegou manifestando como a desaparecimento das colônias; um dia eles estão e atualizados seguindo Eles não estão mais lá . PARA são perdas , que além de afetarem as abelhas também afetar sério as atividades apfculturais e agrícolas , eles têm sido chamados coletivamente como Síndrome da Colmeia Desaparecida ou Transtorno do Colapso das Colônias (CCD) . É caracterizado pela ausência surto massivo e repentino de abelhas de uma colmeia ou mesmo milhares de colmeias . De acordo com as investigações pioneiros eram seguindo em frente , eles partiram encontrando cada vez mais causas até somar mais de 60 fatores associado ao DCC [3] , entre os qual se destacarem aqueles relacionado a um alimentando más práticas de gestão inadequado , degradação do habitat , mudança clima , o uso de agrotóxicos e presença de diversos patógenos [4-6] .

O diferente agentes patógenos que têm a incidência importante sobre as abelhas meKfers afetam cada um de uma maneira diferente . Por exemplo , ele ácaro parasita varroa externa afeta ele sistema imunológico , o comportamento , orientação reverberando seriamente na atividade das abelhas forrageiras , além de ser vetor mecânico e biológico de vírus [7] . Enquanto isso , o microsporídio *Nosema* isso afeta ele trato abelha digestiva adultos , causando nos trabalhadores a redução em ele desenvolvimento da glândula hipofaríngeo e menor acúmulo de gordura corporal [8,9] . Outro parasita é o ácaro traqueal que vive e se reproduz principalmente na traqueia da abelha , afetando dele sistema respiratório , embora também pode encontrar na cabeça e em o sacos ar torácica e abdominal . Este organismo se alimenta da hemolinfa da abelha . hospedeiro e, assim como a varroa, é vetor de vários vírus de abelhas [10] .

Quanto ao pesticidas , as abelhas estão expostas quando procurando por o recursos néctar- poliféricos , em todos Se as colônias forem localizado perto de áreas agrícolas [11] . Exposição a doses pesticidas subletais pode afetar ele comportamento da abelha 12,13 ' forrageamento 14,15 ' sua longevidade 16 ' termorregulação [17] bem como dele aprendizado olfativo e sua memória [18] , [19] . resíduos de pesticidas eles podem acumular em ele pólen embalado nas células , chamado pão de abelha , no mel e na cera [20,21] . A perda de colônias de abelhas por esta causa relatada em regiões da Europa e da América do Norte têm estive superior a 30% [22] , [23] . Na nossa pa^s também existe este grave problema [24] e isto ele presente capítulo ilustra o fatores mais relevantes e com base em em casos da Comarca Lagunera , principal fornecedora de colônias para polinização o melão

Importância das abelhas melíferas como polinizadores

Entre a grande diversidade de animais polinizadores que existem em ele as abelhas do mundo são as primordiais , e especialmente a abelha meKfera , que é a espécie predominante e principal devido à sua cortar intensivo na maior parte Países do mundo por dele fácil manejo , adaptação a diferentes ambientes, capacidade de coletar néctar e pólen de uma grande variedade de plantas , bem como também , desde o ponto de vista econômico , o benefícios obtidos de seus produtos [25-27] . Não obstante o acima exposto, a contribuição mais importante é a polinização da vegetação. selvagem e culturas , contribuindo desta forma caminho para a conservação da biodiversidade e ecossistemas e melhorar a produção de alimentos [28,29] .

A importância das abelhas para a vegetação selvagem

Como nós temos Eu venho vendo em capítulos acima , na perspectiva do seres seres humanos , a polinização é um serviço que as abelhas eles fornecem ao ecossistema . Sem isso Função essencial através do qual é transportado de forma eficaz ele pólen de um flor para outra , estas seriam vistas seriamente afetado [30] Bem, 60 a 90% da vegetação selvagem depender direta ou indiretamente do insetos polinizadores para reprodução [31] . O habitat natural da vegetação A natureza selvagem é essencial porque fornece às abelhas locais de nidificação e áreas de alimentação . sobre todos quando o plantações agrícolas não são na floração [32] , [33] . A conservação destas áreas em torno dos campos agrícolas aumenta a diversidade e abundância de abelhas [34] melhorando ele serviço de polinização .

Abelha na flor chicalote (Fotografia Juan Cabrera Reyes)

A importância das abelhas para a agricultura

A abundância e diversidade das abelhas eles garantem uma prestação sustentada de serviços de polinização para uma ampla diversidade de espécies legumes e um melhorar qualidade alimentar daqueles que são para o consumo humano [29] . No entanto, as práticas agrícola intensivo do último décadas Eles têm devastado grande extensões do habitat natural além de intoxicações com agrotóxicos os campos, colocando em perigo para alguns espécies de abelhas e causando a incapacidade delas e de outras polinizadores pode polinizar apropriadamente colheitas [35] . Uma alternativa viável é sistemas pequena agricultura escala , pois podem estimular o polinizadores e melhorar a reprodução das plantas [36] .

Uma estimativa global sugere que a reprodução de mais de 87,5% das plantas que produzem flores e frutos depende principalmente do insetos polinizadores como abelhas [37,38] e um terço do plantações agrícola dependem de serem polinizados por eles . Por esta razão muitos agricultores aluguel colmeias de abelhas para complementar a atividade polinizador do polinizadores naturais , alcançando um melhoria na produção de pelo menos 75 por cento [31] . Mesmo que cereais autopolinizam - se ou são polinizados por ele vento , foi demonstrado que com a polinização por insetos como abelhas , estes tratar para aumentar a qualidade e a quantidade da produção [39] ; Da mesma forma , alguns produtos hortícola como nozes , frutas , vegetais , oleaginosas e alguns forragem usado para alimentar o gado seria seriamente afetado por ele declínio nos polinizadores [40] .

Cultivo de cereais (Fotografia José Luis Reyes Carrillo)

A desordem do colapso das colônias

Perdas documentadas de colônias de abelhas Eles têm ocorreu há mais de 100 anos . Desde 1869 existem registrou pelo menos 18 episódios de perda de colônias ; por Por exemplo , em 1905 e 1919, 90 por cento porcentagem de colônias de abelhas morreu na Ilha de Wight em o Reino Unido . Então ^ também Em 1910, a Austrália relatou 59 por perdas percentuais e em 1975 ele relatou novamente alto perdas . O termo usado para nomear o fenômeno era Expressão do Transtorno do Colapso das Colônias (CCD) [3] cunhado nos EUA para definir uma síndrome que se caracteriza por : 1) morte de parte ou de toda a colônia, com presença de abelhas morto dentro ou perto da colmeia , 2) o desaparecimento de parte ou de toda a colónia com abandono das reservas alimentares e da prole e 3) a enfraquecimento da colônia caracterizado devido ao desenvolvimento lento durante a primavera mesmo em condições aparentemente ótimo [41,42] .

O Transtorno do Colapso das Colônias foi relatado em o Estados Unidos da América por primeiro tempo em 2006, registrando perdas superior ao terceiro parte de suas colméias 2,3,40,43 · Iniciar continente Europeu apareceu situação semelhante [44] , bem como também no Canadá, na China e em outras partes da Ásia [45] , [46] . No México o DCC é considerado um problema surgindo sem estatísticas oficiais sobre o fatores que afetam ou favorecem ele colapso da colmeia . Alguns estudos relatar a presença de pesticidas em amostras de mel e cera [47,48] das colmeias abandonado Para ele foi apresentado o caso da região de La Comarca Lagunera de 2010 a 2016 a Diminuição de 35% nas colônias de abelhas sem saber as causas que causaram a diminuição , embora todas as evidências Eu aponto o dano causado por inseticidas [24] .

Urticária mostrando ele Recolher , o interior com o favos de mel vazio , sem abelhas morto e com presença de comida (Fotografia José Luis Reyes Carrillo)

Fatores Associado ao Transtorno do Colapso das Colônias

existir diverso fatores biótico ou abiótico associado ao DCC, mas nenhum deles foi reconhecido como ele apenas responsável . Na verdade , o DCC é considerado um problema com causas multifatoriais . Entre o principal fatores são encontrados a alimentando más práticas de gestão inadequada , destruição ou perturbação do habitat natural, mudança clima , exposição a agrotóxicos , presença de parasitas como varroose e nosemiase , bem como a sinergia entre todos eles [4,6]. Agora eles apresentam o principal :

Destruição ou perturbação do habitat

A modificação da paisagem através da fragmentação , degradação e destruição do habitat natural e sua substituição por novos habitats criados por o homem, as práticas agrícola intensivo e grande extensões de monocultura influência negativamente na interação planta- polinizador em escala individual, populacional e comunitária [31,49].

Sob estes circunstâncias , as abelhas , que são generalistas , têm maior chances de sobrevivência do que os especialistas , dedicados a um gênero ou espécie de planta, uma vez que a diversidade de recursos néctar- polinizadores lhes proporciona nutrição adequada e esse eles ganham maior imunidade , impactando esse feito favoravelmente sobre a saúde das abelhas [50].

Das Alterações Climáticas

Para nivelar mundo ele mudar climático é um dos maiores ameaças à biodiversidade . Os altos temperaturas , secas , tempestades , inundações , entre outros eventos climático extremos Eles têm causado mudanças em ele desenvolvimento e desequilíbrios das plantas em populações de plantas e polinizadores . Para continuar e aumentar esses mudanças poderia levar à extinção de ambos [29], [51].

É temido ele impacto que o aumento do eventos climático extremos poderia ter nas comunidades locais de polinizadores de cada região do globo , como em abelhas [49], desde quando elas se movem o padrões de floração , chegando cedo ou tarde , dessincronizados ele ciclo abelha anual e estes perder ele período de floração da vegetação de importância como fonte de alimento . Estima- se que num futuro próximo entre 17 e 50 % das espécies polinizadores eles vão sofrer escassez de alimentos devido a distúrbios em o padrões de floração das plantas [52].

Vegetação típica do semi- deserto lagoa (Fotografia Juan Cabrera Reyes)

Presença de pesticidas

Sem lugar para qualquer dúvida , sabe-se que pesticidas Eles têm estive o principal responsável na mortalidade de polinizadores , principalmente abelhas [53] . São permanecer expor quando eles saem em procurar néctar , pólen e água de gutação - que consiste na secreção de gotículas de substâncias Líquido e açucarado de do interior da planta até a superfície das folhas ou caules -, em todos Se as colônias forem localizado perto de áreas agrícolas que tenham estive pulverizados com pesticidas [11] .

Os impactos do agroquímicos sobre as abelhas variam de acordo com as condições ambiental . As casualidades temperaturas e uma dieta baixo em proteínas Aumentam a suscetibilidade das abelhas à intoxicação [54,55] . Os efeitos doses subletais gotas de pesticidas nas abelhas eles são diversos , pois exemplo alguns estudos Eles têm comprovado que podem afetar ele comportamento da abelha [12] , [13] , forrageamento 1 , [15] , sua longevidade [16] , termorregulação [17] bem como dele aprendizado olfato e sua memória [18,19] .

resíduos de pesticidas eles podem acumular em o produtos apícolas , como pão de abelha , que é pólen embalado nas células , mel e cera [20,21] . Este último tem a alto capacidade residual de armazenamento de pesticidas [56] . em um favo de mel contaminado , desperdício eles podem ser transferido para o mel , representando um risco não só para as abelhas mas para o consumidores . É crucial aqui considere que o mel é consumido em diverso apresentações e para diversos fins, tanto domésticos como comercial e até industrial : " querido em favo de mel ", querido como aditivo alimentar , em ele tratamento de frutas , como suplemento alimento ou como aromatizante [57] .

Os pesticidas mais usados na agricultura e, portanto , aqueles com maior presença em o interior da colmeia são os herbicidas , acaricidas e fungicidas . Aqueles que têm estive marcado como o principal as causas da mortalidade das abelhas são inseticidas da família dos neonicotinóides 58,59 , [que] eram comercializados por primeiro tempo em 1991. Seu uso cresceu muito rapidamente e tornou-se em o inseticidas mais usados em ele mundo ; novamente seu popularidade começou para aumento a partir do ano 2000 , registrando em 120 países com mais de 140 utilizações agrícolas [60] . Esses inseticidas Os sintéticos são derivados da nicotina , à qual devem dele nome . Têm um modo de ação semelhante ao da nicotina , com a desvantagem de que, embora a nicotina se degrade facilmente , o neonicotinóides ter a alto persistência em ele atmosfera . A classificação destes inseticidas acabaram

71

variando entre gerações , sendo utilizado diferente termos . Atualmente estão classificados em três diferentes gerações [60,61].

abelhas morrendo na entrada e caindo no chão em frente à colmeia (Fotografia Octavio Vázquez Calvete)
inseticidas neonicotinóides são neurotoxinas que tempo em o interior do corpo do inseto interferir em dele sistema sistema nervoso central bloqueando a transmissão de impulsos nervoso Isto leva a um modificação rápida do seu comportamento , paralisia e morte posterior . Tudo acontece em unhas poucas horas [60,62].
Sua aceitação em o mercado se deve ao seu largo espectro em controle de insetos otários como o pulgões , moscas branco , aranhas , alguns microlepidópteros , coleópteros e cupins , entre outros . Sua ação é sistêmica , são poderosos em baixa dosagem , fornecem controle a longo prazo e têm a pronunciado atividade residual . Outra vantagem que oferecem e que tem sido responsável pelo seu sucesso , é seu versatilidade nos formulários de inscrição , pois isso pode ser fazer através da irrigação de qualquer forma: por gotejar , em hidroponia ou pulverização foliar . Também pode aplicar direto para o chão em grânulos , para injeção em troncos , por dispersão de óleos e como tratamento de sementes formando a camada de revestimento sobre [60] grãos .
No momento estão Entrada pela Comissão europeu embora temporariamente devido ao crescimento preocupar por ele risco que representam para as abelhas meliferas e em geral para todos polinizadores [63] . No México, eles são gratuitos para uso sem restrições alguns e eles existem apresentações para uso doméstico para o controle de baratas e pragas de jardim . Um consumo estimado de 55 mil toneladas de agrotóxicos anualmente no México, do qual casa e jardim representar 8 por centenas .
Outro característica é que eles são eficazes sistêmicos , ou seja , quando aplicados não permanecem em a parte externa da planta , mas são absorvidos pelo tecido vascular . Isso é atraente de o ponto de vista do produtor , pois oferece proteção contra insetos herbívoros , mas é altamente prejudicial às abelhas , especialmente quando chegar na fábrica em procura néctar ou pólen , já que o pesticida Está presente em todas as peças e produtos da planta [64] .
Outra grande desvantagem é que, dependendo do método de aplicação e do tipo de cultura , apenas entre 1,6 % e 28 % do ingrediente ativo é absorvido por cultivo 65 enquanto a maior parte se dispersa em o meio ambiente , o solo , o água e o ar . Baseado em Descobriu- se que isto é neonicotinóides representam um risco significativo para a água águas superficiais e diversidade da fauna aquática e terrestre [62,66].
Apenas recentemente ao nível mundo finalmente começou a ser fornecido atenção para o efeitos que estes inseticidas ter sobre o insetos polinizadores .

Isto levantou controvérsias devido à contradição entre estudos que têm realizado para provar que as abelhas não podem ser vistas afetado por esse tipo de compostos [67,68] enquanto outros mostrar que seus alto toxicidade tem efeitos letal ou subletal . É necessário destacar que há outro efeito associado com o neonicotinoides , os qual consiste em ele sinergismo que surge entre pesticidas e doenças , como a nosemiase , o que significa a soma de agentes substâncias nocivas que enfraquecem as colônias e as tornam mais vulneráveis , atingindo para causa ele colapso das colmeias [69] . Os efeitos sinérgico do pesticidas também eles foram registrado com outros parasitas como varroa e alguns vírus [2] . Tudo isso , combinado entre dois ou mais destes fatores aqueles que afetam significativamente ele sistema sistema imunológico das abelhas , influenciando em suas reservas enérgico e fazendo-os altamente suscetível à desorientação e morte [70] é o que causou ele colapso das colmeias [71] .

Presença de patógenos

A relação entre a presença de patógenos e a O colapso das colónias não está bem definido , mas a investigação Eles têm revelado a alto prevalência de patógenos em colônias colapsadas que perdido a parte ou toda a população de abelhas [72] . Entre o principal patógenos são encontrados ele ácaro varroa e o Parasita intestinal Nosema .

Destruidor Varroa

Varroose ou varroose é uma parasitose externa causada por ele ácaro *Varroa destructor* que afeta crias e abelhas adultos . Esta parasitose causa grandes perdas econômico na apicultura e é considerado como ele problema apfcola sistema de saúde mais importante do mundo [70,73,74] .

Ciclo varroa orgânica

Varroa é caracterizada por apresentar duas fases em dele ciclo de vida , fase forético e reprodutivo . A fase forética é o estágio de deslocamento durante o qual as fêmeas adultas montam nas abelhas adultos parasitando e usando-os como meio de dispersão. A fase reprodutivo acontece quando os ácaros fêmeas ovoposito dentro das células onde os bebês se desenvolvem . Os machos e os diferentes os estágios ninfais são curtos duração e só se desenvolver dentro das células tampadas [75] .

Varroa se espalha e transmite por contato direto entre abelhas adultos . Poderia então diga a si mesmo que seu ciclo biológico começa quando a abelha adulto parasitado por o ácaros que se alimentam de seu hemolinfa entra em contato com um abelha de outro colmeia e o movimentos de ácaros . Não é de todo estranho que em às vezes as abelhas forrageiras perder a rota e acabar encontrar e entrar em outro colmeia , isso é conhecido como deriva . O estreito contato entre abelhas dentro da colmeia favores ele ácaro Oh infestando muitos abelhas , incluindo abelhas Enfermeiras , que ao alimentarem as larvas , facilitam a entrada das fêmeas dos ácaros nas células pouco antes de elas ser selado para metamorfose - 15 a 20 horas antes em células dos trabalhadores e 40 a 50 horas antes em células drone - . Uma vez que penetra em a célula contendo uma larva de abelha , o ácaro mergulha para o fundo , onde está localizado ele alimento larval , protegendo-se assim da ação de limpeza e remoção de agentes estranhos por parte das abelhas trabalhadores produtos de limpeza . A taxa de infestação é 8 a 10 vezes maior na criação de drones . em comparação com a criação de trabalhadores [76] . Como vai a peste é relativamente novidade para a abelha euKfera não desenvolveu um comportamento defensiva eficiente ainda .

Quando a infestação Está já claro que um ácaro fêmea geralmente depósito entre quatro e cinco ovos nas larvas de operárias com taxa de natalidade de um homem e três a quatro mulheres. Quando está ligado a criação de drones , que são preferidos por o Ácaros por tem um período de gestação mais longo que o dos trabalhadores , o o ácaro fêmea põe de 5 a 7 ovos , com um taxa de natalidade de um homem e cinco a seis mulheres. O ciclo completo do ovo ao adulto dura aproximadamente seis a sete dias , atingindo até em às vezes maturidade reprodutivo ainda dentro da cela , antes que ela seja aberta para o suposto eclosão de abelhas [75] . A viabilidade o desempenho reprodutivo da progênie de varroa depende do Ácaros descendentes alcançar ele estádio adulto e consegue acasalar [76] .

As fêmeas podem ser fertilizadas até desde antes de sair da cela e ser disposto imediatamente para infestar outros células ou para colar para abelhas adultos através do qual eles podem espalhar e infestar outras colônias. Um ácaro fêmea pode tem um ciclo e meio reprodutivo em média em condições normal e pode conseguir viver de dois a oito meses em o interior da colméia . A população parasita aumenta rápida e exponencialmente quando aumenta a quantidade de reprodução na colmeia porque isto favores sua reprodução [73] .

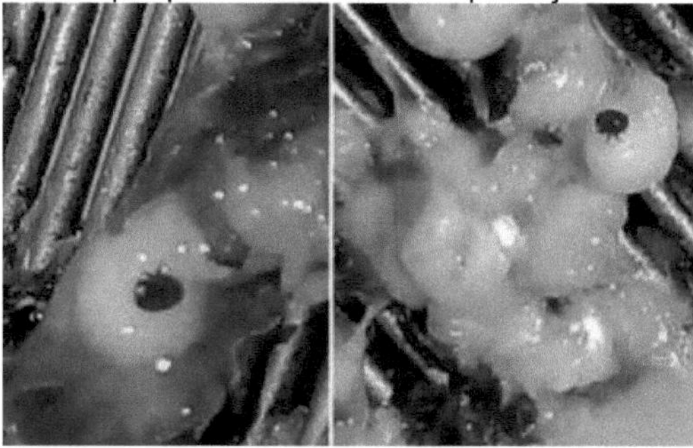

larvas de drone parasitado por varroa (Fotografia Hector Genaro Galindo Rodriguez)

Mecanismos de transmissão

Além da deriva – entrada de abelhas em colmeias que não são suas -, forma de dispersão ou transmissão da varroa entre colmeias já existentes. mencionamos , o contágio também acontece por fatores Como o pilhagem , o entrada irrestrita de drones em diferentes urticária ou invasão de enxame . As práticas manuseio inadequado , como ele troca de favos com crias e abelhas entre colônias infestadas e saudáveis , introdução de rainhas acompanhado por trabalhadores infestado e o movimento da colmeia muito infestado para apiários com baixa níveis de infestação são fatores contágio adicional que depende inteiramente da gestão do apicultor [73] .

Dano causado para a varroa

A parasitose de Varroa causa um declínio notável nas colmeias , devido à fraqueza que sofrem muitos abelhas adultos por o Ácaros parasitas que sugam sua hemolinfa , reduzindo sua o níveis de proteína corporal . As abelhas parasitado exibir comportamento anormalmente nervoso , perda de capacidade em ele vôo , dificuldade na capacidade de aprendizagem , avanço da idade de forrageamento , ausências períodos prolongados da colônia e alguns Eles não voltam mais [77] . Além do mais esse tipo de parasitose causa um estado de imunossupressão na abelha que a torna vulnerável à ação de outras pessoas agentes biológicos , principalmente vírus, como aquele que causa asas deformadas , o vírus da paralisia agudo Israel , vírus da paralisia vírus agudo e tipo bolsa 75 ·

Quando há níveis muito altos níveis de infestação , Ácaros consumir também ele tecido gordura de abelha adultos , aumentando dele vulnerabilidade a certos pesticidas [78,79] . Isto pode ser um factor no colapso da colónia [80] quando Arbusto a um grande número de abelhas e crias , causando um declínio população repentina adulto , malformações nos trabalhadores restante , reprodução ignorado , alteração de capacidade reprodutivo , atraso em ele substituição geracional , aumento e associação com outras doenças [79] . Sem a aplicação de um tratamento eficaz e oportuno contra a infestação, a maioria das colónias entra em colapso num período de 2 a 3 anos [40] .

Nosemiase

O parasita intestinal *Nosema apis* e especialmente *Nosema ceranae* são conhecidos coparticipantes em ele colapso da colmeia . É um patógeno largamente estendido ao nível em todo o mundo , causando inúmeras perdas econômico . Ele causa estragos tanto individualmente quanto em associação com outros agentes que afetam principalmente abelhas forrageando adultos [9] , [81] . na abelha MeKfera oriental tem maior patogenicidade [81] .

Ciclo biologia da nosemiase

A infecção por *Nosema* começar através da ingestão de esporos através dos alimentos contaminado como mel e pólen , que ao chegar ao estômago das abelhas germinar por efeito do suco digestivo [8] . Os esporos são microscópicos , ovais e medem aproximadamente entre 4 e 6 mícrons de comprimento por 2 a 4 mícrons de largura [82] .

Quando os esporos eles amadurecem , eles são liberados em ele intestino para realizar a reprodução e germinação de novos esporos . Naquele momento eles podem infectar para outros células epitelial e proliferar na abelha ou sair com as fezes . Terminar ele ciclo biológico , o esporo tem que estar em condições temperaturas óptimas , durante as 48 a 60 horas após o início da infecção . A temperatura é um fator importante para a germinação e multiplicação dos esporos , que pode ser ver limitado por abaixo de 20 graus centígrados e por acima de 35 graus centígrados . A temperatura ideal para o seu o desenvolvimento e a multiplicação estão entre 30 e 35 graus Celsius [8] .

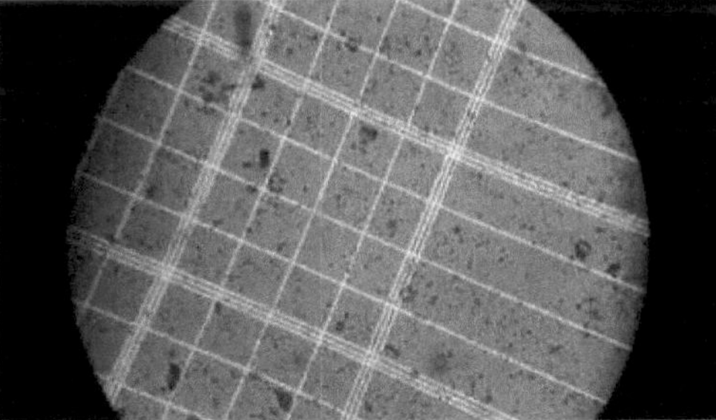

Imagem microscópica de milhares *de* esporos de Nosema mostrando a grade de slides para o seu contando (Fotografia Azucena Vargas Valero)

Mecanismos de transmissão

Os esporos do patógeno são transmitidos indiretamente quando a abelha saudável entra em contato com materiais ou alimentos contaminado com eles . Alguns dos dutos ou fatores de infecção são práticas de manejo inapropriado como ele intercâmbio movimento despercebido de gavetas , pisos ou prateleiras de uma colônia doente para uma saudável desde o desperdício Os resíduos fecais das abelhas são um meio de transmissão , a introdução de rainhas ou operárias infectado e pilhagem de uma colónia infestada para uma colónia saudável [8.83] . A forma de transmissão direto é menos frequente e ocorre através da trofalaxia , que é a troca de alimentos entre abelhas ; ambos os trabalhadores como rainhas e zangões são sensíveis igualmente [8].

Danos provocados por *Nosema*

Os sintomas observado nas abelhas os adultos apresentam paralisia , tremor de asas , incapacidade de voar, perda da pubescência do tórax , manchas fecal dentro e fora da colmeia , disenteria e ocasionais grupos de abelhas doente em ele no chão ou na cova , que geralmente apresentam abdômen inchado . Nos trabalhadores alguns dos efeitos adicionais são redução em ele desenvolvimento da glândula hipofaríngeo , redução de gordura corporal , incapacidade de aproveitar pólen , consumo proteína acelerada armazenado em dele corpo e menor longevidade . Nas rainhas a presença de esporos de nosema causa além do mais a diminuir na postura de ovos [8] . Rainha pode ficar infetado durante bastante tempo , por isso é recomendado levar a cabo ele mudança de rainhas todos os anos [84] .

Colmeia mostrando as manchas excremento típico por diarreia de abelha devido a nosemiase (fotografia Juan Ocon Cisneros)

Acariose traqueal

acaríase traqueal ou acarapisose é uma parasitose causada por ele ácaro microscópico *Acarapis Woodi* , que fica nas traqueias das abelhas adultos , na cabeça e em o sacos ar torácica e abdominal . Este convidado indesejável , alimenta-se da hemolinfa , carrega vírus e causa importante perdas económicas [10] .

Ciclo biologia da acaríase traqueal

As abelhas os jovens estão infestados por ele ácaro feminino quando eles entram em contato físico com abelhas parasitado com mais de 14 dias de idade . Ele viaja entre a pubescência externa do tórax da abelha doente e de lá vai para a abelha jovem , segurando-se com a ajuda das unhas . Posteriormente , e orientado pelas correntes de ar produzido pelo hálito da abelha hospedar , encontrar ele buraco de um traqueia através da qual penetra O ácaro fêmea fertilizado entra na traqueia da abelha jovem e aos quatro ou cinco dias coloca cinco a sete ovos que demoram um pouco em aberto entre três e seis dias . Os adultos acasalam em o interior das traqueias e fêmeas fertilizadas eles podem dar lugar para o próximo geração no mesmo traqueia ou deixam infestar para outras abelhas [76] .

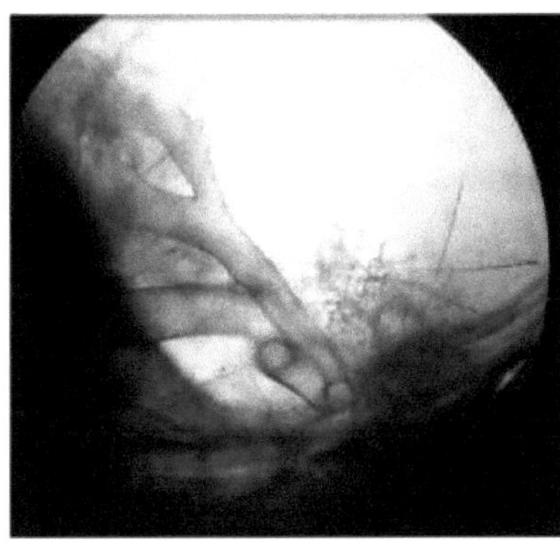

Traqueias abelhas saudáveis observado ao microscópio . Eles podem ser distinguir o espiráculos respiratório , em forma de tubo , limpo e translúcido livre do ácaro (Fotografia Luda Marcial Salvador)

Ambas as ninfas como o adultos destes Os ácaros se alimentam da hemolinfa da abelha . Eles o sugam das paredes da traquéia , perfurando-o com a ajuda de suas presas . Isso é algum lesões que posteriormente se tornam pigmentadas e que, por ser uma característica normalmente usado para diagnóstico em ele laboratório. O acúmulo de ácaros na traqueia da abelha provoca a fornecimento insuficiente de oxigênio para o músculos de voo . Isso explica por que as abelhas perder capacidade de voar, além do enfraquecimento geral que resulta do efeito de toxinas produzido por o parasitas e perda de hemolinfa . A vida útil de um abelha doença é aproximadamente 30% mais curta que a de uma abelha saudável [73] .

Mecanismos de transmissão

A forma mais frequente pela qual a doença chega ao apiário saudável em áreas livres do problema é a migração de enxames ou a introdução de abelhas rainhas e operárias doente. O Os ácaros não conseguem sobreviver sem um hospedeiro vivo por mais de 12 horas e os níveis de infestação aumentam depois de longos períodos de confinamento quando em contato perto das abelhas [73] . parasitar abelhas jovens até seis dias de idade . As abelhas mais velhas são imunes à penetração de ácaros . em suas traqueias , possivelmente por ele endurecimento das vilosidades ao redor do aberturas do primeiro par de traqueias torácico por onde penetra o parasita [76] . A transmissão é vista favorecido por fatores como má gestão por parte do apicultor , o entrada de abelha saqueadores ou em deriva de enxame , captura e colmeia infetado .

Dano causado para acaríase traqueal

Os sinais os sinais clínicos de acaríase nem sempre podem ser observar e geralmente são apenas evidentes quando o Os níveis de infestação das colónias são superiores a 50 % . Entre as manifestações mais claras as asas estão " deslocadas " em muitos abelhas que batem as asas sem poder voar, abdômen distendido , abelhas morto ou morrendo na frente das piqueras . Se você olhar para um abelha infectado cuidadosamente , notará que o peito Está já desprovido de pilosidade , por isso parece preto e brilhante. Para outro lado é muito notório que as abelhas doente perder ele instinto de picada . Esta última característica não é apenas característica nenhum exclusivo para este problema , pois pode também observar em casos de fome , envenenamento por inseticidas , envenenamento por consumo de alimentos fermentado , mudanças abrupto na temperatura ambiental , ou casos para apresentar outros doenças como

Nosemose , amebíase e paralisia por vírus [73] .

Conclusões

Transtorno do colapso das colônias (CCD), que causa a perda abelhas enormes meKferas , e em consequência de milhares de colmeias , tem Causas multifatorial como alimentando más práticas de gestão inadequado , redução de habitat , mudança clima , o usar uso indiscriminado de agrotóxicos e presença de patógenos . Pesticidas eles matam as abelhas e doses subletal eles podem afetar seriamente dele comportamento de forrageamento , seu longevidade, é termorregulação , bem como dele aprendizado olfativo e memória . Os patógenos afetam as abelhas de diferentes maneiras , alterando ele sistema imunológico , o comportamento , orientação , atividade das abelhas forrageadoras , seus longevidade e sobrevivência , aumentando o prejuizo quando eles combinarem todos esses fatores .

Abelha carregando aglomerados de pólen nas corbículas de suas pernas traseira (Fotografia José Omar Enriquez Santacruz)

Referências

1. Lautenbach S, Seppelt R, Liebscher J, Dormann CF. Tendências espaciais e temporais de benefício da polinização global. PLoS Um 2012;7(4)e35954.
2. Brutscher LM, McMenamin AJ, Flenniken ML. O Buzz sobre os vírus das abelhas melíferas. PLoS Patog . 2016;12(8):1-7.
3. VanEngelsdorp D, Evans JD, Saegerman C, Mullin C, Haubruge E, Nguyen BK, et al. Transtorno do colapso das colônias: um estudo descritivo. PLoS Um. 2009;4(8)e6481.
4. Staveley JP, Law SA, Fairbrother A, Menzie C. Uma análise causal dos declínios observados no mel manejado
abelhas (*Apis mellifera). Avaliação de risco* Hum Ecol . 2014;20(2):566-91.
5. DeGrandi -Hoffman G, Chen Y. Nutrição, imunidade e infecções virais em abelhas. Curr Opin Insect Sci. 2015;10:170 -6.
6. McMenamin AJ, Genersch E. Perdas de colônias de abelhas e vírus associados. Curr Opin Insect Sci. 2015;8:121 -9.
7. Yang X, Foster D. Efeitos da parasitização por *Varroa destructor* na sobrevivência e características fisiológicas de *Apis mellifera* em correlação com incidência viral e desafio microbiano. Parasitologia. 2007;134(3):405- 12.
8. Fries I. *Nosema apis* -um parasita na colônia de abelhas. Bee World 2015;74(1):5-19.
9. Higes M, Martm -Hernandez R, Botfas C, Bailon EG, Gonzalez-Porto AV, Barrios L, et al. Como a infecção natural por *Nosema ceranae* causa o colapso das colônias de abelhas. Microbiol Ambiental . 2008;1-11.
10. Garrido-Bailon E, Bartolome C, Prieto L, Botfas C, Martinez-Salvador A, Meana A, et al. A prevalência de *Acarapis woodi* em colônias de abelhas espanholas (*Apis mellifera*). Exp Parasitol . 2012;132(2012):530-6.
11. O'Neal ST, Anderson TD, Wu-Smart JY. Interações entre pesticidas e suscetibilidade a patógenos em abelhas melíferas. Curr Opin Insect Sci. 2018;26:57 -62.
12. Balbuena MS, Tison L, Hahn ML, Greggers U, Menzel R, Farina WM. Efeitos de doses subletais de glifosato na navegação das abelhas. PLoS Um. 2015;10(10):2799-805.

13. El Hassani AK, Dacher M, Gauthier M, Armengaud C. Efeitos de doses subletais de fipronil no comportamento da abelha (*Apis mellifera*). Farmacol Bioquímica Comporte-se . 2005;82(1):30-9.
14. Cresswell JE, Thompson HM. Comentário sobre "Uma sobrevivência comum de pesticidas em abelhas". Ciência. 2012;337:1453 .
15. Henry M, Beguin M, Requier F, Rollin O, Odoux J, Aupinel P, et al. Um pesticida comum diminui o sucesso de forrageamento e a sobrevivência das abelhas melíferas. Ciência. 2012;336:3 -5.
16. Wu JY, Anelli CM, Sheppard WS. Efeitos subletais de resíduos de pesticidas em favos de cria no desenvolvimento e longevidade das abelhas operárias (*Apis mellifera*). PLoS Um; 2011;6(2):e 14720.
17. Tosi S, Demares FJ, Nicolson SW, Medrzycki P, Pirk CWW, Human H. Efeitos de um pesticida neonicotinóide na termorregulação de abelhas africanas (*Apis mellifera* scutellata). J Inseto Physiol. 2016;93:56 -63.
18. Williamson SM, Wright GA. A exposição a múltiplos pesticidas colinérgicos prejudica a aprendizagem olfativa e a memória nas abelhas. J Exp Biol. 2013;216(10):1799-807.
19. Lu C, Warchol KM, Callahan RA. A exposição subletal a neonicotinóides prejudicou a preparação das abelhas para o inverno antes de prosseguir para o distúrbio do colapso das colônias. Insetologia de Touros . 2014;67(1):125-30.
20. Johnson RM, Ellis MD, Mullin CA, Frazier M. Pesticidas e toxicidade para abelhas - EUA. Apidologia . 2010;41(3):312-31.
21. Lozano A, Hernando MD, Ucles S, Hakme E, Fernandez-Alba AR. Identificação e medição de resíduos de medicamentos veterinários em produtos apícolas. Química Alimentar. 2019;274:61 -70.
22. vanEngelsdorp D, Meixner D. Uma revisão histórica das populações manejadas de abelhas melíferas na Europa e nos Estados Unidos e os fatores que podem afetá-las. J Invertebr Patol . 2010;103:580 -95.
23. Chauzat MP, Jacques A, Laurent M, Bougeard S, Hendrikx P, Ribiere-ChabertM , et al. Indicadores de risco que afectam a sobrevivência das colónias de abelhas na Europa: um ano de vigilância. Apidologia . 2016;47(3):348-378.
24. Vargas-Valero A, Reyes-Carrillo JL, Gaspar- Rairurez O , Moreno-Resendez A. Parasitoses e resíduos de pesticidas em mel e cera em colônias de abelhas . Ecosist Recur Agropec . 2021;8(2):e 2827. DOI: 10.19136/ era.a 8n2.2827
25. Saturni FT, Jaffe R, Metzger JP. A estrutura da paisagem influencia a comunidade de abelhas e a polinização do café em diferentes escalas espaciais. Ambiente Ecossistêmico Agrícola . 2016;235:1 -12.
26. Martins KT, Gonzalez A, Lechowicz MJ. Os serviços de polinização são mediados pela diversidade funcional das abelhas e pelo contexto paisagístico. Ambiente Ecossistêmico Agrícola . 2015;200:12 -20.
27. Gaines-Day HR, Gratton C. O rendimento da colheita está correlacionado com a densidade das colmeias de abelhas, mas não em paisagens de florestas altas. Ambiente Ecossistêmico Agrícola . 2016;218:53 -7.
28. Jones PL, Agrawal AA. Aprendizagem em insetos polinizadores e herbívoros. Annu Rev Entomol . 2017;(62):53- 71.
29. Organização das Nações Unidas para a Alimentação e a Agricultura (FAO). A importância das abelhas e outros polinizadores para a alimentação e a agricultura. FAO. 2018. [En lmea] http://www.fao.org/3/I9527EN/i9527en.pdf (Consulta 01/08/20).
30. Garantonakis N, Varikou K, Birouraki A, Edwards M, Kalliakaki V, Andrinopoulos F. Comparando os serviços de polinização de abelhas melíferas e abelhas selvagens em um campo de melancia. Ciência Hortic . 2016;204:138 -44.
31. Kremen C, Williams NM, Aizen MA, Gemmill-Herren B, LeBuhn G, Minckley R, et al. Polinização e outros serviços ecossistêmicos produzidos por organismos móveis: Uma estrutura conceitual para os efeitos das mudanças no uso da terra. Eco Lett. 2007;10(4):299-314.
32. Minarro D, Garcia R, Martmez -Sastre R. Insetos polinizadores na agricultura : importância e gestão de sua biodiversidade . Ecossistemas . 2018;27(2):81-90.
33. Simba LD, Foord SH, Thebault E, van Veen FJF, Joseph GS, Seymour CL. Interações indiretas entre culturas e vegetação natural através de visitantes florais: a importância do tempo e do espaço Transborde. Ambiente Ecossistêmico Agrícola . 2018;253:148 -56.
34. Alomar D, Gonzalez-Estevez MA, Traveset A, Lazaro A. Os efeitos interligados da vegetação natural, da comunidade floral local e da diversidade de polinizadores na produção de amendoeiras. Ambiente Ecossistêmico Agrícola . 2018;264:34 -43.
35. Klein AM, Vaissiere BE, Cane JH, Steffan- Dewenter I, Cunningham SA, Kremen C, et al. Importância dos polinizadores na mudança de paisagens para as culturas mundiais. Proc Biol Sci. 2007;274:303 -13.
36. Hass AL, Kormann UG, Tscharntke T, Clough Y, Fahrig L, Martin J, et al. A heterogeneidade configuracional da paisagem pela agricultura de pequena escala, e não a diversidade de culturas, mantém os polinizadores e a reprodução das plantas na Europa Ocidental. Proc R Soc B. 2018;(285):20172242.
37. Ollerton J, Winfree R, Tarrant S. Quantas plantas com flores são polinizadas por animais? Oikos. 2011;(321):321-6.

38. Ollerton J. Diversidade de polinizadores: distribuição, função ecológica e conservação. Annu Rev Ecol Evol Sist. 2017;48:353 -76.

39. Nicole W. Poder do polinizador: benefícios de segurança nutricional de um serviço ecossistêmico. Perspectiva de Saúde Ambiental . 2015;123(8):210-15.

40. Spivak M, Mader E, Vaughan M, Euliss NH. A situação das abelhas. Tecnologia Científica Ambiental. 2011;45(1):34-8.

41. Underwood RM, vanEngelsdorp D. Transtorno do colapso das colônias: Já vimos isso antes? Culto das Abelhas. 2007;35(717):13-8.

42. Simon-Delso N, Martin GS, Bruneau E, Minsart LA, Mouret C, Hautier L. Desordem de colônias de abelhas em áreas de cultivo: O papel dos pesticidas e vírus. PLoS Um. 2014;9(7):1-16.

43. Brutscher LM, Daughenbaugh KF, Flenniken ML. Mecanismos de defesa antivirais em abelhas melíferas. Curr Opin Insect Sci. 2015;10:71 -82.

44. Faucon JP, Mathieu L, Ribiere M, Martel AC, Drajnudel P, Zeggane S, et al. Mortalidade de abelhas no inverno na França em 1999 e 2000. Bee World. 2002;83(1):14-23.

45. Van der Zee R, Pisa L, Andonov S, Brodschneider R, Charriere JD, Chlebo R, et al. Gerenciamos perdas de colônias de abelhas no Canadá, China, Europa, Israel e Turquia, durante os invernos de 2008-9 e 2009-10. J Apic Res. 2012;51:100 -14.

46. Van der Zee R, Brusbardis V, Charriere J, Chlebo R, Coffey MF, Dahle B, et al. Resultados de pesquisas internacionais padronizadas de apicultores sobre perdas de colônias no inverno 2012-2013: análise das taxas de perdas no inverno e modelagem de efeitos mistos de fatores de risco para perdas no inverno. J Apic Res. 2014;53(1):19-34.

47. Perez-Pacheco A. Identificação de resíduos tóxicos em mel de diferentes origens na zona central do Estado de Veracruz. Rev Iberoam Cienc Biol Agropecu . 2012;1(2):1-42.

48. Valdovinos-Flores C, Alcantar-Rosales VM, Gaspar-Ramirez O, Saldana-Loza L, Dorantes-Ugalde JA. Resíduos de pesticidas agrícolas em favos de mel e cera do sudeste, centro e nordeste do México. J Apic Res. 2017;56(5):667-79.

49. Goulson D, Nicholls E, Botias C, Rotheray EL. O declínio das abelhas é causado pelo estresse combinado de parasitas, pesticidas e falta de flores. Ciência. 2015;347(6229):1-11.

50. Alaux C, Ducloz F, Crauser D, Le Conte Y. Efeitos da dieta na imunocompetência das abelhas. Biol Lett. 2010;6(4):562-65.

51. Bellard C, Cleo Bertelsmeier , Paul Leadley WT, Courchamp F. Impactos das mudanças climáticas no futuro da biodiversidade. Eco Lett. 2012;15:365 -77.

52. Memmott J, Craze PG, Waser NM, Preço MV. Aquecimento global e interrupção das interações planta-polinizador. Eco Lett. 2007;10(8):710-7.

53. Hladik ML, Vandever M, Smalling KL. Exposição de abelhas nativas que se alimentam em uma paisagem agrícola a pesticidas de uso corrente. Ciência Total Meio Ambiente. 2016;542:469 -77.

54. Archer CR, Pirk CWW, Wright GA, Nicolson SW. A nutrição afecta a sobrevivência das abelhas africanas expostas a factores de stress interactivos. Função Eco. 2014;28(4):913-23.

55. Schmehl DR, Teal PEA, Frazier JL, Grozinger CM. Análise genômica da interação entre exposição a pesticidas e nutrição em abelhas melíferas (*Apis mellifera*). J Inseto Physiol. 2014;71:177 -90.

56. Benuszak J, Laurent M, Chauzat MP. A exposição de abelhas melíferas (*Apis mellifera* ; Hymenoptera: Apidae) a agrotóxicos: espaço para melhorias na pesquisa. Ciência Total Meio Ambiente. 2017;587-588:423-38.

57. Wilmart O, Legreve A, Scippo ML, Reybroeck W, Urbain B, de Graaf DC, et al. Resíduos na cera de abelha: um risco à saúde do consumidor de mel e cera de abelha? J Agric Food Chem. 2016;64(44):8425-34.

58. Botfas C, Sanchez-Bayo F. Papel de los plaguicidas na perda de polinizadores . Ecossistemas . 2018;27(2):34-41.

59. Ostiguy N, Drummond FA, Aronstein K, Eitzer B, Ellis JD, Spivak M, et al. Exposição das abelhas melíferas a pesticidas: um estudo nacional de quatro anos. Insetos. 2019;10(1):1-34.

60. Jeschke P, Nauen R, Schindler M, Elbert A. Visão geral do status e estratégia global para neonicotinóides. J Agric Food Chem. 2011;59(7):2897-908.

61. Nauen R, Jeschke P. Os inseticidas neonicotinóides. *In* : Controlo do insectos. Agentes biológicos e sintéticos. Jamestown Road, Londres, Reino Unido. Imprensa Acadêmica. 2010;61-114.

62. Anderson JC, Dubetz C, vice-presidente do Palácio. Neonicotinóides no ambiente aquático canadense: uma revisão da literatura sobre produtos de uso atual com foco no destino, exposição e efeitos biológicos. Ciência Total Meio Ambiente. 2015;505: 409-22.

63. Brandt A, Gorenflo A, Siede R, Meixner M, Buchler R. Os neonicotinóides tiaclopride, imidaclopride e clotianidina afetam a imunocompetência das abelhas melíferas (*Apis mellifera* L.). J Inseto Physiol. 2016;86:40 - 7.

64. Douglas MR, Tooker JF. A implantação em larga escala de tratamentos de sementes impulsionou o rápido aumento do uso de inseticidas neonicotinóides e do manejo preventivo de pragas nas plantações dos EUA. Tecnologia Científica Ambiental. 2015;49(8):5088-97.

65. Robin SUR, Stork A. Captação, translocação e metabolismo do imidaclopride em plantas.

Insetologia de Touros . 2003;56(1):35-40.
66. Morrissey CA, Mineau P, Devries JH, Sanchez-Bayo F, Liess M, Cavallaro MC, et al. Contaminação neonicotinóide das águas superficiais globais e risco associado aos invertebrados aquáticos: uma revisão. Meio Ambiente Int. 2015;74:291 -303.
67. Cutler GC, Scott-Dupree CD. A exposição à canola tratada com sementes de clotianidina não tem impacto a longo prazo nas abelhas melíferas. JEcon Entomol . 2007;100(3):765-72.
68. Chauzat AM, Carpentier P, Martel A, Cougoule N, Porta P, Lachaize J, et al. Influência dos resíduos de pesticidas na saúde das colônias de abelhas (Hymenoptera: Apidae) na França. Ambiente Entomol . 2009;38(3):514-23.
69. Van der Sluijs JP, Simon-Delso N, Goulson D, Maxim L, Bonmatin JM, Belzunces LP. Neonicotinóides, distúrbios das abelhas e a sustentabilidade dos serviços de polinizadores. Curr Opin Environ Sustain. 2013;5(3-4):293-305.
70. Dainat B, Evans JD, Chen YP, Gauthier L, Neumann P. Marcadores preditivos de colapso de colônias de abelhas. PLoS Um. 2012;7(2). e32151.
71. Sanchez-Bayo F, Goka K. Resíduos de pesticidas e abelhas - Uma avaliação de risco. PLoS Um. 2014;9(4).e 94482.
72. Smith KM, Loh EH, Rostal MK, Zambrana- Torrelio CM, Mendiola L, Daszak P. Patógenos, pragas e economia: fatores de declínio e perdas de colônias de abelhas. Ecossaúde . 2013;10(4):434-45.
73. Guzman-Novoa E, Correa- Benrtez A. Patologia , diagnóstico e controle do principal doenças e pragas de abelhas meKferas . Editora de Imagens , México, DF. 2012;165p.
74. Meixner MD, Francis RM, Gajda A, Kryger P, Andonov S, Uzunov A, et al. Ocorrência de parasitas e patógenos em colônias de abelhas utilizadas em um experimento europeu de interações genótipo-ambiente. J Apic Res. 2014;53(2):215-19.
75. Rosenkranz P, Aumeier P, Ziegelmann B. Biologia e controle de *Varroa destructor* . J Invertebr Patol . 2010; 103: S96-S119.
76. Secretaria da Agricultura, Pecuária , Desenvolvimento Rural, Pescas e Alimentação (SAGARPA). Manual de
patologia apfcola . Programa Nacional de Controle de Abelhas Africano Coordenação Geral de Pecuária . México. 2010;59p.
77. Fuchs S, Kralj J, Brockmann A, Fuchs S. O ácaro parasita *Varroa destructor* afeta a aprendizagem não associativa em abelhas forrageadoras, *Apis mellifera* L. J Comp Physiol. 2007;193:363-70.
78. Le Conte Y, Mondet F. Seleção natural de abelhas contra *Varroa destructor* . *In* : Vreeland RH, Sammataro D (eds.) Apicultura - Da ciência à prática. Springer International Publishing AG. 2017;189-94.
79. Fries I, Ansen HH, Mdorf AI, Osenkranz PR. Enxameação de abelhas melíferas (*Apis mellifera*) e desenvolvimento populacional *de Varroa destructor* na Suécia. Apidologia . 2003;34:389 -97.
80. Di Prisco G, Annoscia D, Margiotta M, Ferrara R, Varricchio P, Zanni V, et al. Uma simbiose mutualística entre um ácaro parasita e um vírus patogênico prejudica a imunidade e a saúde das abelhas. Proc Natl Acad Sci. 2016;113(12):1-6.
81. Paxton RJ, Klee J, Korpela S, Fries I. *Nosema ceranae* infectou *Apis mellifera* na Europa desde pelo menos 1998 e pode ser mais virulento que *Nosema apis* . Apidologia . 2007;38(6):558-65.
82. Ptaszynska AA, Borsuk G, Mutenko W, Demetraki J. Diferenciação de esporos de *Nosema apis* e *Nosema ceranae* sob microscopia eletrônica de varredura (MEV). J Apic Res. 2014;53(5):537-44.
83. Rangel J, Baum K, Rubink WL, Coulson RN, Johnston JS, Traver BE. Prevalência de espécies *de Nosema* em uma população de abelhas selvagens: um levantamento de 20 anos. Apidologia . 2016;47(4):561-71.
84. Simeunovic P, Stevanovic J, Cirkovic D, Radojicic S, Stanisic L, Stanimirovic Z. *Nosema ceranae* e a idade da rainha influenciam a reprodução e a produtividade da colônia de abelhas. J Apic Res. 2014;53(5):545-54.

" **O que não é bom para a colmeia não pode ser bom para as abelhas** "

Marco Aurélio

7. Polinização da cultura do melão

Verônica Garda-Mendoza e Pedro Cano -Rios

Introdução

O melão é um fruta que contém em seu interior um longo história e alguns mistérios , começando por suas origens , já que não se sabe com certeza dele lugar origem exata , pelo menos não há consenso entre especialistas ainda . No que é^ a maioria dos autores está em dele origem Africano , e em considere a Índia como ele centro de domesticação , já que é onde existe a maior variabilidade genética da espécie . China, Afeganistão e Espanha são considerados como centros diversificação secundária , devido à importante diversidade genética que está em essas regiões. Algo que é perfeitamente documentado é o grande desenvolvimento que experimentei dele cultivo e a grande aceitação que sempre teve entre os egípcios , gregos e romanos , que sabiam e igualmente Eles elogiaram as virtudes deste refrescante fruta . Sua chegada para Espanha foi um pouco mais tarde graças à Árabes e daí se espalhou para o resto da Europa e finalmente para a América [1,2] .

Generalidades do melão

O melão é uma planta herbácea com caule rastejante existir diverso variedades , como espanhola , amarela, escrita ou reticular, Piel de Sapo e algumas que são conhecidas como variedades de melão . A produção de melão cantaloupe é uma das mais comuns em mercados nacionais e internacionais [3] .

Cicatriz na zona de separação do fruto do melão ao se separar do caule (Fotografia José Luis Reyes Carrillo)

Classificação taxonomia

Nome científico *Cucumis* melo L.
Reino: Plantae
Sub-reino : Tracheobionta
Divisão: Magnoliophyta
Classe: Magnoliopsida
Subclasse : Dilleniidae
Ordem: Cucurbitales

Família: Cucurbitáceas
Subfamília : Cucurbitoideae
Tribo : Benincaseae
Subtribo : Benincasinae
adaptação geográfico
O melão é uma planta herbácea anual . rastejando ou escalando . Crescido em diferentes áreas do mundo fundamentalmente em climas quente e semi-quente . Dependendo da latitude em que é cultivado o melão vai aparecer a diversidade maior ou menor morfologia de ambas as suas sementes bem como seus frutos , ou seja , variam suas cores , formas , espessuras , resistência da casca e os mesmos . fruto , duração do ciclo e perfil agronômico . O ciclo fenológico da semeadura à frutificação varia de 9 a 110 dias [6,7] .

descrição botânica
O melão é um espécie que pertence à família Cucurbitaceae . Nisso família botânica é encontrada plantações como abóbora, areia , maxixe ou pepino, abobrinha , chuchu, cabaça amarga , pepino angolo ou zocato , estropajo e guiro (bule, cabaça ou cabaça seca) [8] . Entre os principais cucurbitaceae , o melão possui mais variedades botânicas e também tem o frutas com mais diversidade formas . Isso é um consequência da diversidade genética em Está espécie . Os frutos de alguns variedades ter melhor aroma, cor da polpa , sabor e são mais suculentos . A maior parte melões ter plantas de até 15 metros de comprimento; no entanto, eles têm desenvolvido alguns cultivares moderno com entrenós encurtado , aparência espesso e desempenho concentrado . Todos Os melões são sensíveis à geada , mas em contraste , muitos diferir em dele capacidade de sobreviver para ambientes altos temperatura .

A expressão sexual é controlada por fatores genética , bem como também por meio ambiente ; pelo menos quatro fatores , como energia lumínica , o fotoperíodo , o abastecimento de água e temperatura , têm uma grande influência em esse . Normalmente , as condições fisiológicos que favorecem ele aumento de carboidratos dentro da planta, como o térreo temperatura , pouco nitrogênio disponível , fotoperíodo baixo e alto acessibilidade à umidade , promove a expressão sexual feminina . Esses fatores ambiental afetar ele equilíbrio hormonal da planta [4] .

Ciclo vegetativo
O ciclo vegetativo Está governou majoritariamente pela temperatura . Cano e Gonzalez [9] constataram que são necessárias 1.178 unidades calor - ponto crítico abaixo de 10 °C e acima de 32 °C - para dar início da colheita e um total de 1.421 unidades aqueça para terminar ele ciclo . Isto é ilustrado em ele seguindo gráfico .

Unidades calor para cada estágio fenológico por onde passa ele cultivo de melão

Estágio Fenológico	Unidades de Calor
Semeadura	0
Emergência	48
1ª Folha	120
3ª Folha	221
5ª Folha	291
Casa Gwa	300
Casa da Flor Masculina	382
Flor hermafrodita caseira	484
Início da Frutificação	534
Tamanho da noz	661
% Tamanho da fruta	801

% Tamanho da fruta	962
% Tamanho da fruta	1142
Início da colheita	1178
Fim da colheita	1421

Ra^z

O sistema radicular do melão é variado devido à diversidade genética entre diferente genótipos . Em condições solo adequado , adubado e livre de qualquer tipo de estresse , tipo de raiz mais observado é o chamada triangular, com raiz principal de onde eles vêm raízes lados que estão diminuindo de tamanho em direção à ponta . No entanto, também aparecer morfologias tipicamente retangular , com raízes laterais que se distribuem com comprimento semelhante ao longo da raiz principal , sendo mais freqüentes esse cara na subespécie agrestis , tanto quanto naqueles do tipo selvagem ou exótico cultivadas , provenientes da China, Japão e Índia [10] .

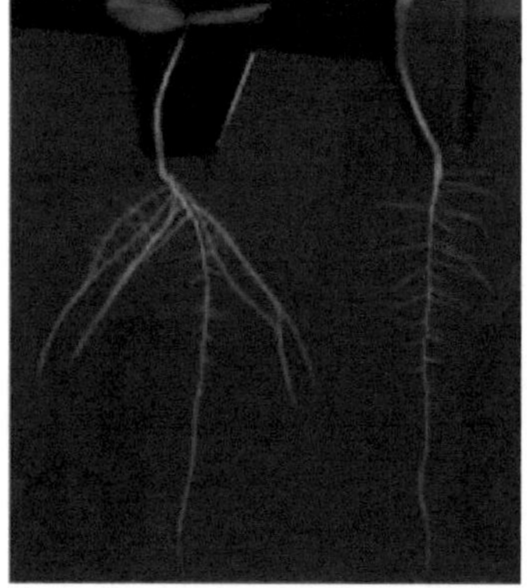

Estrutura da raiz do melão . Esquerda: estrutura triangular , predominante em o cultivares da subespécie melo . À direita : estrutura retangular típica das entradas da subespécie agrestis [10] .

Tronco

O melão é rasteiro ou trepador , se for fornecido ele médio apropriado . Seus guias Atingem 3 a 4 metros de comprimento , com caules arredondado liso ou estriado , dotado de cabelos macios e mechas simples . Os principais ramos do caule em sua base dando coloque três ou quatro galhos ou caules secundário . Posteriormente , tanto a haste principal quanto a secundário , eles desenvolvem novo galhos ou caules menores [8] .

Um argumento

As folhas são mais largas na base do que no topo e têm formato de ovo, quase como rim , geralmente angular -de cinco ângulos -, em ocasiões com três a sete lóbulos pontiagudos rasos arredondado . Possuem pecíolos de 4 a 10 centímetros de comprimento. A folha, de 8 a 15 centímetros de diâmetro , é peluda com dentes um tanto ondulados em bordas quase inteiras [8] .

Folhas e caules rastejante galhos com frutos de melão (Fotografia Veronica Garda Mendoza)

Flor

As flores são amarelas e são três. tipos : masculino , feminino e hermafrodita - flores que apresentam a mesma tempo o órgãos masculino e feminino -. Dependendo da presença dessas flores na planta, elas são classificadas em : Monóica : a planta produz flores masculinas e femininas Andromonóica : a planta produz flores masculinas e hermafroditas Ginomonóica : a planta possui flores femininas e hermafroditas Trinomonóica : a planta possui o três tipos de flores. Geralmente as plantas são andromonóicas . As flores masculinas aparecer diante dos hermafroditas em grupos de três a cinco flores em o nós guia primário e nunca onde está localizado a flor hermafrodita Flores femininas ou hermafroditas aparecer sozinho em o nós guia escolas de ensino médio . As flores femininas são diferenciadas das flores masculinas . em ele protuberância em sua base, que é onde está localizado ele ovário . As plantas de melão produzem mais flores masculinas do que as hermafroditas . A fertilização é principalmente por insetos [11].

A maioria das plantas apresenta flores masculinas e hermafroditas , com uma proporção maior de flores masculinas do que as hermafroditas . Os genótipos do melões cara amarelo , orvalho de mel e japonês ter pisos portadores de flores masculinas e hermafroditas apenas , enquanto estiver o Nos melões Cantaloupe, Charentais , Galia e Harper existem plantas com flores masculinas e hermafroditas e com flores masculinas e femininas . A distribuição das flores depende do gênero da planta e das próprias flores . As flores masculinas aparecer diante dos hermafroditas em grupos de três a cinco flores brotando em o nós guia primário e nunca onde está localizado a flor feminino ou hermafrodita [11,12].

flor hermafrodita na parte esquerda e um macho na parte à direita (Fotografia Olga Araceli Zapata Ramos)

Fruta

O fruto do melão tem polpa casca carnuda e coriácea . Os frutos do melão são diversos em quanto ao seu tamanho , cor, formato e textura da casca , dependendo da variedade da planta. Seu tamanho varia de a variedade de melão com quatro centímetros de comprimento agrestis - até 200 cm - variedade de melão flexuosus -, e pode registrar um peso que varia entre 50 e 1.500 gramas - um variação de tamanho de 30 vezes -. A cor do seu polpa Pode ser laranja , rosa, verde , branco ou até mesmo a mistura desses cores , e a cor de sua casca pode ser branca , creme, creme- esverdeada , amarela pálido para escuro , amarelo -marrom, amarelo esverdeado , verde , laranja , vermelho, cinza ou um mistura desses cores . A textura de sua casca tem também muitos variantes : liso opaco ou brilhante uniforme , com cobertura de áspero ou cortiço , verrucoso , listrado , reticulado , áspero ou qualquer outra camada combinação deles . Iniciar caso de casca reticulado , o a verdadeira cor externa é observada em o espaços exposto entre os fios de retículo .

No melões reticulados que são cultivados na região de Lagunera , o o descolamento dos frutos ocorre naturalmente quando esse Está já maduro. Isso porque em Está variedade , como em alguns outros, o Os frutos saem da planta quando amadurecem , devido à formação de uma zona de separação . na união da base do pedúnculo ; em outros melões isso não acontece [8] , assim como o caso do melões Tipo Harpista . Naqueles casos o frutas permanecer ingressou firmemente para conter até depois de maduros por não possuírem esta característica [4] . É comum que em alguns variedades são visíveis ao longo do fruto de 9 a 12 costelas separado por suturas formando a líquido mais ou menos denso Quanto ao formulário, o frutas Eles podem ser esféricos ou elipsóides . Os frutos amolecem à medida que amadurecem . Alguns variedades desenvolver em suas essências interiores aromático perfumado , embora outros permanecem quase inodoro

Composição da fruta

A maior parte do conteúdo da fruta é água e em dele maturidade atinge um conteúdo de sólidos solúvel entre 7 e 12 °Brix. O melão contém uma grande quantidade de água , que alguns variedades chega a 92 % e um Quantidade 6% menor de açúcar do que outros fruta ; fato de que, juntamente com o fato de que dificilmente contém gordura , faz do melão uma das frutas com menor contente calórico Seu conteúdo em carboidratos é fácil assimilação , contribui a quantia apreciável em vários vitaminas e minerais . Os cem gramas de polpa , fornecer quase metade da dose diário vitamina C recomendada e, junto com a laranja , é uma das frutas com maior teor em vitamina B. Vale ressaltar também dele contente em provitamina A, principalmente betacaroteno , que é transformada em vitamina A em nosso organismo . A riqueza em esses carotenos aumenta em o melões com polpa mais laranja . Quanto ao minerais , destaques dele fortuna em potássio . É um alimento restaurador que promove a atividade física e intelectual , já que potássio melhoria ele funcionamento dos músculos e nervos ; e junto com sódio regula o balanço hídrico em ele organismo e normaliza ele ritmo cardíaco . Ele também contém quantidades apreciável fósforo , ferro e magnésio , por isso o melão é um produto remineralizante natural .

É uma das frutas mais ricas em sódio mineral. O alto grau de água neste fruta estimula o rins para que funcionem de forma mais eficiente , facilitando a eliminação de substâncias residuais e toxinas e melhorando a função renal . Também isso indicado em estados de desidratação acompanhada de perdas minerais por diarréia , sudorese convulsões abundantes e febris [13] .

Sementes

Iniciar centro do fruto do melão está localizado um grande número de sementes . A parte da fruta é consumida, enquanto as sementes são aproveitadas como materiais residuais . Descobriu-se que as sementes estão constituído por umidade , gordura , proteína , fibra , cinzas e carboidratos , dependendo da variedade é o percentagem dos quais estão formado. Também foi descoberto que as sementes. estão formado devido ao alto teor de óleo ele qual tem potencial para se tornar em a novo fonte de óleo comestível , pois contém um alto nível de ácidos ácidos graxos poliinsaturados [14] .

Composição de diferentes sementes de melão

Componente	Composição aproximado (%)		
	melão var. Banheiro [14]	Melão imbrido AF-522 [15] !	melão var. Sacarino [16]
Umidade	4.9	7,78	6,0
Graxa / Óleo	25,0	30,83	32,3
Proteína	25,0	14,91	19.3
Fibra	23.3	19h00	
Cinzas	2.4	4h20	3.9
Carboidrato	19,8	22,94	-

Valor nutricional da fruta

O melão é delicioso em vitaminas importante , como riboflavina , tiamina e ácido fólico É também um bom fonte de pró- vitamina A e vitamina C. Pesquisadores Eles têm descobriu que as concentrações de sólidos solúvel , sacarose , açúcares total , в — caroteno , e o O ácido 5-metiltetrahidrofólico varia em diferentes partes do fruto [14] .

O carboidrato mais importante em o melões reticulado é sacarose . Isso acumula em o duram 10 a 12 dias antes da colheita . A fruta não contém amido ou outro reserva de carboidratos ; por Portanto , se for colhido cedo , o a fruta não será adequadamente doce. Iniciar seguindo tabela mostra a composição valor nutricional de 100 gramas de melão cantaloupe , embora as quantidades irá variar dependendo da variedade e do seu qualidade .

Composição nutricional de 100 gramas da parte comestível do melão [17]

	Entrada por porção	Minerais		Vitaminas	
Energia (Kcal)	55,44	Cálcio (mg)	15.6	Vit. B1 Tiamina (mg)	0,05
Proteína (g)	0,88	Ferro (mg)	0,35	Vit. Riboflavina B2 (mg)	0,01
Hidrata carbono (g)	12h40	Iodo (mg)	0,55	Eq. Niacina (mg)	0,66
Fibra (g)	0,73	Magnésio (mg)	11.8	Vit. Piridoxina B6 (mg)	0,06
Gordura total (g)	0,10	Zinco (mg)	0,29	Ac. Fólico (pág)	2,70
AGS (g)	0,03	Selênio (pág)	0,5	Vitamina B12 Cianocobalamina	0,00
Assembleia Geral Anual (g)	0,01	Sódio (mg)	17,0	Vit.C Ac. ascórbico (mg)	32.10
AGP (g)	0,02	Potase (mg)	310,0	Retinol (pág .)	0,00
AGP/AGS	0,58	Fósforo (mg)	0,00	Carotenóides (e carotenos pág .)	669,3
(AGP/AGM)/AGS	1.08			Vit. Uma equação Retinol (pág .)	111,9
Colesterol (mg)	0,00			Vit. D (pág)	0,00
Água (g)	85,90				

Melão dividido pela metade mostrando a cavidade que contém as sementes (Fotografia Veronica Garcia Mendoza)

Importância internacional

Mais de dez anos a produção mundial de melão tem sido em média de 26.180.803 milhões de toneladas em a superfície colhido em 1.073.371 hectares com rendimento média de 24,4 toneladas/ha:

Produção mundial de melão (2009-2018) [18]

Ano	Produção (tonelada)	Rendimento (ton/ha)	da Área Colhida (há)
2018	27.349.214	26.1	1.047.283
2017	26.624.465	25.3	1.051.105
2016	26.563.103	24,6	1.080.066
2015	25.537.777	24,6	1.037.414
2014	26.059.468	24,6	1.058.209
2013	26.238.525	24,7	1.060.792
2012	25.797.647	23,9	1.077.222
2011	25.839.056	23,5	1.100.084
2010	25.967.660	23.2	1.119.754
2009	25.831.116	23.4	1.101.782

A maior produção de melão é em ele continente Asiático com 73% da produção em todo o mundo , seguido por um participação de 13,6% por ele continente americano ; ele continente europeu contribui com 7 % , continente África com 5,5% e Oceânia com 0,8% [18] :

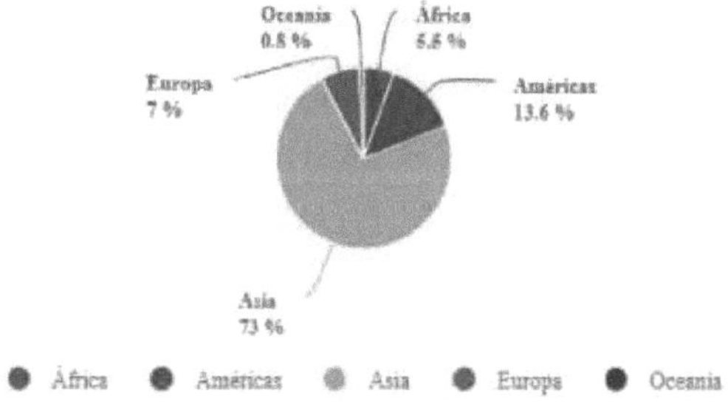

Participação da produção de melão na ele mundo em ele ano 2018 [18].

Mais da metade da produção Copa do Mundo de Melão foi gerada na China em

2018, cujo agricultores obtiveram de suas explorações um total de 12,7 milhões de toneladas , 46,5 % por cento do total mundial . O segundo lugar na classificação mundo dos produtores de melão ocupa Turqrna , com 1,7 milhão de toneladas e 6,41 por cento cento do total. O Irã, com 1,7 milhão de toneladas (6,33%) é o terceiro lugar do maior produtores de melão . O quarto posição Está ocupado para a Índia, que produz 1,2 milhão de toneladas , 4,5 % cento do total. Segue -se em quinto lugar Casaquistão com 0,89 milhões de toneladas (3,27 %), Estados Unidos com 0,87 milhões de toneladas (3,19%), Egito com 0,70 milhões de toneladas (2,56 %) , Espanha com 0,66 milhões de toneladas (2,43 %) , Guatemala com 0,62 milhões de toneladas (2,28%) , a Itália em décimo lugar , com 0,60 milhão de toneladas (2,22%) , deixando o México em décima primeira lugar com 0,59 milhão de toneladas com um percentual de 2,17 porcentagem da produção copa do mundo do melão :

Classificação do principal países produtores de mel6 n (2018) [18]

	Produção (tonelada)	Rendimento tonelada/ha	Área Colhida (ha)
1 China	12.727.263	35,9	354.496
2 Turquia	1.753.942	22.3	78.694
3 Irã	1.731.443	20.4	85.000
4 Índia	1.231.000	22,8	54.000
5 Honestidade	893.857	21.3	42.004
6 UE	872.080	28,5	30.590
7 Egito	701.071	27.1	25.842
8 Espanha	664.353	34,9	19.025
9 Guatemala	623.405	21.4	29.176
10 Itália	607.970	24,9	24.400
11 México	594.608	31.4	18.959
12 Brasil	581.478	24,9	23.324
13 Marrocos	500.823	30,0	16.716
14 Afeganistão	329.241	9.4	35.055
15 Honduras	293.234	49,8	5.891
16 França	255.100	19,0	13.407
17 Bangladeche	227.000	19.3	11.736
18 Austrália	224.672	28,9	7.786
19 Venezuela	205.179	19,8	10.370
20 Coreia do Sul	167.638	41,4	4.051
21 Japão	143.078	22,7	6.316
22 Costa Rica	143.015	32.2	4.437
23 Indonésia	118.708	17,5	6.773
24 Iraque	113.538	10.7	10.634
25 Grécia	103.585	21.6	4.785
26 Ucrânia	102.750	5.8	17.700
27 Tunísia	102.546	10,5	9.729
28 Azerbaijão	94.668	15.4	6.130
29 Argentina	81.861	14,5	5.628
30 Colômbia	75.448	15,5	4.852
Descansar	1.084.660	13.6	79.777
mundo	**27.349.214**	**26.1**	**1.047.283**

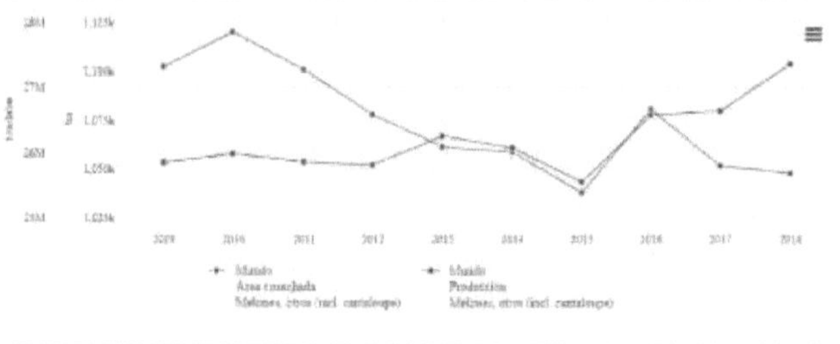

Produção mundo do melão e área colhida (2009-2018) [18]

Iniciar ano de 2018 no nível Foram produzidas 27.349.214 milhões de toneladas de melão no mundo , mais de a superfície de 1.047.283 milhões de hectares , segundo o durar Dados da FAO :

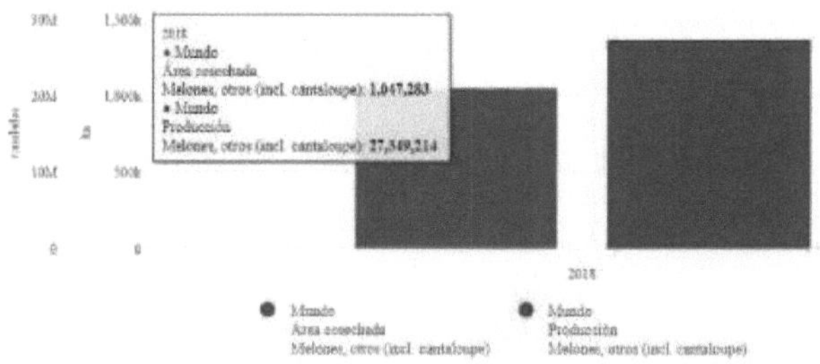

Produção de melão em nível mundo e área colhida em ele ano 2018 [18] .

existir diferente gostos e preferências de consumidores de acordo com as tradições cultural de cada um país ; por Por exemplo , a maior parte das exportações para os Estados Unidos da América parte da Costa Rica, correspondia ao melão harper/cantaloupe (ambos os tipos juntos , já que não há dados disponíveis por separados) com 85%, seguido pelo melão Honey Dew (15%). Em contrapartida , nesse ano as exportações para a Europa foram liderado pelo melão amarelo (58%), seguido pelo melão Harper/Cantaloupe (39%) e pelo melão Galia (3%) [19] . A oferta em o mercado de exportação de melão exige avaliar cultivares recentes criação , incluindo aqueles de interesse para novos mercados. É necessário investigar o fatores de produção mais apropriados e desenvolver estratégias comerciais para abordar mercados potenciais para países como a Coreia, o Japão ou Singapura , que são de grande importância , quer como produto fresco ou congelado [20] :

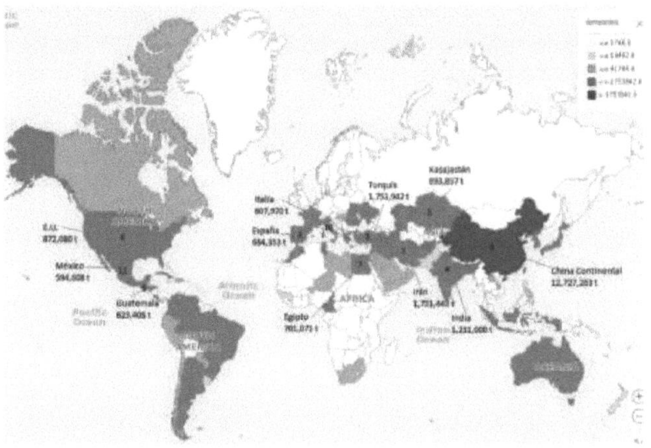

Classificação do principal países produtores de melão em 2018 [18].

Importância nacional

O melão, de o anos vinte , tem sido um produto gerador de moeda para países , fontes de emprego e rendimentos de lucros para os produtores Mexicanos e é do anos sessenta quando dele presença pegar importância entre produtores , derivada de uma maior demanda tanto do mercado nacional bem como internacional . Durante o durar Setenta e cinco anos , o melão mexicano manteve dele estaca em o mercado internacional por dele qualidade . Além do derramamento economia que representa nas áreas de cultivo , resultado do trabalho necessário para o seu manuseio , embalagem e comercialização , é o terceiro produtos agrícola em ele linha de aquisição de divisas [21].

A agricultura do melão desenvolveu -se amplamente , existente tecnologia de alto nível para o seu produção , que aumentou o retorna , como grau em que as variedades crioulos Eles desapareceram do mercado. existir muitos variedades disponíveis , que se adaptam e dão resultados nas diferentes regiões onde é cultivado , em ele país o mais importante é o Cantaloupe, ou melão chinês e em menor proporção Honey Dew ou melão liso . Destes últimos praticamente tudo é exportado . Com o avanços tecnológico tem definido o ótima produção e qualidade nas diversas regiões , com novembro para abril produzir o estados do sul e do Pacífico e de maio a outubro os da Comarca Lagunera , existentes em ele marcado fruta de qualidade a baixo preço durante todos ele ânus . Os estados mais importantes Pela área de melão plantado são: Coahuila, Guerrero, Michoacan, Sonora e Durango [22].

A produção nacional em ele Em 2019 , atingiu 627.135,31 toneladas : cinco estados mais importantes Na produção do melão contribuíram figuras em ele Ano de 2019 : Coahuila contribuiu 25 % da produção melão nacional , que representa a produção de 154 mil toneladas , Sonora produziu 20 % do total nacional , ou seja contribuiu com 124 mil toneladas de melão, Guerrero produziu um total de 102 mil toneladas , ou seja , produziu 16 % do total nacional , Michoacán obteve a produção de 86 mil toneladas de melão, o que representa 14 % do total nacional e Durango contribuiu com 9 % do total nacional , o que equivale a 58 mil toneladas de melão segundo dados Publicados por ele Serviço de informação Agroalimentar e Pescas (SIAP), da Secretaria da Agricultura e Desenvolvimento Rural (SADER), e o Sistema de Informação Consulta Agroalimentar (SIACON) [22] .

Produção melão nacional (2009-2019)

Ano	Produção (toneladas)	Desempenho (toneladas/ha)	Área Colhida (ha)
2019	627.135,31	31,61	19.837,74
2018	594.608,35	31.36	18.958,83
2017	605.134,17	30,92	19.572,80
2016	593.717,15	29,62	20.047,06
2015	561.891,31	28,91	19.435,98
2014	526.990,47	28,79	18.306,69
2013	561.952,87	28,73	19.561,44
2012	574.212,85	28,53	20.126,42
2011	556.026,80	26,97	20.617,65
2010	559.116,03	26,53	21.075,97
2009	547.326,65	26,65	20.541,10

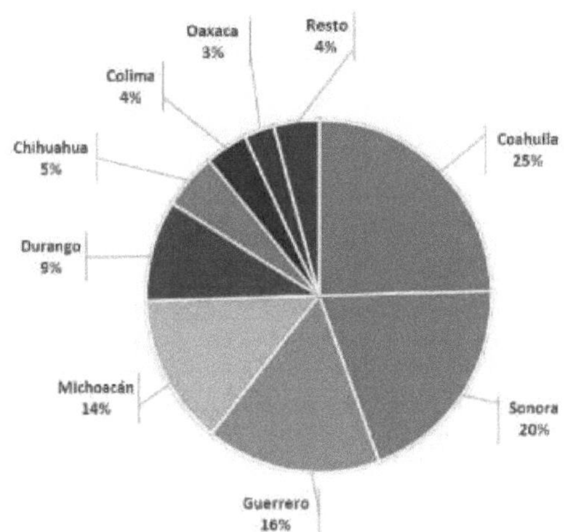

Participação do estado na produção melão nacional em ele ano 2019 [22] .

Produção nacional de melão (2019) [22]

Produção Rendimento da Área Colhida
(ton) (ton/ha) (ha)

1	Coahuila	154,004.99	34.44	4,472.16
2	Sonora	124,062.70	37.26	3,330.00
3	Guerrero	102,955.93	29.20	3,526.45
4	Michoacán	86,344.30	33.78	2,556.00
5	Durango	58,159.70	31.55	1,843.20
6	Chihuahua	32,089.32	28.62	1,121.19
7	Colima	25,050.10	45.75	547.5
8	Oaxaca	17,881.62	15.39	1,161.75
9	Jalisco	6,097.31	24.25	251.41
10	Guanajuato	4,948.04	22.54	219.5
	Resto	15,541.30	19.22	808.58
	Total	**627,135.31**	**31.61**	**19,837.74**

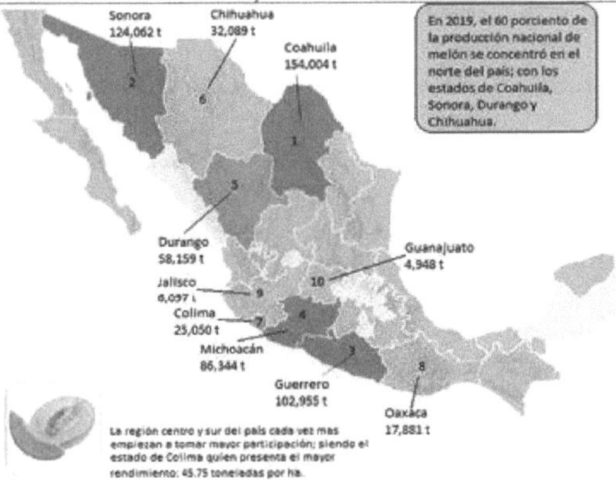

Estados com maior produção de melão no México [22] .

Importância regional

Um dos principais razões A razão pela qual o cultivo do melão desperta particular interesse é porque é gerador de empregos e renda para a população produtores e consequência do câmbio estrangeiro para países que o produzem [23] .

A Comarca Lagunera , região localizada em ele norte do país , que Está integrado por cinco municípios de Coahuila: Torreon, Matamoros, San Pedro, Francisco I. Madero e Viesca e dez de Durango: Gomez Palacio, Lerdo, Tlahualilo , Mapimn , Nazas , Rodeo, San Pedro del Gallo, San Luis del Cordero, San Juan de Guadalupe e Simon BoHvar e é caracterizado por ser a principal região melífera do país em alguns meses do ano , já que as áreas plantadas possui representar cerca de 20% da superfície nacional [24] .

Os principais municípios produtores de melão da região de Laguna de Durango são Mapimi e Tlahualilo , concentrando 25 % da produção total de melão obtida na região de Laguna em 2019, que foi de 52.108 toneladas , enquanto na região de Laguna de Coahuila foi obtida a produção de 131.286 toneladas, o que representa 60 % da produção dos municípios com maior área colhido registre e se destaque por ser o principal produtores de melão , Viesca, Matamoros e Parrasy pode observe em o seguindo tabelas e figuras :

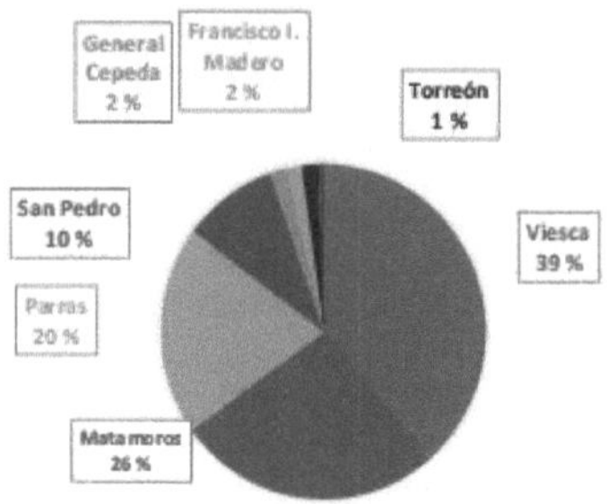

Participação dos municípios na produção estado do melão na região
de Laguna - Coahuila em ele ano 2019 [22].

Produção melão anual na região de Laguna - Coahuila (2019) [22]

	Produção (tonelada)	Rendimento (tonelada/ha)	Área Colhida (ha)
viesca	59.460	35,6	1.672,4
Matamoros	40.627	41,6	976,8
Uvas	31.198	30.3	1.030,0
São Pedro	14.580	28,3	515,5
General Cepeda	2.416	30.2	80,0
Francisco I. Madeira	2.340	45,0	52,0
A torre	2.085	36,0	58,0
Saragoça	455	11.4	40,0
Fidalgo	352	14.1	25,0
Fronteira	210	17,5	12,0
Quatro Cienegas	191	27.3	7,0
São Boaventura	54	27.3	2,0
Lamadrid	33	22.3	1,5

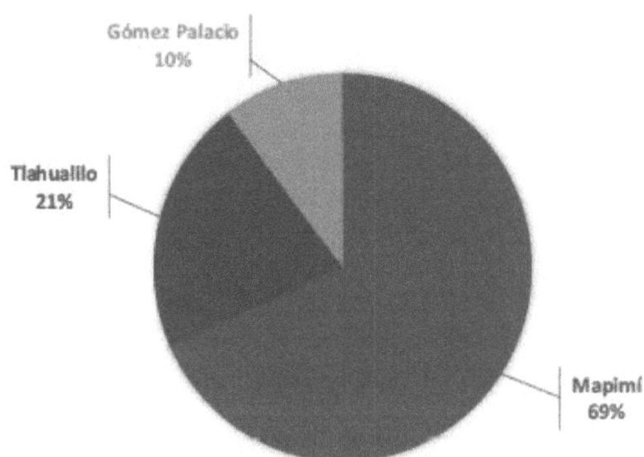

Participação dos municípios na produção estado do melão na região de Laguna -
Durango em ele ano 2019 [22].

Produção melão anual na região de Laguna - Durango (2019) [22]

	Produção (tonelada)	Rendimento (tonelada/ha)	Área Colhida (há)
Mapear	39.759	31.3	1.270
Tlahualilo	12.349	28,9	427

| Gómez Palácio | 6.021 | 41,5 | 145 | |
| Chato | 30 | 30,0 | | 1 |

Um aspecto que produtores estão dando cada cada vez mais importantes e dos quais são informar e certificar , está em ele aspecto de segurança . Preocupação do consumidor faz necessário colocar em tocar sinos para encorajar o bem práticas agrícola e de higiene tanto na produção como em ele embalagem e transporte para obter produtos alta inofensiva qualidade .

Variedades

De tempo voltar Foi feita uma tentativa de padronizar a classificação dos diferentes variedades de melão, uma das classificações mais aceitas é a proposta por Naudin em 1859; a seguir estão alguns modificações ou revisões [25] . Na próxima figura são mostradas alguns principais tipos de melão variedades .

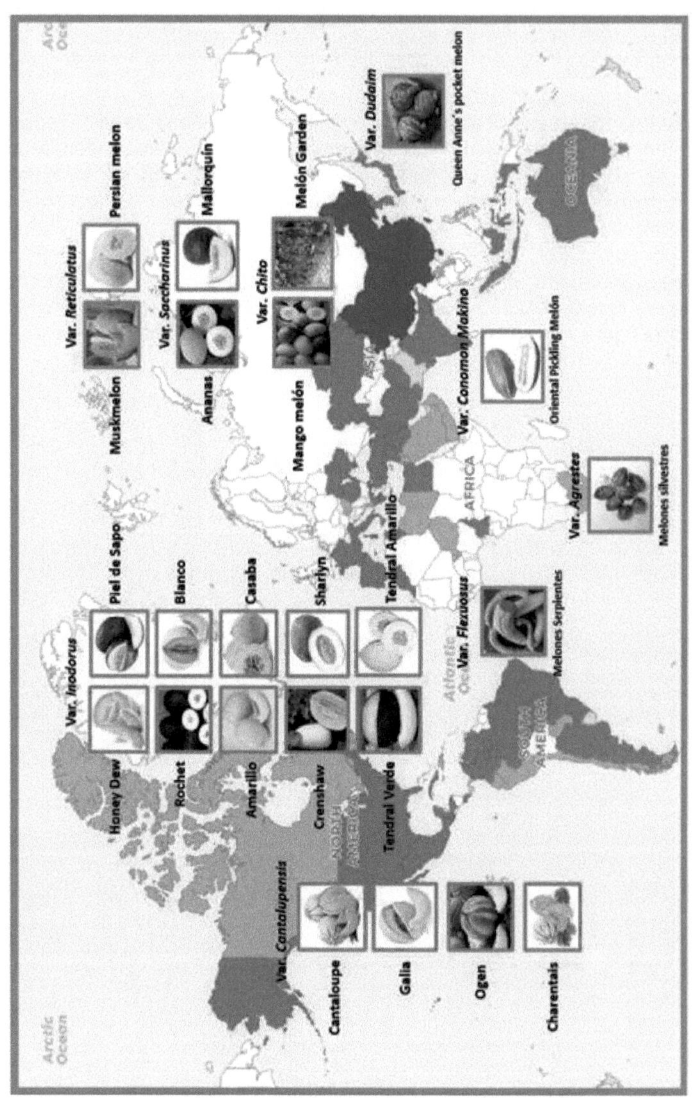

Tipos de melão variedades . Elaboração Verônica Garcia Mendoza

O melão que em nosso mercado e em o do Os Estados Unidos da América são conhecidos comercialmente como o melão cantalupo, cujo nome comum mais aceito hoje por o horticultores é o " *melão* " (grupo Reticulatus), não é o verdadeiro "melão". O verdadeiro "melão" (grupo Cantalupensis), é produzido principalmente na Europa para consumo próprio ou em outros locais para exportar para esse mercado [8].

Com a internacionalização do comércio mercados consumidores de frutas e vegetais Eles começaram a ter necessidade de encontrar um melão com bastante conservação para poder ser transportado para áreas mais remotas . Inicialmente foi resolvido ele problema comercializar variedades com transportabilidade natural como melões Tendral , Yellows e Honey Dew mesmo não sendo os principal em qualidade organolépticos , mesmo assim o prazo de validade não foi suficiente para atingir mercados mais distantes . Os melões pele de sapo embora eles tenham suficiente transportabilidade natural , sua aspecto externo não é muito atraente . Os melões Os tipos Charentais começaram a ter a bom aceitação seguido pelo melão tipo Galia da genética Israelita . hábitos de consumo constantemente eles mudam e para satisfazer são a qualidade precisa tanto interna como externo e que também pode alcançar regiões distantes de onde o produzir , são necessários melões longos vida como ele digite harper eles têm caracteristicas genética melhorada [26].

Hbridos

As plantas de melão têm apoiou o esforço de seleção e a melhoramento de plantas humano . Métodos O cultivo tradicional do melão levou a uma melhoria considerável das variedades , mas é relativamente lento e limitado . é possível produzir Hiforídeos de melão com variáveis intraespecíficas entre tipo genótipos variedades de melão silvestre e comercial , com a objetivo de transferir alguns características genética particularidades , como resistência a fungos , bactérias , vírus e insetos ; ou tolerância a fatores condições ambientais , como salinidade , inundações , secas e temperatura alto ou baixo , para variedades comerciais de melão .

Desenvolvimento do melão em cultivo sob agricultura protegido (Fotografia Pedro Cano Rios)

Híbridos do tipo Harper

Os hiforídeos de melão do tipo Harper representam a oportunidade para o produtores de melão não só exportam para mercados distantes , mas também introduzir esse tipo de melão o mercado nacional e a mudança ele Paradigma de plantio e comercialização para o prolongado vida pós-colheita que caracteriza

Em um estudo na Comarca Lagunera 27 ' para avaliar a vida útil , variáveis como formato do fruto , diâmetro equatorial e polar, em o Forídeos de melão do tipo Harper não eram modificado significativamente devido à perda de peso da fruta causado por Com o tempo ; a qualidade foi vista diminuído por ele efeito do armazenamento até 30 dias a 18° Centígrados , também a perda de peso da fruta causa a redução da firmeza e sólido totais (°Brix):

Fatores da taxa de perda de peso aos 10 , 20 e 30 dias de vida útil em HPhorídeos Melão avaliado em 18 ° Centésimos temperatura ambiente

	PI (g)	% PP	Pp(g)	Fv (g/h)
10 dias em	prateleira (2	40 horas)		
Cruzador F1	2044	9,78	200	0,83
Alaniz Gold	1859	7.21	134	0,56
Rainha RZ	novecentos e noventa e cinco	6.27	125	0,52
Rei RZ	2165	7,53	163	0,68
20 dias em	prateleira (4	80 horas)		
Cruzador F1	1859	26.14	486	1.01
Alaniz Gold	2091	12,67	265	0,55
Rainha RZ	2175	11.08	241	0,50
Rei RZ	2282	12.58	287	0,60
30 dias pt	Anaquel (7 20h)			
Cruzador F1				
Alaniz Gold	1707	23,73	405	0,56
Rainha RZ	1994	20,66	412	0,57
Rei RZ	2035	21h43	436	0,61

PI: peso inicial , PP %: percentual de perda de peso , Pp: peso perdido , Fv : fator de velocidade de perda de peso em gramas por hora

Concordo com você resultados obtido , o Os forídeos do tipo Queen RZ e King RZ (Rijk Zwaan®) Harper são comercializáveis após 30 dias da colheita , tempo O suficiente para chegar a mercados distantes sem refrigeração . Esses HPhorídeos também Eles tinham principal características para formato do fruto , maior firmeza e concentração de sólidos sólido totais em comparação com o melão mais comum da região, o htorido Cruiser F1 (Harris Moran®) e o Alaniz Gold (Sakata®).

melões quentes tipo Harper King RZ (esquerda) Queen RZ (direita) (sementes Rijk Zwaan®) mostrando ele pedúnculo em anexo (Fotografia Veronica Garda Mendoza)

Atualmente o híbridos Os tipos Harper da Comarca Lagunera são produzidos apenas para o mercado externo , já que ele o preço da semente é superior ao do melão tipo melão convencional , resultando em um custo de produção alto , que eles só pagariam os mercados mais exigentes .

Requisitos clima

Temperatura

Esta cultura é típica de áreas com climas quente-seco , embora apoiar alguns vezes climas mais temperados , embora não frios . A germinação das sementes ocorre quando ele chão alcança a temperatura de 22 a 30 °C, durante ele desenvolvimento vegetativo da planta deve tome cuidado para que isso exista a temperatura atmosférica de 25 a 30 °C e para floração de 20 a 25 °C; bem em Este último processo , as temperaturas muito alto Tendem a gerar maior número de flores masculinas [7] .

Umidade

A planta do melão precisa bastante água em ele período de crescimento e durante a maturação do frutas para obter bons rendimentos e qualidade . No início do desenvolvimento da planta , a umidade relativo deve ser de 65 a 75%, em floração de 60 a 70% e em frutificação de 55 a 65% [7] . O melão necessita de 686 gramas de água para produzir um grama de matéria seca [28] .

Brilho

A iluminação é importante , especialmente durante o períodos de crescimento inicial e floração . A deficiência de luz terá um impacto diretamente na diminuição do número de frutos na colheita , assim mesma intensidade luminosa determinará a relação final das flores masculinas e femininas, observando que em períodos Condições de pouca luz – oito horas de fotoperíodo – favorecem a produção de flores femininas ou hermafroditas [7] .

Requisitos edáfico

O melão dá melhor resultados quando crescido em um solo com o seguinte Características : rico , profundo, fofo , bem arejado , bem drenado , bastante consistente , formando aglomerados. Não oferece bons resultados em um solo que é excessivamente ácido , tolerante pisos um pouco calcário ; o pH que o favorece é encontrado entre 6 e 7. É necessário têm solos bem drenados cujo conteúdo do assunto orgânico é aceitável . Além disso, é importante que o pisos ser profundidade , aproximadamente 60 centímetros de profundidade pelo menos [11] .

Requisitos hidrônico

necessidades de água em ele ciclo são de 5.000 a 7.500 m^3 por hectare com um sensibilidade à seca média para alto. Durante o primeiro etapas do seu desenvolvimento , o o uso de água é muito baixo , conforme você avança na estação de crescimento ele o uso da água aumenta , devido a um aumento na radiação solar e na temperatura . A presença de um estresse doutor em qualquer uma das fases fenológica , a produção diminui , a fase mais crítica é a ele período de floração então você deve evitar deficiências de umidade [6] . Imagem seguindo mostra os vários estágios fenológico o que você passa ele cultivo de melão .

Estágios fenologia do melão reticulado [6]

Estágio fenológico	Semanas após a emergência
Emergência	0
Plantar	1
Desenvolvimento vegetativo	4
Começar florescer macho	5
Começar florescer feminino	6
Encadernação de frutas	7

Semeando e transplantando

Plantio em ele cultivo do céu aberto é diretamente e pode ser mecânico ou manual , dois a três são depositados sementes acertando um profundidade de 2 a 3 centímetros . Plantando melão em nosso pa^s está feito todos ele ânus . Na Comarca Lagunera é distribuído de fevereiro até o final de maio, embora alguns produtores começar na primeira semana de janeiro , procurando a inclinação do sol, para colheitas cedo ; as tardes de 15 de agosto a 5 de setembro mas as semeaduras de 5 a 10 de setembro são mais recomendadas sob irrigação por gotejar , no entanto ter ele desvantagem que eles podem ser afetados por geada tarde ou cedo respectivamente [6].

Acolchoado

A forma e a densidade de plantio são definidas pelo produtor de acordo com a disponibilidade de máquinas e equipamentos , bem como a fonte de água . As opções para escolher são:

• Canteiros de melão com 3 metros de largura com fileira dupla de plantas com plástico em o canal. A distância entre as plantas é de 30 centímetros

• Canteiros de melão com 1,8 metros de largura e fileira simples no centro com fita e preenchimento . A distância entre as plantas é de 25 centímetros

• Canteiros de melão com 1,6 metros de largura e fileira simples no centro com fita e preenchimento . A distância entre as plantas é de 20 centímetros . Este sistema Permite mecanizar ele cultivo , facilitando o controle de pragas e doenças não é necessário acomodar guias e a colheita pode ser realizar com o uso de reboques

Quanto menor for a largura das camas e menor distância entre plantas o os rendimentos são mais elevados ; isto é , aumentando a densidade populacional ele Desempenho tende para aumentar ; em esse significado com o sistema de cama a 1,6 metros resultados de pesquisa Eles têm mostrou que o rendimentos são maiores em pelo menos 20%, em comparação com camas de 1,8 metros [6].

Conclusões

depois do continente Asiático ele O continente americano é o que mais contribui na participação da produção de melão ao nível mundo . A China gera mais da metade da produção ser em o primeiro lugar na classificação ; O México está localizado em ele décima primeira lugar . Na nossa pa^s ele O cultivo do melão é importante sobre todos na região de Laguna por ser gerador de empregos , renda importante para os produtores empresas agrícolas e fornecedores de bens e serviços . existir muitos variedades disponíveis , que se adaptam e dão resultados nas diferentes regiões onde é cultivado , em ele As variedades mais importantes são Cantalupensis , Reticulatus e Inodorus; deste último praticamente tudo é exportado por ser um tipo de harpista longo vida de Anaquel . Os hiforídeos mais importantes possuem aroma , cor, textura e doçura requintados . incomparável .

Jardim de melão em plena colheita em Ceballos, Durango (Fotografia Veronica Garda Mendoza)

Referências

1.   Bisognin DA. Origem e evolução das cucurbitáceas cultivadas. Ciência Rural , Santa Maria. 2002;32(5):715- 23.
2.   Rosello JiO . Melões , um presente de verão . A fertilidade da terra. 2010;25:10 -4.
3.   Ayala-Aponte A, Cadena-G MI. Influência de pré-tratamentos osmóticos na qualidade do melão (*Cucumis melo* L.) durante o armazenamento congelado. DINA. 2014;81(186):81-6.
4.   Nunez- Palenius HG, Gomez-Lim M, Ochoa-Alejo N, Grumet R, Lester G, Cantliffe DJ. Frutos de melão: diversidade genética, fisiologia e características biotecnológicas. Crit Rev Biotechnol . 2008;28(1):13-55.
5.   Rodriguez - Nodals AA, Sanchez-Perez P. Espécies de árvores frutíferas cultivado em Cuba em Agricultura Urbana. 3ª Edição . A Havana. 2005 [Online] https://www.ecured.cu/Mel%C3%B3n (Consultado em 18/09/20).
6.   Chew MYI, Reyes JI, Espinoza AJdJ , Ramirez DM, Pastor LFJ, Figueroa VU, et al. Guia para produção de melão na região de Lagunera . INIFAP-Comarca Lagunera . México. 2010;1:17 p.
7.   CONÁBIO. Comissão Nacional para Conhecimento e Utilização da Biodiversidade . Sistema de Informação da Organização Vivo Modificado (SIOVM). Projeto GEF-CIBIOGEM de Biossegurança . México, DF 2006:1-28.   [Em linha]. http://www.conabio.gob.mx/knowledge/biosecurity/doctos/consulta_SIOVM.html(Consulta 16/09/20).
8.   Fornaris GJ. Conjunto tecnológico para a produção de melões "Cantaloupe" e "Honeydew". Agrícola . Estação Experimental Agrícola 2001;1(1):1-5.
9.   Cano RP, González VH. Efeito da distância entre leitos sobre ele crescimento , desenvolvimento e qualidade de frutos e produção de melão *Cucumis melo* L. CELALA-INIFAP-SAGARPA. Matamoros, Coahuila, México. Relatório de Pesquisa .2002:342-5
10.   Fita A, Nuez F, Pico B. Adaptação do sistema radicular do melão (*Cucumis melo* L.) contra a deficiência em corresponder . Vergel Agrícola. 2011;1(1):151-4.
11.   Cano RP, Espinoza AJdJ . El Melon : Tecnologias de Produção e Comercialização . Generalidades de sua Produção . CELALA-CIRNOC-INIFAP, México. 2002;4(1):1-18.
12.   Monge-Perez JE, Loria-Coto M. Produção de melão em estufa : comparação agronômico entre tipos de melão . Pós-Graduação e Sociedade. 2017;15(2):79-100.
13.   Saltveit ME. Volume 4: Mangostão ao Sapote Branco. *In* : Yahia E. (ed.) Biologia pós-colheita e tecnologia de frutas tropicais e subtropicais. Publicação Woodhead. 2011;536p.
14.   Yanty NAM, Lai OM, Osman A, Long K, Ghazali HM. Propriedades físico-químicas de *Cucumis melo* var. Semente e óleo de semente de Inodorus (melão). J Alimentos Lipídios. 2008;15(1):42-55.
15.   De Melo MLS, Narain N, Bora PS. Caracterização de alguns constituintes nutricionais de sementes de melão (*Cucumis melo* híbrido AF-522). Química Alimentar 2000;68:411 -4.
16.   De Mello MLS, Bora PS, Narain N. Composição de gorduras e aminoácidos de sementes de melão (*Cucumis melo* var. saccharinus). J. Comp Food Anal. 2001;14:69 -74.
17.   Exur Ltd. Diretório de composição nutricional do melão. 2015. [Online]

https://www.dietas.net/tablas-   y-calculadoras/tabla-de-compuesto-nutricional-de-los-
alimentos/frutas/frutas-frescas/melon.html (Consulta 2/09 / vinte).
18.   FₐOSTAT . Organização para Alimentação e Agricultura das Nações Unidas. 2020. [On line]
http://www.fao.org/faostat/es/#data/QC/visualize (Consultado: 25/08/20).
19.   Monge-Perez JE. Produção e exportação de melão da Costa Rica (*Cucumis melo*). Tecnologia
em andamento. 2014;27(1):93-103.
20.   Lamez D, Krarup C. Caracterização na pré e pós-colheita de duas cultivares de melão reticulado
do tipo
Oriental (Grupo *Cucumis melo* Cantalupensis). Ciência Pesquisa Agrar . 2008;35(1):59-66.
21.   SAGARPA-INCA Rural. Secretário da Agricultura, Pecuária , Desenvolvimento Rural, Pescas e
Alimentação - Instituto Nacional de Desenvolvimento de Capacidades do Sector Rural Plano de gestão
do Sistema AC nacional produto   melão2012.[Online]
https://www.google.com/url?sa=t&rct=j&q=&esrc=s&source=web&cd=&cad=rja&uact=8&ved=2ahUKEwjGxoa-
k43sAhUBSq0KHZjzDcAQFjAAegQIBhAB&url=http%3A%2F%2Fdev.itesm.mx%2Fsagarpa% 2Fnational%2F
EXP_CNSP_MELON%2FPLAN%2520RECTOR%2520WHAT%2520CONTAINS%2520PROGRAM%2520DE%252
0 WORK%25202012%2FPR_CNSP_%2520MELON_%25202012.pdf&usg=AOvVaw31Us_0BY3GIqHFCv Dpo
Hu9 (Consulta 16/09/20).
22.   SIAP-SIACON-SADER. Serviço de informação Agroalimentar e Pescas. Sistema de informação
Consulta Agroalimentar . Secretário de Agricultura e Desenvolvimento Rural. [Online]
https://www.google.com/url?sa=t&rct=j&q=&esrc=s&source=web&cd=&cad=rja&uact=8&ved=2ahUKEwibjKb_ko3s
A   hUOPK0KHU25D1IQFjAAegQIBBAB&url=https%3A%2F%2Fwww.gob.mx%2Fsiap   %   2Factions-and-
programs%2Fagricultural-production-33119&usg=AOvVaw1glm7RJPKJwq9s7sYRa2pB   (Consultado   em
16/09/20).
23.   Hernandez- Martmez J, Garda-Salazar JA, Mora-Flores JS, Garda-Mata R, Valdivia-Alcala R,
Portillo-
Vazquez M. Efeitos da eliminação de tarifas nas exportações de melão (*Cucumis melo* L.) do México
para o EUA . Agrociência . 2006;40(3):395-407.
24.   Rairurez -Barraza BA, Garda-Salazar JA, Mora-Flores JS. Produção de melão e areia^ a na
região de Lagunera : um estudo de planejamento para reduzir a volatilidade dos preços . Ciência
ergosum . 2015;22(1):45-53.
25.   Horvath L, Gyulai G, Szabo Z, Lagler R, Toth Z, Heszky L. Morfológico diversidade em melão
amarelo (*Cucumis melo*); um medieval tfpus reconstrução de espécies . Ciência agrícola Eventos .
2007;(27): 84-90 .
26.   Soriano-Vicente B. Morfogênese *in* vitro e melhoramento de plantas melão transgênico (*Cucumis
melo* L.). Tese. Universidade de Almeria-Escola Superior de Engenharia-Departamento de Biologia
Vegetal   e   Ecologia   .   Almería,   Espanha.   2012:1-93.   [Online   ]
https://core.ac.uk/download/pdf/143455655.pdf (Acessado em 30/09/21)
27.   Garda-Mendoza V, Cano-Rfos P, Reyes-Carrillo JL. Os híbridos de melão do tipo Harper
apresentam maior qualidade e
vida pós-colheita mais longa do que os híbridos comerciais. Rev. Chapingo Ser Hortic . 2019; 25(3),
185-97.
28.   Abrange relações públicas. Manual de operações agronômico para cultivo de melão . *Cucumis
melo L.* Instituto de Desenvolvimento Agropecuário - Instituto de Pesquisa Agrícola . Departamento de
Agricultura. Governo do Chile. 2017;1:92 p .

"Na aldeia não há melão ruim nenhum mulheres feio "

anônimo

8. Introdução e remoção de colônias da cultura
Pedro Cano-Riosy José Luis Reyes-Carrillo Introdução

Na República Mexicana , o melão é um dos vegetais mais importantes . A superfície ocupado por esse cultivo de nível nacional em ele ano de 2019 foi de 19.838 hectares com produção de 627.135 toneladas , equivalente a uma média de 31,6 toneladas por hectare . Os estados mais importantes por dele superfície plantadas são Coahuila, Sonora, Guerrero, Michoacán, Durango, Chihuahua, Colima, Oaxaca, Jalisco e Guanajuato [1] .

Na região de Laguna o melão é um dos colheitas mais remuneradas e mais mão-de-obra ocupa durante ele ciclo agrícola primavera- verão . É por Conseqüentemente, o vegetal de maior importância social e econômica , em esta área agrícola . Somente em ele Em 2019 foram plantados 5.118 hectares de melão , com produtividade média regional aproximadamente 34,2 toneladas por hectare [2] ; Além disso , La Laguna é a região mais importante em cultivo de melão em nível nacional com 25 por por cento da superfície do país , sendo Os municípios de San Pedro, Viesca e Matamoros são os maiores [3] .

Além disso problemas inerente ao cultivo do melão, na região de Lagunera se destaca ele pouco ou nenhum uso de agentes polinizadores para garantir um bom " empate " da colheita [4] . Isso reflete a descuido ilógico sobre a fisiologia da planta, em particular no que diz respeito à sua polinização . Flores de melão são atraentes como fonte de alimento para abelhas [5] e estes eles podem juntar ele pólen de estruturas reprodutivas [6] . Os Mbridos As atuais plantas de melão têm flores estaminadas e flores hermafroditas . no mesmo andar , oferecendo a nutritivo recompensa por visitantes em troca destes dispersar grãos de pólen levando-os para outras flores a serem fertilizadas [7] :

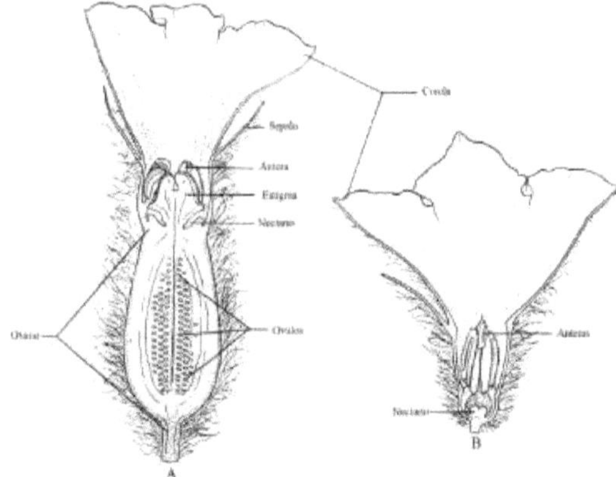

Flor hermafrodita (esquerda) e flor homem (direita) presente simultaneamente em uma planta de melão. Desenho retirado de McGregor [7]. Dissecação e fotografias Olga Araceli Zapata Ramos.

Um estudo feito na Comarca Lagunera , revelou que ao isolar as flores hermafroditas do melão com capuzes de malha para evitar as visitas dos insetos polinizadores o as frutas não " ligaram ". Isso porque embora a autofecundação seja possível nas flores, isso não acontece , pois o O pólen do melão é pesado e pegajoso e é muito é difícil para os grãos viajarem sozinhos até lá papel fêmea do mesmo ou de outro flor . Então é fundamental que seja transferido por insetos [8].

O número de visitas à flor por parte de polinizadores tem efeito direto sobre ele produtividade e qualidade dos frutos , portanto , maior será o número de visitas quanto maior for número de sementes , um indicador de qualidade . como as sementes produzem hormônios de crescimento de frutas , pelo menos eles devem ser desenvolver 400 sementes por fruta para que o melão tenha aceitação comercial [7].

melão reticulado jogo pela metade mostrando as sementes (Fotografia José Luis Reyes Carrillo)

Alcançar a bom a polinização deve ser abrange quatro pontos básicos :
1. Interrompa as aplicações de pesticidas especialmente durante ele d^a , para evitar dê-nos as abelhas
2. Coloque as colmeias em a área de cultivo no início da floração macho , ou um pouco antes da floração feminino ou hermafrodita . Não é recomendado

coloque -os muito antecipação , pois irão procurar outros plantações para manter e quando necessário em o melão vai ser difícil devolvê-los . Isto acontece porque as flores de melão oferecem pólen em abundância mas não tanto néctar. Assim pode Pode acontecer , embora nem sempre , que as abelhas se distraiam procurando néctar outros lugares visitando exceto as flores de melão

3. Colocar o gavetas em direção favorável às correntes de ar , para que os ajude em ele voo

4. Coloque as colmeias em ele lado oposto à fonte de abastecimento de água , de modo que entre os dois haja ele cultivo , para forçá - los a sobrevoar constantemente [9].

O que foi dito acima são simplesmente as generalidades da gestão eficiente para polinizar ele cultivo de melão . Para um mais informações Recomendamos a leitura de outros tratados muito mais completo Publicados por diversos autores [10-12]. Contudo, é necessário esclarecer que mesmo em aqueles empregos não obrigatórios quanto está perdido em produção e qualidade de frutas por a introdução tarde das abelhas nenhum quando eles são devidos remover colônias de áreas de cultivo .

Com o propósito de dar responder Para responder a ambas as questões foram realizados dois estudos em uma colheita de melão com abelhas euKferas em períodos polinização diferente correspondente a dois anos consecutivos [13]. Os resultados são mostrados abaixo .

Estudos

São foram realizadas investigações em o Campo Experimental do INIFAP La Laguna, em Matamoros, Coahuila, na Região Lagunera . A precipitação média em Esta área é de 235 miHmetros por ano . Está localizado um altura sobre ele nível do mar de 1.139 metros e apresenta a temperatura média anual de 18,6°C [14].

Localização do estudos

Os experimentos foram definidos durante ele ciclo primavera verão ; no nível do campo empregos feito foram a preparação equestre do terreno como pousio , traçado cruzado , nivelamento e com canteiros de 1,80 metros de largura, semeadura a fileira de plantas no centro do canteiro , espaçadas a cada 20 centímetros conforme recomendado para a Região Lagunera [15]. Os hiforídeos usado para plantio Eles foram Gold Rush no primeiro ano e Cruiser no ano seguindo ; os plantios foram realizados 18 e 26 de abril para o primeiro e segundo ânus , respectivamente . A colheita foi deixada para crescimento livre vegetativo em os dois anos de cultivo . As ranhuras eram coberto com plástico preto e fertirrigação por meio de fita . Para ele fornecimento de insetos polinizadores se estabeleceram cinco colmeias de abelhas Tamanho Jumbo com alguns rainhas comerciais novo e padronizado para cerca de 24.000 abelhas trabalhadores , considerados por diverso fontes como o suficiente para fazer a polinização correta [16-19].

Os estudos foram desenvolvidos durante ele ciclo primavera verão . Entre o empregos trabalhos preparatórios de campo , foi realizada a preparação equestre do terreno como pousio , o traçado cruzado , nivelando a superfície com canteiros de 1,80 metros de largura. Foi plantado a fileira de plantas no centro do canteiro , espaçadas a cada 20 centímetros de acordo com o recomendado para a Região Lagunera [15]. Os hiforídeos usado para plantio Eles foram Gold Rush no primeiro ano e Cruiser no segundo . As plantações foram feitas 18 e 26 de abril para o primeiro e segundo ânus , respectivamente . A colheita foi deixada para crescimento livre vegetativo em os dois anos de cultivo .

As ranhuras eram acolchoado com plástico preto e apliques fertirrigação por meio de fita . Para ele fornecimento de insetos polinizadores se estabeleceram cinco urticária Tamanho Jumbo , com rainhas fertilizado comerciais padronizado para cerca de 20.000 abelhas trabalhadores . O diferente tratamentos de isolamento eram coberto com Agribon ® que é um Capa em tecido não tecido , ultraleve e resistente à exposição ambiental que permite a passagem de luz, água e ar para isolar as flores da ação de polinizadores . Aplicado anteriormente o inseticidas Mitac 20® CE e Endosulfan 35® em 1,5 litros por hectare em cada um dos tratamentos para controle de mosquitos folha de prata branca e outros insetos praga .

Canteiros de cultivo de melão isolados através Agribon ® e colmeias polinizadores (Fotografias José Luis Reyes Carrillo)

Estudos

O estudo dos períodos de polinização para o primeiro ano foi o seguinte :
1. Polinização desde o primeiro semana de floração (sem cobertura)
2. Polinização a partir do segundo semana de floração
3. Polinização do terceiro semana de floração
4. Polinização do quarto semana de floração
5. Polinização do quinto semana de floração
6. Polinização a primeira semana e coberto com Agribon ® nas seguintes semanas
7. Polinização até o segundo semana e coberto com Agribon ® nas seguintes semanas
8. Polinização até o terceiro semana e coberto com Agribon ® nas seguintes semanas
9. Polinização até o quarto semana e coberto com Agribon ® nas seguintes semanas .

Para ele estudo do segundo ano, um décimo tratamento foi adicionado , o qual permaneceu coberto com Agribon ® todos ele ciclo .

O gráfico para coleta de dados era a cama melonera com 10 metros de comprimento por 1,8 metros de largura no primeiro ano , enquanto o experimento do segundo ano tive a Terreno útil com oito metros de comprimento por 1,8 metros de largura.

Caracteristicas avaliado

Dentro de cada parcela foram avaliadas o retorna de acordo com a qualidade da fruta · as de exportação , que são aquelas com menos de 5% de coloração externa ; o consumidor nacional , com mancha na casca superior a 5% e inferior a 15% ou com certa deformidade ; o de atraso ou desperdício , que inclui o frutas com manchas ou danos superior a 15%. Foi medido ele tamanho do frutas em a escala de tamanho convencional 9, 12, 15, 18, 23 ou 30; estes são conhecidos como categorias de embalagens . Esses números representar ele número de melões que cabem em cima do muro melonera padrão de embalagem . Para a medição, é usado a tábua de madeira com furos por onde passar ou não frutas . desempenho comercial foi calculado somando o retorna exportação e nacional .

Durante o segundo ano Eu apenas estimo ele Desempenho nacional .

Determinação do tamanho e peso do fruto do melão (Fotografia Pedro Cano Rios)

Análise de dados . Os dados obtidos foram analisados para detectar diferenças e tendências entre os tratamentos [20] .

Resultados

Experimento do primeiro ano

O atraso em ele início da polinização afetou a qualidade do frutas , principalmente a qualidade tipo de exportação , visto que foi reduzido gradativamente de 41,1%, que foi registrado em primeiro semana de floração , até 7,9 % na quinta semana . não foram observados diferenças em ele porcentagem de desempenho entre os diferentes aulas de melão no primeiro e segundo semana de floração como apreciar em ele seguindo gráfico :

Efeito do início da polinização por abelhas sobre a qualidade da colheita do melão no primeiro ano

Início da polinização (	% de Desempenho por categoria		
semana de floração)	Ficar para trás	Nacional	Exportação
1	25,7	33.2	41.1
2	24,9	30,0	45,1
3	35,3	26,0	38,7
4	38,0	33.1	28,9
5	63,7	28,3	7,9

O atraso na polinização causa também um atraso na colheita , observando a marcado diferença Quando a polinização começou no terceiro semana em avançar ; por exemplo nas semanas primeiro e segundo colhido 38,9 e 31,6 %, respectivamente , para as semanas terceira , quarta e quinta polinização , foram colhido apenas 7,5 , 0,8 e 0%, respectivamente :

Efeito do início da polinização por abelhas em ele atraso na colheita do melão no primeiro ano

Início da polinização (semana de floração)	porcentagem de rendimento por data da colheita					
	7 de outubro	11 de outubro	13 de outubro	18 de outubro	25 de outubro	1º de novembro
1	9.7	30.2	38,9	68,3	88,6	100
2	12,8	23,6	31,6	61,2	79,7	100
3	0,8	1,9	7,5	34,3	75,8	100
4	0,4	0,8	0,8	12,0	57,2	100

| 5 | 0 | 0 | 0 | 0 | 0 | 100 |

O número e o peso dos frutos de categorias de tamanho maior como ele frutas número 9, 12 e 15 por grelha , eles foram reduzidos em a proporção ainda maior quando a polinização Comecei mais tarde . O acima é porque para obter uma fruta comercial de melão requer vários centenas de grãos de pólen são depositados em ele estigma de cada um flor hermafrodita e para alcançar o acima exposto, de acordo com McGregor [7] cada flor hermafrodita deve ser visitado entre 10 e 15 vezes durante ele d^ um quando abriu Enquanto na graviola , por Por exemplo , são necessários pelo menos quatro besouros polinizadores por flor para gerar um fruto de forma regular [21] .

Se a polinização do melão for deficiente [10] , obtemos frutas com menos sementes e em consequência , deformado ou menor tamanho . Semelhante resultados eram encontrado por pesquisadores do Departamento de Agricultura do Estados Unidos [22] em Weslaco, Texas com tratamentos de 0, 6 e 12 dias de atraso na polinização do melões Veículos Cruiser e Explorer que produziram frutas menores quando a polinização era atrasou 12 dias , porém, não encontraram efeitos negativo quando a polinização foi adiada por seis dias . Iniciar cultivo de pepino nas flores que produziram fruta foi encontrada a associação entre maior número de visitas de abelhas e maior tempo acumulado das visitas com maior qualidade comercial [23] . Peso e características dos frutos qualitativo relacionado ao caminho ele diâmetro equatorial e longitudinal também estão relacionado com as visitas do insetos à flor , visto que as flores com maior número de visitas e maior tempo visitas acumuladas , eles tiveram também o rendimentos mais elevados [23] .

Embalagem de melão tamanho na cerca típica Melonera (Fotografia Pedro Cano Rios)

Desempenho primeiro e segundo comercial ano

Os dados coletado durante os dois anos para ele Desempenho comercial eles jogaram unhas diferenças para períodos de polinização . Considerando que foi observado a associação entre início da polinização e desempenho , com dados do tratamentos iniciais (1, 2, 3, 4, 5) foram encontradas a responder significativo entre os ditos tratamentos e Desempenho comercial , ou seja, quanto mais cedo a polinização , maior o rendimento , e quanto maior o atraso , menor o rendimento . desempenho , conforme ilustrado a seguir gráfico .

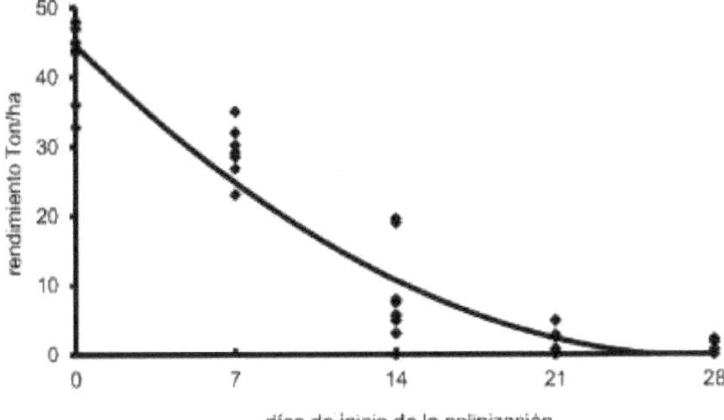

Relacionamento entre início da polinização e Desempenho comercial de melão
no
experimentos dos dois anos de estudo

O gráfico indica que o início da polinização Quando aparecerem as primeiras flores hermafroditas , ou seja , com 0 dias de atraso , haverá produção comercial de 44,5 toneladas por hectare . O que foi dito acima implica que seriam perdidas 22,2 toneladas / ha se a polinização começasse 7 dias após o início da floração . hermafrodita Como é necessário mais de um visita do polinizador à flor , produtores precisar fornecer o polinizadores adequado em eficiência e em número para alcançar ele nível de carga ideal em ele momento oportuno , porque sob certas condiciona a vantagem número de abelhas é reduzido devido à presença de outras flores que os atraem e os afastam da cultura do melão [25] .

Abelha visitando a flor melão masculino (Fotografia José Luis Reyes Carrillo)

Remoção de colmeias

Para responder à pergunta de quanto o tempo é devido deixe as abelhas em o terras agrícolas , foram usadas o tratamentos 1, 6, 7, 8, 9 e 10 , como visto no gráfico seguindo :

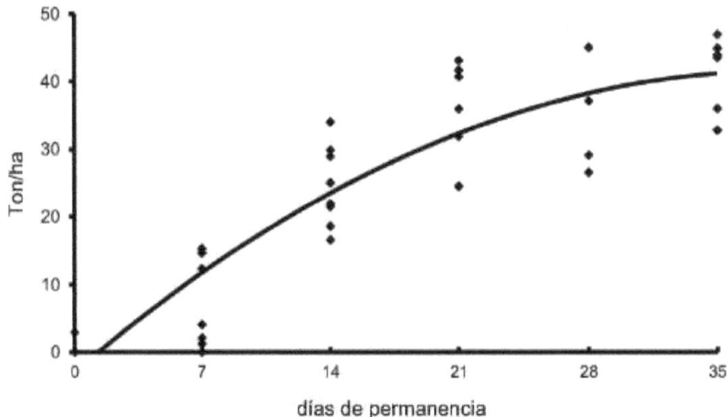

Relacionamento entre dias de permanência de colmeias em ele cultivo e Desempenho comercial de melão em o experimentos de ambos os anos
O gráfico indica que após 28 dias de permanência das abelhas em ele cultivo tem rendimento de 38,3 toneladas por hectare , enquanto após 35 dias há um rendimento de 41,3 toneladas por hectare . Isso significa que entre os dois índices não houve a diferença importante , isto é , que desde Do ponto de vista do desempenho , as abelhas podem ser retirar cerca de 28 dias depois de ter as primeiras flores hermafroditas apareceram sem afetar ele número de melões " amarrados " e por portanto , produção .

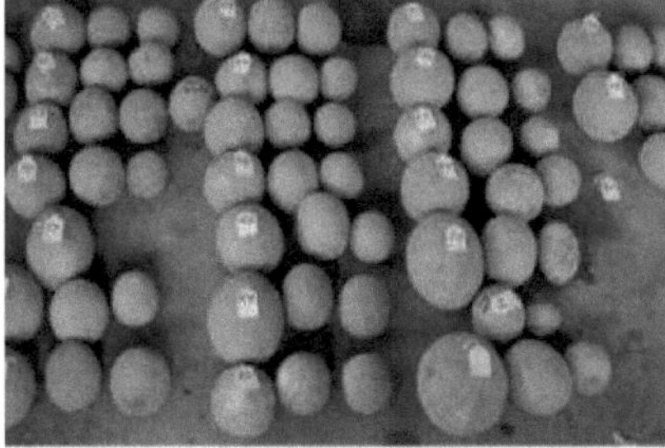

Melões colhidos mostrando as diferenças em qualidade no diferente categorias (Pedro Cano Rios Fotografia)
O efeito em ele ligação da fruta e , portanto , em ele o desempenho é bem conhecido em árvores frutíferas e culturas que são visitadas para as abelhas durante a floração [7,23] e colheitas forrageiras polinizadas para produzir sementes [26] . Para outro lado , na polinização do rabanete por Por exemplo , descobriu-se que a quantidade de pólen rebocado para as abelhas forrageiras relacionadas positivamente com o número de visitas à flor [27] .

Conclusões

Os resultados destes dois anos de estudo permitir concluir que o atraso em ele o início da polinização causa um impacto significativo atraso na colheita , o que tem efeito negativo na qualidade da fruta , especialmente no melhor qualidade , que se reflete em um significativo diminuir em o peso, o número de frutas , o tamanho e o produtividade do melão , há uma relacionamento entre início da polinização e Desempenho comercial . Eles podem ser remova as colmeias 28 dias depois de ter surgiram as primeiras flores hermafroditas já que é o suficiente hora de conseguir ele máximo desempenho do cultivo do melão .

Flores de melão abertas esperando a visita do insetos (Fotografia Olga Aracely Zapata Ramos)

Referências

1. Serviço de informação Agroalimentar e Pescas (SIAP). Estatísticas do melão no México. 2019. [Online] https://blogagricultura.com/estadisticas-melon-mexico/ (Consultado em 09/01/20).
2. Secretário da Agricultura e Desenvolvimento Rural (SADER). Resumo Agrícola da Região Laguna em 2019. 2020; *In:* Edição especial El Siglo de Torreón, 1° de janeiro de 2020.
3. Espinoza-Arellano JdJ , Orona-Castillo I, Guerrero-Ramos LA, Molina-Morejon VM, Ramirez-Quiroga EC. Análise de financiamento, comercialização e rentabilidade do melão com abordagem de "semeadura por etapas" na região da Comarca Lagunera , no estado de Coahuila, México. Ciência UAT ;2019;13(3): 71-82.
4. Ayala , J. Identificação de sistemas de produção de melão (*Cucumis melo* L.) na região de Lagunera e Parras de la Fuente Coahuila . [Dissertação de Mestrado] Torreon, Coahuila, México. Universidade autônoma Antonio Narro Agrário , Unidade Laguna. 1997; 203p.
5. Delaplane, KS Polinização por abelhas da Geórgia. Plantas de colheita. Universidade da Geórgia. Faculdade de Ciências Agrárias e Ambientais. Boletim de Serviço de Extensão Cooperativa 1994;1106:37p.
6. Labandeira, CC Quantos anos tem a flor e a mosca? Ciência 1998;280(5360): 57-9.
7. McGregor SE. 1976. Polinização por insetos de plantas cultivadas. USDA, Agrícola . Manual Imprensa do Governo dos EUA, Washington, DC, EUA 1976; 411p.
8. Reyes-Carrillo JL, Valdez-Perezgasga MT, Villa-Carrera, DM. Polinização por abelhas (*Apis mellifera* L) em ele cultivo de melão (*Cucumis melo* L.) na região de Lagunera . Associação Ciências Latino- Americanas Agrícola . 1982;17(1): 17-28.
9. Sabori-Palma R, Grageda-Grageda J, Chavez-Cajigas JM, Fu-Castillo AA. Guia para produção de cucurbitáceas na costa de Hermosillo, Instituto Nacional de Pesquisa Silvicultura , Agricultura e Pecuária (INIFAP) - Centro Regional de Pesquisas Noroeste (CIRNO) Campo Experimental Costa de Hermosillo (CECH). Informação do usuário Técnico segunda edição. 2004;16: 139p.
10. DeLaplane KS, Mayer DF. Polinização de culturas por abelhas. University Press Cambridge, Reino Unido 2000; 352p.
11. Reyes-Carrillo JL, Cano-Rtos P. Manual de Polinização Apícola . Programa Nacional de Controle das Abelhas Africanas – Instituto Interamericano de Cooperação Agrícola. Manual. 2002;7: 52p.
12. Reyes-Carrillo JL, Eischen FA, Cano-Rtos P, Nava-Camberos U. Coleta de pólen e distribuição de abelhas forrageadoras no melão. Acta Zool Mex (ns .) 2007;23:(1): 29-36
13. Reyes-Carrillo JL, Cano-Rtos P, Nava-Camberos U. Periodo ótimo de polinização do melão com abejas meKferas (*Apis mellifera* L.). Agric Tec Mex. 2009;35(4): 371-378
14. Schmidt RH. As zonas áridas do México: extremos climáticos e conceituação do Deserto de Sonora. J. Ambiente Árido. 1989;16:241 -56.
15. Cano-Rtos P. 1992. Novo sistema produtor de melão do condado de Lagunera Jornal de Legumes , Frutas e Flores. Dezembro 1992: 19-24.
16. Atkins EL, Mussen E, Thorp R. Polinização por abelhas de melão, pepino e melancia. Divisão de Ciências Agrárias. Universidade da Califórnia. 1979;Folheto 2253 .
17. DeLaplane KS, Mayer DF. Polinização de culturas por abelhas. University Press Cambridge, Reino Unido 2000; 352p.
18. Eischen FA, Underwood BA. Ensaios de polinização de melão no baixo Vale do Rio Grande. Sou. Abelha J. 1991;131(12):775.
19. Hodges L, Baxendale YF. Polinização por abelhas de culturas de cucúrbitas. Universidade de Nebraska-Lincoln. Extensão Cooperativa. Instituto de Agricultura e Recursos Naturais. 1995; Boletim

NF91-5D: 2p.

20. Aço RGD, Torrie JH. Princípios e procedimentos de estatísticas. McGraw-Hill BookCompany , Nova York, EUA. 1960; 481p.

21. Podoler H, Galon I, Gazit S.O efeito das flores *de Atemoya* em seus polinizadores: besouros *nitidulídeos* . ActaEcológica 1985;6(3) 251-58.

22. Eischen FA, Underwood BA, Collins AM. O efeito do atraso da polinização na produção de melão. J Apic Res. 1994;33(3):180-4.

23. Gingras D, Gingras J, De Oliveira D. Visitas de abelhas (Hymenoptera: Apidae) e seus efeitos na produtividade do pepino no campo . HortEntomol . 1999;92(2): 435-8.

24. Klein AM, Steffan- Dewenter I, Tscharntke T. 2003. Polinização por abelhas e frutificação de *Coffea arabica* e *C. canephora* (Rubiaceae). Sou J Bot. 90(1): 153-7.

25. Dogterom MH, Winston ML, Mukai A. Efeito do tamanho e fonte da carga de pólen (próprio, cruzado) na produção de sementes e frutos em mirtilo highbush cv. " Bluecrop " (*Vaccinium corimbosum* , Ericaseae). Sou J Bot. 2000;87(11):1584-91.

26. Levin, MD Padrões de distribuição de abelhas melíferas jovens e experientes que se alimentam de alfafa. JEcon Entomol . 1959;52:969–71.

27. Rush S, Conner J, Jennetten , P. Os efeitos da variação natural na visitação de polinizadores nas taxas de remoção de pólen em rabanete selvagem, *Raphanus raphanistrum* (Brassicaceae) Am J Bot. 1995;82(12):1522-6.

" O sucesso é onde a preparação e a oportunidade se encontram " Bobby Unser

9. Distância das colmeias até a colheita do melão
José Luis Reyes-Carrillo e Pedro Cano -Rios

Introdução

O sucesso na polinização de uma planta é certo em grande medida por três fatores : o número de polinizadores que visitam a planta, o número de flores que ela visita cada polinizador durante dele visita à planta e eficácia do polinizador na transferência pólen apropriado estames ao pistilo de um flor receptiva [1] . As plantas introduzido por o humanos para um ecossistema em onde eles não existiriam anteriormente eles podem ser especialmente em desvantagem em esse respeito , já que não evoluiu junto com o polinizadores locais . Pode dar ele caso que alguns polinizador local senta-se atraído para as flores , mas não tem as características anatômico para acessar eles e, portanto, não será um polinizador dinheiro . Da mesma forma , você pode haver polinizadores que chance tem as características anatômico apropriado para acessar as flores e polinizá -las , mas que não são atraído com sucesso para eles [2] . Os visitantes floral eles continuam estratégias de busca certo por preferências inato de certo traços e sinais características distintivas das flores ou preferências aprendido Modificável dependendo da experiência e recompensas [3-5] . As flores que exigem polinização cruzada para produzir frutas dependem de um maior número de visitas e de uma duração mais longa cumulativo destes visitas por polinizadores [6] .

As abelhas euKferas tem usado como polinizadores da cultura do melão com muita sucesso porque eles cumprem amplamente com o três fatores que mencionamos , ou seja , são muitas abelhas que visitam as flores , cada uma abelha Visita muitas flores e também são muito eficiente como polinizadores . Obter o maior benefício destes insetos , as colmeias são colocadas em quantidade e localização você especifica nas áreas de cultivo durante ele período de floração . Contudo há um problema inerente para são abelhas que começaram quando abelhas chegaram ao México Africanizado . O problema mentiras em que para dele imprevisível agressividade representam um risco para diaristas , principalmente durante tarefas de irrigação e controle de ervas daninhas . Em 1990, com a chegada das abelhas Africanizados para o Texas iniciou um novo período de colonização [7] a partir do qual Eles migraram para o norte do México. As abelhas euKferas africanizado Chegaram da América do Sul através do estado de Chiapas [8] . Um método para reduzir ele impacto na polinização para as abelhas Africanizado , é fazer com que o plantações mirar são mais atraentes para as abelhas áreas [de] colméia disponíveis 9 e coloque as colônias perto da cultura já que é sabido que polinizador escolher flores de acordo com recompensa e gasto energético [10-12] e mais recentemente sabe- se que também ele atraente relacionadas aos aromas , produção de néctar , pólen e cor das flores [13,14] .

Por esta razão , na Comarca Lagunera , não é permitido localizar as colmeias dentro da cultura do melão , mas na periferia . Os produtores eles solicitam o apicultores que apiários instalado com o objetivo da polinização esses as colheitas são colocadas fora do jardim para evitar problemas de mordida . Como as flores do melão dependem destes abelhas sejam polinizadas e alcancem os melhores desempenhos possível , isso capítulo ilustra o caminho em que a distância das colônias de abelhas das plantas de melão está relacionada com ele rendimento e qualidade dos frutos .

Abelha trabalhadora visitando a flor melão macho (Samuel Atahualpa RamirezMacias Photography)

O estudo

Esta pesquisa foi realizada durante a primavera e verão em uma colheita melão comercial Imbrido Cruiser de seis hectares no PP Las Cruces, município de Viesca, em ele estado de Coahuila. O sítio corresponde à região da Comarca Lagunera , que possui clima semiárido [15] . O retângulo de corte medido em 105 metros de largura e 571,42 metros de comprimento. As ranhuras Eles percorreram toda a largura da lavoura , ou seja , mediram 105 metros. Para polinizar ele cultivo foi usado três urticária por hectare , tamanho Jumbo , cada um com um rainha novo e um população de aproximadamente 24.000 abelhas trabalhadores . As 18 colmeias foram distribuídas uniformemente ao longo de um dos dois lados mais longos (571,4 m) da cultura . Quatro linhas foram selecionadas aleatoriamente. completos (105 metros cada) e ao longo deles foram marcados Kneas (transectos) com 10 metros de comprimento cujo Centro era localizada a 25, 50, 75 e 100 metros da colmeia mais próxima . Em cada transecto , a distância da copa (centro) de cada planta ao seu " tronco " de melão foi medida como chamadas ele agricultor em melões mais próximos da copa, contava- se ele número de melões , e eles foram medidos ele diâmetro longitudinal , circunferência equatorial e o peso individual de cada fruta .

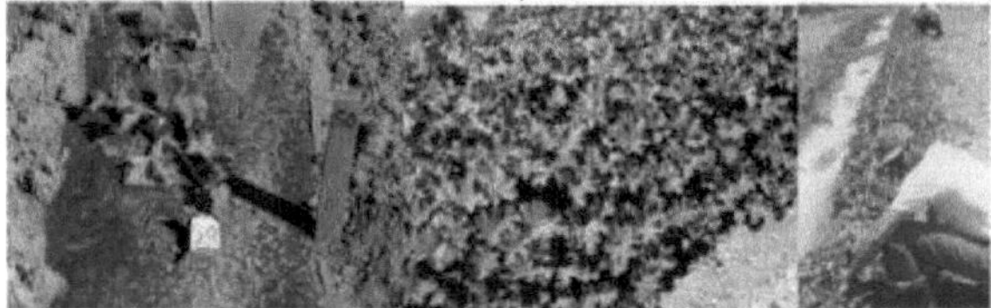
Plantas de melão em um transecto de 10 metros onde se observa a estaca de referência (Fotografias José Luis Reyes Carrillo)

Os dados de campo foram examinados assumindo a distância até a colmeia como a variável de importância para analisar para comparar o fruta tem em média [16] .

Resultados

O objetivo deste estudar era determinar a relação entre a distância das colmeias à colheita do melão e a tamanho da fruta . A distância entre o melão e a copa foi medida por ser uma variável relacionada positivamente com o tamanho e peso do fruto . Isso ocorre porque a proximidade do fruto com o haste principal dá maior acessibilidade ao Unid nutritivo . Essa distância entre caule principal da planta e o fruta tem a relação direto com ele época de início da polinização das flores , uma vez que polinização atrasado isso acabaria em a maior distância entre os dois. No entanto, o resultados disso trabalho que eles não revelaram nenhum relação ou diferença entre a distância da colmeia e as plantas , e a distância entre a copa da planta e a fruta tronco . Nas próximas Tabela amostra o resultados .

Efeito da distância entre colmeias e plantas em o distância média entre frutas tronco e copa, em relação ao tamanho do melão.

distância	Distância até a coroa (cm)	circunferência equatorial (cm)	comprimento (cm)
25m	25,4	49,1	20,9
50 metros	29.1	39,5	20.1
75 metros	38,9	44,5	23,0
100 metros	28,7	41,0	21,0

O tamanho da fruta não sofreu nenhum efeito em relação às distâncias das colmeias às plantas , já que não diferenças na circunferência nenhum em ele diâmetro longitudinal , ou seja , não foi encontrado a relação entre as distâncias que existem de um lado entre a copa da planta e e o primeiro fruto e a distância entre as colmeias e as plantas . A circunferência equatorial e o diâmetro longitudinal relacionado à distância das colmeias eram semelhantes e não foram encontrados relações entre distâncias e variáveis de tamanho ; esse significa que o O tamanho do melão não esteve relacionado com a distância do apiário à planta.

Medidas relacionado ao Desempenho como ele número fruta média por planta e o peso individual do melão são mostrados Na mesa seguindo :

Efeito da distância do apiário em ele número médio de melões por planta e peso do melão

distância	melões /planta	Peso do melão (kg)
25 m	1,4 a	1,41
50 m	1,5 a	1,42
75 m	2,0 a	1,58
100 m	1,7 a	1,72

Plantas de melão mostrando o melões Histórico em desenvolvimento (Olga Araceli Zapata Ramos)

Não foi observado tendência alguns para ter mais frutas por planta em distâncias mais curtas das colônias de abelhas , uma vez que o fruta média no diferente distâncias do apiário eram é igual a . Os pesos médios melões individuais entre os diferentes distâncias do apiário eram também é igual a .

Como já foi mencionado Anteriormente , o objetivo principal em esse estudar era determinar a influência da distância das colmeias polinizadores na produção e qualidade do melão. Já falamos sobre as variantes do estudo , agora falta descreva a relação de resultados com abelhas .

As abelhas meKferas frequentemente eles visitam sequencialmente as flores de uma única espécie , embora voar sobre outros que também estão disponível . Seu comportamento sempre percorrer em função da recompensa , embora nem sempre por quantidade ou qualidade . Esta " constância floral " que é característica destes insetos em relacionamento com o seu alimentação , foi objeto de muitos estudos . Até há também com outros abelhas e outros insetos , como moscas , besouros e borboletas [17-19] .

Uma abelha euKfera pode voar um distância considerável para coletar néctar ou pólen , em raio médio de 3,5 quilômetros em relação ao seu colmeia e em casos extremos até 13 km , mas a tempo aí , tenderá a trabalhar em uma pequena área [12] . Isto explicaria por que não houve observado a diferença entre a quantidade e a qualidade do fruto do melão em diferentes distâncias do experimentos , isto é , que estes distâncias eram insignificante para as distâncias que as abelhas são capazes de percorrer . Da mesma forma , estes os resultados são vistos reforçado por ele fato de que o ranhuras em a área de cultivo estudado , medido apenas 105 metros de comprimento.

Uma vez conhecido comportamento comida de abelha meKfera , isso pode ser facilmente manipulado para obter a alta fidelidade [20] . Isso pode explique suas atividades de alimentação nas proximidades do apiário a distâncias avaliado . Um tour experiência , o apicultores e produtores Eles tentam localizar as colmeias perto da colheita do melão para reduzir ele tempo de voo , então gastando mais tempo na busca por alimento reduz o tempo de vida da abelha [21] .

Flor hermafrodita fertilizado em o cultivo de melão (Fotografia Olga Araceli Zapata Ramos)

Uma gravata de frutas abundante de melões " trunneros " é sempre desejável , mas ainda mais quando se trata de um colheita cedo , já que isso significa estágio de maturação concentrado em ele tempo , qualidade superior da fruta e conseqüente principal preços em o mercado. A distância entre a copa e o fruto é extensão relacionado ao momento quando a polinização começa depois que a planta começa a florescer , e é um ferramenta poderoso para estudar a sincronia entre plantas em flor , polinização com abelhas e fertilização do ovário [22] . Nisso trabalho foi observado a consistente uniformidade de polinização já que não houve nenhum diferença entre distâncias analisado de ele apiário .

Peso e características dos frutos relacionado à forma, como ele diâmetro equatorial e longitude , são relacionado à visita de flores por parte de insetos polinizadores , já que em Semelhante estudos , as flores que eles tinham o maior número de visitas e durações maior acumulado daqueles visitas também Eles tinham o rendimentos mais elevados [23] , [24] . O acima é visto fortalecido por ele fato de que as flores de melão são atraentes como fonte de alimento para abelhas [23,25] e estas eles podem carregar ele pólen para estruturas reprodutivo de flores [19,23,25] .

Em outros cucurbitáceas como em o pepino, a taxa de polinização está correlacionada positivamente com o peso e circunferência máxima , mas não com o comprimento do fruto [6] . Este efeito pecoreo sobre ele o desempenho é bem conhecido em árvores árvores frutíferas e culturas que são visitadas freqüentemente para as abelhas durante dele período de floração [26] e amplamente conhecido em plantações forrageiras polinizada para produzir sementes [12] ; já que as abelhas euHferas eles podem fornecer ele serviço de polinização para muitos colheitas e plantas ornamentais que competem com outras insetos por alimento [27] em esse trabalho de uniformidade na distribuição em a área de cultivo destes insetos em suas visitas às flores ele era importante para polinizar e influenciar em produção e qualidade melão homogêneo .

Cultivo de melão com frutas em desenvolvimento após a polinização com abelhas
melíferas (Fotografias José Luis Reyes Carrillo)

Conclusões

Nas condições do estudo e de acordo com as observações feito durante ele
trabalho de campo , em esse cortar comercialmente , a polinização foi realizada
em um uniforme em distâncias estudado já que não foram encontrados
diferenças em variáveis de desempenho avaliado e, portanto, pode ser
concluímos que , nos diferentes distâncias das colmeias até a colheita do melão ,
as abelhas polinizadores foram distribuídos uniformemente e não afetou as
características do fruto .

Frutos de melão a granel antes da seleção e embalagem (Foto Jose Luis Reyes Carrillo)

Referências

1.   Cresswell JE. A influência da disponibilidade de néctar e pólen na transferência de pólen por
flores individuais de colza (*Brassica napus)* quando polinizadas por abelhas (*Bombus lapidarius*). J
Eco. 1999;87(4):670-7.
2.   Dudareva N, Pichersky E. Aspectos bioquímicos e genéticos moleculares de aromas florais. Fisiol
Vegetal. 2000;122:627 -33.
3.   Lunau K. Radiação adaptativa e coevolução - estudos de caso de biologia da polinização.
Organização Divers Evol . 2004;4:207 -24.
4.   Pelz C, Gerber B, Menzel R. Odor e intensidade como determinantes do condicionamento olfativo
em abelhas: papéis na discriminação, ofuscamento e consolidação da memória. J Exp Biol.
1997(200):837—47.
5.   Kearns CA, Inouye DW, Waser N. Mutualismo ameaçado: A conservação das interações planta-
polinizador. Ann Rev Ecol Syst. 1998;29:83 -106.
6.   Gingras D, Gingras J, De Oliveira D. Visitas de abelhas (Hymenoptera: Apidae) e seus efeitos na
produtividade do pepino campo . Hortic Entomol . 1999;92(2):435-8.
7.   Pinto AM, Johnston JS, Rubink WL, Coulson RN, Patton JC, Sheppard WS. Identificação de DNA
mitocondrial de abelha africanizada (Hymenoptera: Apidae): validação de um ensaio rápido baseado
em reação em cadeia da polimerase. Ann Entomol Soc Am. 2003;96(5):679-84.
8.   Fierro MM, Munoz MJ, Lopez A, Sumuano X, Salcedo H, Roblero G. Detecção e controle da
abelha africanizada na costa de Chiapas, México. Am Bee J. 1988;128(4):272-5.
9.   Ambrose JT, Schultheis JR, Bambara SB, Mangum W. Uma avaliação de atrativos comerciais
selecionados na polinização de pepinos e melancias. Am Bee J. 1995;134:267 -71.
10. Lee WR. A distribuição não aleatória de abelhas forrageiras entre apiários. JEcon Entomol .
1961;52:928 -33.
11. Waser NM, Chittka L, Price MV, Williams NM, Ollerton J. Generalização em sistemas de
polinização e por que é importante. Ecologia. 1996;77(4):1043-69.
12. Levin MD. Padrões de distribuição de abelhas melíferas jovens e experientes que se alimentam
de alfafa. JEcon Entomol . 1959;52:969 -71.
13. Varassini IG, Trigo JR, Sazima M. O papel da produção de néctar, pigmentos florais e odor na
polinização de quatro espécies de *Passiflora* (Passifloraceae) no sudeste do Brasil. Bot J Linn Soc.
2001;136:139 -52.
14. Briscoe A, Chittka D. A evolução da visão das cores em insetos. Annu Rev Entomol . 2001;46:471
-510.
15. Schmidt RH. As zonas áridas do México: extremos climáticos e conceituação do Sonora
Deserto. J Ambiente Árido. 1989;16:241 -56.

16. Aço RGD, Torrie JH. Princípios e procedimentos de estatísticas. 1960; Nova York, EUA: 481p .
17. Gegear RJ, Laverty TM. Quantos tipos de flores as abelhas podem trabalhar ao mesmo tempo? Pode J Zool. 1998;76:1358 -65.
18. Gegear RJ, Laverty TM. O efeito da variação entre características florais na constância floral de polinizadores. *Em:* Chittka L, editores Thomson JD Ecologia cognitiva da polinização: comportamento animal e evolução floral. Cambridge University Press, Cambridge, Reino Unido. 2001;1-20.
19. Labandeira CC. Quantos anos tem a flor e a mosca? Ciência. 1998;280(5360):57-9.
20. Meller VH, Davis RL. Bioquímica da aprendizagem de insetos: lições com abelhas e moscas. Bioquímica de insetos Molec Biol. 1996;26(4):327-35.
21. Hrassnigg N, Crailsheim K. A influência da ninhada no consumo de pólen das abelhas operárias (*Apis mellifera* L.). J Inseto Physiol. 1998;44:393 -404.
22. Peet M. Práticas sustentáveis para produção de hortaliças no Sul. Melão almiscarado. Publicação Foco /R. Pullins Co. EUA. 1996;174p.
23. McGregor SE. Polinização por insetos de plantas cultivadas. Manual de Agricultura No 496 Departamento de Agricultura dos Estados Unidos. Washington, DC1976;411p.
24. Richards AJ. A baixa biodiversidade resultante das práticas agrícolas modernas afecta a polinização e o rendimento das culturas? Ana Bot. 2001;88(2):165-72.
25. Eischen F, Underwood BA, Collins A. O efeito do atraso da polinização na produção de melão. J Apic Res. 1994;33(3):180-84.
26. Klein AM, Stefaffan-Dewenter I, Tscharntke T. Polinização por abelhas e frutificação de *Coffea arabica* e *C. canephora* (Rubiaceae). Sou J Botânica. 2003;90(1):153-57.
27. Comba L, Corbet SA, Barron A, Bird A, Collinge S, Miyazaki N, et al. Flores de jardim: visitas de insetos e a recompensa floral de variantes modificadas horticulturamente. Ana Bot. 1999;83(1):73-86.

"Na época dos melões , curto o sermões "

Anônimo

10. Comportamento das abelhas durante a polinização em colheitas de melão

José Luis Reyes-Carrillo e Pedro Cano-Rfos

Introdução

Para muitos colheitas , o desempenho e qualidade seriam reduzidos consideravelmente sem a polinização das abelhas melíferas [1] . A má qualidade da fruta Geralmente é atribuído a problemas de polinização , como Podem ser um baixo número de abelhas ou a ineficiência do polinizadores dentro dos agroecossistemas [2,3] . A quantidade de pólen que um colmeia ter armazenado em ele caso de colônias de abelhas meKferas , influências na probabilidade de que as abelhas trabalhadores saia e procure mais pólen [4] ; quanto maior a quantidade armazenado quanto menor for o seu preciso ir para mais. um polinizador Escolha as flores de acordo com a necessidade da recompensa , sua disponibilidade e o custo energia para alcançá -la [5-10] . Outros fatores adicionais são os atratividade das flores, que verdadeiro Está relacionado ao seu simetria e sua cor [6] , [11] , aromas florais e variantes na produção de néctar [12,13] . O pólen do melão só pode ser transferido por insetos , pois por ser pegajoso e aglutinante , é muito difícil do que o o vento pode transportá -lo [14] . Por tal razão , o cortar preciso da função polinizador de abelhas , igual às abelhas executar durante dele atividade de forrageamento [15] . Em condições climáticas árido e semiárido , polinizadores selvagens também são escasso como garantir a polinização apropriado do colheitas , então polinização induzido para as abelhas é um requisito essencial . Diversos empregos Eles têm demonstrou que o trabalho de abelha polinizadores estão relacionados diretamente com ele rendimento e qualidade da colheita .

Este capítulo Está baseado em o resultados de três estudos que foram realizados em na parte que corresponde à Comarca Lagunera de Coahula , região de clima semiárido [16] , para saber quanto pólen coletar as abelhas meHfers e como eles são distribuídos em seus voos enquanto eles visitam o culturas de melão , ou seja , seus hábitos de colheita e suas distribuição em ele espaço e tempo [17,18] . Para isso foram escolhidas duas parcelas . comerciais colheitas de melão : pequenas Propriedade Las Cruces , município de Viesca e Tierra Blanca, município de Matamoros. Nas fileiras de plantações hafra cobertura morta de plástico e teve irrigação por pingar . Ervas daninhas foram controladas mecanicamente , sem uso de agroquímicos , para não prejudicar as abelhas .

O primeiro foi em a Terreno de 10 hectares com sulcos também 120 metros , então o o lado longo tem em média 833 metros no lado pequeno Propriedade de Las Cruzes . O segundo era em a Lote de 3 hectares com sulcos de 120 metros , ou seja , o lado longo medido a 250 metros , conhecido por ele nome da menina Propriedade Terra Branca .

abelha visitando a flor melão masculino (Fotografia Samuel Atahualpa Ramfrez Madas)
Estudo nº 1
Força das colmeias e coleta de pólen
O primeiro estudo foi realizado durante ele mês de maio e junho em Las Cruces, em Onde eles estavam plantou 6 hectares de melão Cruiser. Os sulcos da colheita Eles percorreram toda a largura do terreno e mediram 120 metros. O lado comprido do terreno tinha 500 metros. O objetivo principal era determinar o padrão que as abelhas seguiram na coleta de pólen , virtude da força ou fraqueza da colônia. Para isso, foram colocadas juntas 18 colmeias . Tipo Jumbo em um dos lados longos da trama . O apiário foi colocado três dias após o início da floração macho em abril e se aposentou antes de iniciar a colheita do melão em ele mês de junho .

Das 18 colmeias da referida apiário , eles saíram escolhendo e pegando prateleiras com ninhada e abelhas adultos de vários deles para formar 3 colmeias novo com diferente quantidade de população , considerada de acordo com ele porcentagem de criação que veio em o prateleiras que foram dadas a cada um , e estes eram as colmeias que serviam para estudar . Então Eles foram formados intencionalmente , de acordo com a soma dos percentagens de reprodução que lhes foram dadas , uma colmeia fraco , um intermediário e um forte :

Não.	Colmeia	Nº de racks com cria
1	fraco	4.3
2	intermediário	6.6
3	forte	9.4

Moldura com cria operculata , abelhas e um pequeno querido no topo (Fotografia José Luis Reyes Carrillo)

Ao selecionar o prateleiras com crias , as abelhas ficaram adultos aderiu sem tremer de tal forma que as colônias foram populosa . Eles foram dados a cada um a rainha Europeu de raça italiana . Colmeias intermediárias e fortes eram equipado com elevador padrão e a colmeia fraco é preservado sem aumento . Pegar ele pólen que as abelhas transportados , foram usados armadilhas de pólen Tipo Ontário modificado . A Armadilha consiste em uma prateleira com dois slots na frente e uma gaveta ou bandeja que abre para a parte traseira . Está colocado na base da colmeia , substituindo ele piso e a entrada normal . As abelhas são obrigatórias para Entrem através das ranhuras e através a malhagem 4 milímetros ; esse o espaço é apenas o suficiente para a abelha passar , mas não com a carga de pólen que ela carrega em suas patas traseira porque se esforçando por passar ele reduzido espaço Estes saem e caem através de outro Malha de 3 milímetros que impede o acesso e a recuperação das abelhas ele pólen perdido . Uma vez por semana , durante 7 semanas , as armadilhas foram instaladas , o pólen fresco em a balança com precisão de 0,5 gramas , começando primeiro de maio, apenas quando começou a floração do melão e terminou em 17 de junho , antes do início da colheita .

Colmeia com super e armadilha de pólen tipo Ontário modificado (Photograna Roberto Quintero Dominguez)

Estudo n° 2

Padrão de coleta de pólen

O segundo estudo foi realizado durante os meses de julho e agosto em Tierra Blanca, uma colheita comercial de melão híbrido cruzador , o objetivo principal era determinar o padrão de coleta de pólen durante o primeiro mês de floração . Desde o os padrões estão mudando , o objetivo era encontrar aquele que coincide com o momento em que polinização e frutificação foram ótimos [19] . Para polinizar ele cultivo foi usado três colônias por hectare , num total de nove urticária Tamanho Jumbo [14-20] com abelhas melíferas Europeu de raça italiana , com rainha comercial novo e com um população de cerca de 24.000 trabalhadores por cada colônia. As colmeias foram colocadas em três grupos de três para intervalos regularmente durante um dos lados mais longos -250 m- do campo de cultivo . No meio do primeiro semana de floração foi coletada ele pólen de cada colônia, a cada hora , das 8h30 às 19h30. A seguir três semanas foi coletado ele pólen apenas um dia por semana , de hora em hora, começando às 8h30 e terminando às 14h30. O pólen foi pesado a inclina e congela fresco . Eles também foram documentados dados meteorológicos , como temperatura , umidade relativo e precipitação . Esta informação foi registrada através de um Estação Estação meteorológica digital portátil Radio Shack® .

Balança com precisão de 0,5 grama costumava pesar ele pólen fresco (Fotografia José Luis Reyes Carrillo)

Estudo nº 3
distribuição de abelhas em o campo de colheita
O estudo aconteceu o número 3 no mesmo pequeno Propriedade Tierra Blanca ,
mas em uma safra de dez hectares de melão híbrido Variedade Cruiser separada
das outras Horta por a Nogueira com 12 metros de altura e 800 metros de largura
. Como em ele Fazenda de 3 hectares preenchimento estava disponível aqui em
o sulcos , irrigação por gotejamento e controle mecânico de ervas daninhas .
Foram instaladas 30 colmeias com o mesmo características que em ele safra
anterior , ao longo de uma das maiores lados do terreno (833 metros), em grupos
de três , distribuídos uniformemente aos espaços regular.Em quatro ranhuras
selecionados aleatoriamente foram marcados linhas (transectos) de 10 metros
cujas Centro Estava a 25, 50, 75 e 100 metros do apiário , respectivamente [14].
Avaliar o padrões de distribuição espaço e tempo das abelhas em ele cultivo ,
eles foram contados simultaneamente todos aqueles que foram observado
coletando pólen em o transectos . As contagens foram feitas durante um único
dia , a cada 30 minutos das 8h00 às 20h30 , no terceiro semana de floração . Os
dados de pólen e número de abelhas foram calculados e comparados entre si [21] .

Cultivo de melão em plena floração polinizada com colmeias (Fotografia Jose Luis
Reyes Carrillo)
Resultados
Estudo nº 1. Força das colmeias e coleta de pólen
O objetivo deste estudar era relacionar a quantidade de reprodução presente na
colônia como a medida do seu força e quantidade de pólen capturado . O pólen
coletado por cada uma das colmeias de acordo com dele força pode ser visto a
seguir figura :

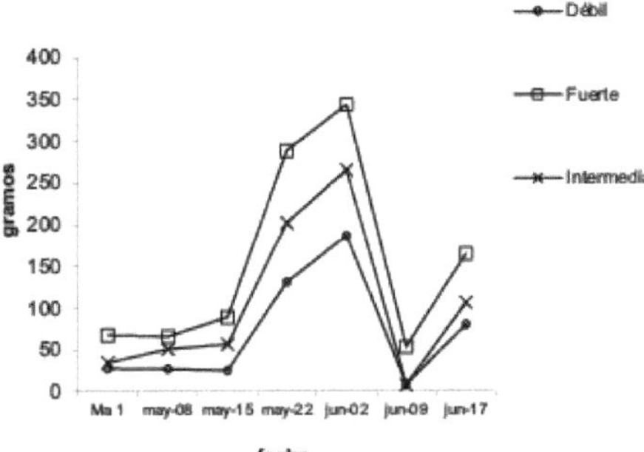

Captura de pólen em colônias de diferentes força

A colmeia com mais cria (forte) recolheu a maior quantidade de pólen e na medida em que a força diminuiu Reduzi a captura . Isso pode ser perceber como tendência geral , uma vez que isso se repete em todas as datas de coleta , a colônia que possui menos Reprodução colher o mínimo quantidade de pólen .

De acordo com o exposto, as diferenças observados entre as datas são produto da abundância de floração e da quantidade de pólen da espécie vegetal disponível para abelhas , que tem dele máximo em o início do mês de junho . Um resultado inesperado era perceber no último semanas a marcado diminuir em ele entrada de pólen , quando a planta era maior , mas tive menos flores disponíveis ; isso pode ser atribuem ao esforço que representa para o melão o crescimento e maturação do fruto que requer uma grande quantidade de energia e a planta , portanto , deixa de emitir novas flores.

Nos três colmeias foram observadas Semelhante flutuações na quantidade de pólen disponível e apenas muda na intensidade do fenômeno de captura de acordo com sua quantidade de reprodução .

Estudo 2. Padrão de coleta de pólen

O objetivo principal em Está prova era determinar sim coleta de pólen emitir alguns relação com as semanas do primeiro mês de floração e conhecimento Qual foi o valor ? de acordo com a hora do dia . Os dados mostrou que o pólen capturado nas armadilhas vários em cada semana em o primeiro mês de floração da cultura do melão , conforme ilustrado na próxima gráfico :

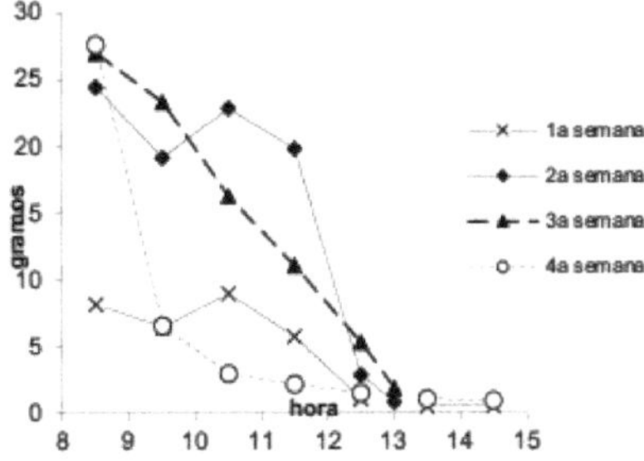

coleta de pólen em colmeias de abelhas em ele cultivo de melão durante o primeiro mês de floração

Em primeiro semana , a quantidade de pólen era baixo , mas claramente o dele era maior coleção cedo pela manhã até às 12h30. Eles foram observados baixo renda durante a tarde até pararem às 18h30. Às 19h30 não havia pólen na bandeja armadilha a ser colhida .

A entrada de pólen a partir do segundo semana aumentar dele quantia em comparação com a semana anterior seja máxima cedo pela manhã, das 8h30 às 10h30, caiu às 11h30 e permaneceu baixa das 12h30 até a última hora da colheita .

abelha forrageira em flor melão masculino (Fotografia Juan Cabrera Reyes)

No terceiro semana , às 8h30 inscrição o maior peso de pólen corbicular obtido para este dia , mas diminuiu gradualmente deste horário até às 12h30 , que era mínimo e permaneceu constantemente desligado até às 14h30. Foi observado a escassez de pólen na última semana de testes , onde a quantidade máxima de pólen Eram 8h30 da manhã e de repente caiu na próxima hora , restando descer até o resto do dia amostrado . Desde em esse período as plantas de melão eram suficientemente desenvolvido como manter um grande número de flores, isso era a observação inesperado Mas um possível A explicação é que a necessidade de pólen de um colmeia Está em função da quantidade de criação para alimentar e sim diminuição da prole por a baixo na pose da rainha também A procura de pólen diminuirá .

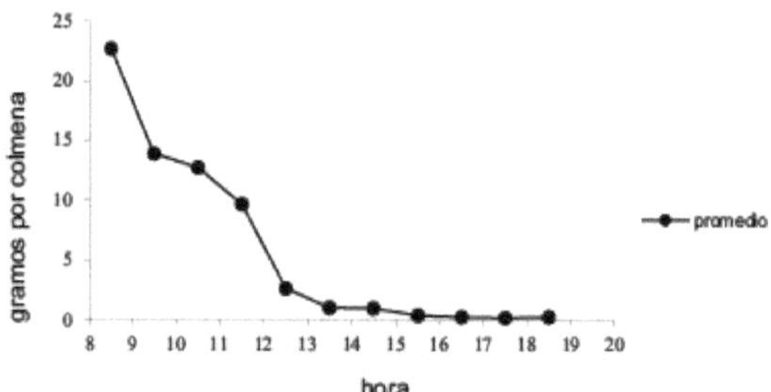

Colheita média de pólen para as abelhas durante ele dia em o primeiro mês de floração do melão

A maior quantidade de pólen foi coletada às 8h30 e 9h30, a quantidade intermediária às 10h30 e 11h30 e a quantidade menos de 12h30 até as últimas horas de amostragem .
O pólen é o principal atrativo para a maioria polinizadores e um papel parte importante da dieta visitantes da planta e um componente essencial na reprodução [22] ; já que as plantas com sementes que são polinizadas por animais geralmente ter pólen grande , esculpido e revestido com cera adesiva ou substância oleoso ; isso faz com que os grãos de pólen se unam e também adiram ao animais polinizadores , desencorajam herbívoros , atraem polinizadores e ser um fonte de alimento para eles [23] como ele está caso do grão de pólen do melão .

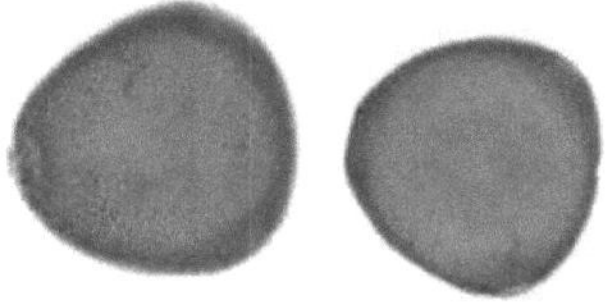

Pólen de melão observado ao microscópio ; redondo , 85 mícrons de diâmetro , com três poros visível , camada superfície fina , simples e granulada fina de cor marrom claro (Vaughn Bryant Photography)

As abelhas meKferas , ajuste dele atividade de forrageamento de pólen de acordo com a necessidade de pólen dentro da colônia, determinado pela quantidade de pólen armazenados e criados jovem presente na colmeia [24] . O comportamento de busca de pólen está correlacionado com a capacidade de resposta à sacarose , que é a fonte de energia das operárias [4] . O termo atividade máxima em o melão geralmente é no meio da manhã [14] coincidindo com o que foi encontrado na coleta de pólen em esse estudar .

Coleta de pólen e água

Durante o primeiro mês de floração e em o dias de amostragem , foram observados gotas de chuva em bandejas coletoras de pólen entre 11h30 e 12h30 até a última hora de coleta de pólen . A explicação disso comportamento de busca de pólen e água poderia ser baseado em temperatura e umidade , já que as abelhas eles carregam grande quantidades de água para resfriar a colmeia aumentando dele coleção quando os altos temperaturas exigir resfriamento evaporativo e reduzi-lo quando acontece ele perigo de superaquecimento [25] .

coleta de abelhas água em um armazém na hora mais quente do dia (Foto Hector Genaro Galindo)

No terceiro semana , cedo pela manhã, na primeira hora de coleta de pólen , a temperatura Estava cerca de 26 graus . centígrado aumentando durante a manhã e chegando ele máximo às 13h30 - 39,5 graus centígrados -. Neste momento , as abelhas coletores de pólen com certeza modificado dele comportamento de pesquisa por transportando água que transportavam para a colônia, já que a coleta desta rico por abelhas é amplamente conhecido [26] e a comunicação eficaz entre eles para ajustar ele comportamento de coleta [27,28] . Retorno de coletores de néctar ou pólen eles podem Modificar rapidamente seu limiar dança através dos contatos físico direto com seus colegas operárias na colméia , comunicando-se que necessidade de água . Portanto, o contexto social pode Modificar ele comportamento dos colecionadores que retornam apresentando mudanças em seus níveis de motivação durante a permanência na colmeia [29]. Umidade relativo (HR) diminuiu em ele durante a manhã, mas a repentino garoa de cinco minutos subindo seu valor às 15h30. devido à escassez do referido precipitação ele pluviômetro eu não registro . Temperatura e umidade relativo durante ele d^a são refletidos no gráfico seguindo :

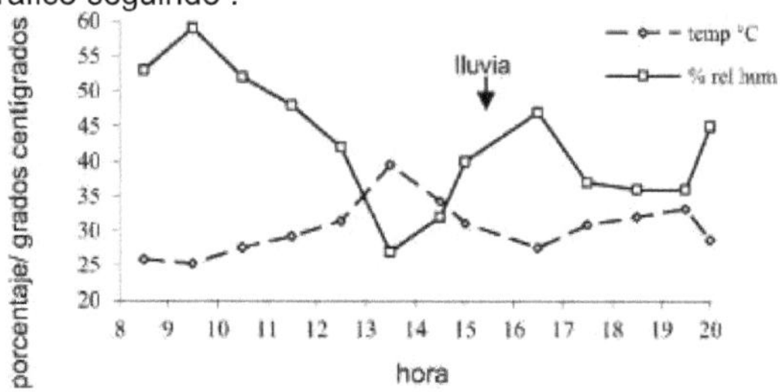

Temperatura e umidade relativo durante ele dia de amostragem no terceiro semana de floração em ele cultivo de melão

Nos meses de julho e agosto , a temperatura alto é um doença ambiental muito comum , bem como o baixo umidade relativo durante todos ele ano em La Laguna [16].

Estudo nº 3. Distribuição de abelhas em o campo de colheita

O objetivo em Está investigação era determinar o padrões de distribuição espaço e tempo das abelhas em o campo de cultivo de melão . As abelhas euKferas Eles começaram seus voos de alimentação depois das 8:00 horas exibindo dele número crescente em o campo de melão como era A manhã avançou e eles chegaram ele maior número aproximadamente às 10h30 - 11 a 13 abelhas por Transecção de 10 metros - mostrando a presença sustentado até às 15h. A partir desta hora , as abelhas começou a diminuir , mas a chuva repentinamente às 15h30 diminuiu de repente dele presença em o campo de melão Depois disso período de garoa eles se recuperaram dele presença mas eles continuaram diminuindo até a escuridão da noite e sua atividade de forrageamento acesso totalmente às 20h30, podemos fazer isso apreciar na próxima figura .

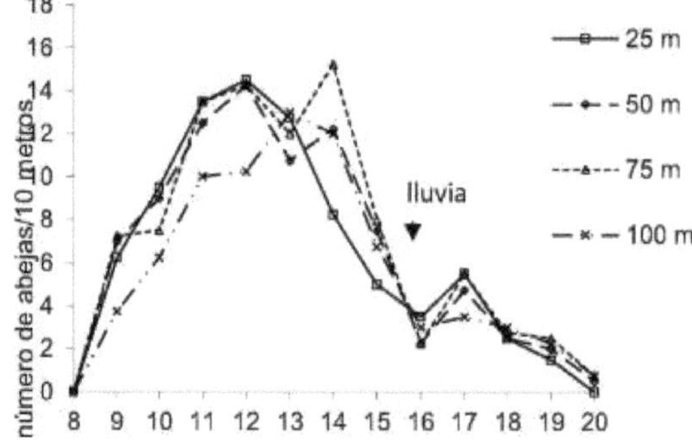

hora

Número de abelhas em ele cultivo de melão em diferentes distâncias do apiário num dia do terceiro semana de floração

O termo forrageamento máximo de abelhas euKfera na actividade de cultivo do melão é geralmente a meio da manhã 14 [e] de acordo com as populações observado em forrageadoras , abelhas eles aprenderam ele lugar e tempo onde a recompensa é oferecida [30] .

Eles não foram encontrados diferenças em ele número de abelhas forrageiras entre as distâncias avaliado de ele apiário , então isso Isso significa que as abelhas trabalhadores foram distribuídos uniforme em ele cortar ; Na verdade , sabe -se que um abelha meHfera pode voar um distância considerável para coletar néctar ou pólen [8,26] , mas a tempo lá lojista para ser confinado em uma pequena área , principalmente Se a espécie selecionados são um bom fonte de alimento [7] .

Nisso estudo foi possível observe que as abelhas euHferas eram presente nas flores do melão durante todos ele d^a . Também alguns plantações como o mirtilos e cerejas dependem em uma alta porcentagem de polinização para as abelhas mas as amendoeiras dependem inteiramente da abelha para polinização , portanto , as abelhas meHferas são um parte integrante da história sucesso agrícola moderno [1] .

Os resultados do estudos mostrou que as abelhas forrageiras eles coletaram o maior quantidades de pólen cedo de manhã e poucos quantidades de pólen de meio-dia até crepúsculo e abelhas eram em todo o campo ele d^ um em um padrão espacial e temporal bem definido .

flores de melão em pleno desenvolvimento da cultura mostrando dele abertura manhã (Fotografia Olga Araceli Zapata Ramos)

Conclusões

As abelhas Eles coletam a maior quantidade de pólen do cortar durante o segundo e terceiro semana de floração do melão ; Durante as primeiras horas da manhã recolhem a maior quantidade de pólen e continuam coletando pequeno quantidades o resto do dia. As abelhas que visitaram as flores em ele cortar Eles tinham um padrão de distribuição bem definido começando às 8h30 com um número aumentando até às 14h00 quando ele número de abelhas era diminuindo até terminar por completo com escuridão . A presença de abelhas em diferentes distâncias do apiário foi semelhante durante ele dia e as colmeias com maior quantidade de cria eles coletaram uma maior quantidade de pólen .

Abeja obreira retirando a flor do melão depois de visitá-la (foto Samuel Atahualpa Ramfrez Matias)

Referências

1. de Vries GE. Tarefa essencial para as abelhas. Tendências Plant Sci. 2000;5(7):277.
2. Sheffield CS, Smith RF, Kevan PG. Sincarpia perfeita em macieira (*Malus* x *domestica* 'Summerland McIntosh') e suas implicações na polinização, distribuição de sementes e produção de frutos (Rosaceae: Maloideae). Ana Bot. 2005;95(4):583-91.
3. Ricketts TH, Daily GC, Ehrlich PR, Michener CD. Valor econômico da floresta tropical para a produção de café.Proc Nat Acad Sci. 2004;0405147101.
4. Amdam GV, Norberg K, Fondrk MK, página RE. O plano reprodutivo pode mediar os efeitos da seleção em nível de colônia no comportamento individual de forrageamento das abelhas melíferas. Proc Nat Acad Sci. 2004;101(31):11350-5.
5. Lee WR. A distribuição não aleatória de abelhas forrageiras entre apiários.J Econ Entomol . 1961;52:928 -33.
6. Waser NM, Chittka I, Price MV, Williams NM, Ollerton J. Generalização em sistemas de polinização e por que é importante. Ecologia. 1996;77(4):1043-69.
7. Levin MD. Padrões de distribuição de abelhas melíferas jovens e experientes que se alimentam de alfafa. JEcon Entomol . 1959;52:969 -71.
8. Eckert JE. O alcance de vôo da abelha. J Agrícola Res. 1933;47(5):257-85.
9. Rush S, Conner J, Jennetten P. Os efeitos da variação natural na visitação de polinizadores nas taxas de remoção de pólen em rabanete selvagem, *Raphanus raphanistrum* (Brassicaceae). Sou J Bot. 1995;82(12):1522-6.
10. Russell D, Meyer R, Bukowski J. Impacto potencial de pesticidas microencapsulados em apiários de Nova Jersey. Am Bee J. 1998;138(3):207-10.
11. Endress PK. Evolução da simetria floral. Curr Opin Plant Biol. 2001;4:86 -91.
12. Varassini IG, Trigo JR, Sazima M. O papel da produção de néctar, pigmentos florais e odor na polinização de quatro espécies de *Passiflora* (Passifloraceae) no sudeste do Brasil. Bot J Linn Soc. 2001;136:139 -52.
13. Briscoe A, Chittka D. A evolução da visão das cores em insetos. Annu Rev Entomol . 2001;46:471 -510.
14. McGregor SE. Polinização por insetos de plantas cultivadas. Manual de Agricultura n° 496 Estados Unidos
Departamento de Agricultura. Washington, DC.1976;411p.
15. Hagler JR, Jackson CG. Métodos de marcação de insetos: Técnicas atuais e perspectivas futuras. Annu Rev Entomol . 2001;46:511 -43.
16. Schmidt RH. As zonas áridas do México: extremos climáticos e conceituação do Deserto de Sonora. J Ambiente Árido. 1989;16:241 -56
17. Reyes-Carrillo JL, Eischen FA, Cano-Rtos P, Rodriguez- Martmez R, Nava Camberos U. Coleta de pólen e distribuição de forrageiras de abelhas melíferas em melão. Acta Zool Mex (ns) 2007;23(1):29-36.
18. Reyes-Carrillo JL, Munoz-Soto R. Coleção de pólen em ele Cultivo de melão , vegetação envolvente e curiosidades em dele colheita por abelhas (Apis *mellifera* L.) na Comarca Lagunera . Relatório do 10° Congresso Internacional de Atualização Apfcola , 29 a 31 de maio, Tlaxcala, Tlaxcala, México. 2003;24-9.
19. Eischen F, Underwood BA, Collins A. O efeito do atraso da polinização na produção de melão. J Apic Res. 1994;33(3):180-4.
20. Eischen F, Underwood BA. Ensaios de polinização de melão no baixo Vale do Rio Grande. Am Bee J. 1991;131(12):775.
21. Aço RGD, Torrie JH. Princípios e procedimentos de estatísticas. McGraw-Hill Book Company, Inc. Nova York, EUA 1960;481p.

22. Kearns CA, Inouye DW. Técnicas para biólogos de polinização. University Press of Colorado, Niwot, Colorado, EUA. 1993;583p.
23. Gorelick R. A polinização por insetos causou aumento da diversidade de plantas com sementes? Biol J Linn Soc. 2001;74:407 - 27.
24. Dreller C, Tarpy DR. Percepção da necessidade de pólen por forrageadoras em uma colônia de abelhas. Anim Comportamento . 2000;59:91 -6.
25. Kuhnholz S, Seeley T. O controle da coleta de água em colônias de abelhas. Comportar-se Eco Sociobiol 1997;41, 407-22
26. vonFrisch K. Abelhas, sua visão, sentidos químicos e linguagem. Rev.ed. Segunda impressão. 1976; Cornell University Press, Ithaca, Nova York, EUA 1976;176p.
27. Wright GA, Smith BH. Variação em estímulos olfativos complexos e sua influência no odor reconhecimento.Proc R SocLond B. 2004;271(2):147-52.
28. O feromônio Pankiw T. Brood regula a atividade de forrageamento das abelhas melíferas (Hymenoptera: Apidae). JEcon Entomol . 2004;97(3):748-51.
29. Farina WM. A interação entre dança e comportamento trofalático na abelha *Apis mellifera* . J Comp Physiol. 2000;186:239 -45.
30. Hempel de Ibarra N, Vorovyev M, Brandt R, Giurfa M. Detecção de cores brilhantes e escuras pelas abelhas. J Exp Biol. 2000;203:3289 -98.

"A abelha é mais reverenciada que as outras." animais , não porque trabalho , mas porque trabalha para o o resto "

São João Crisóstomo

11. forrageamento de pólen em ele cultivo de melão

José Luis Reyes Carrillo e Pedro Cano Rios

Introdução

As abelhas meKferas são insetos sociais . Suas colônias mostram a organização sólido e dinâmico baseado em a Hierarquia de castas e divisão do trabalho . Classe trabalhador Está constituído para o imenso maior parte da colônia abelhas trabalhadores , que de acordo com a sua idade são responsáveis pela realização diverso funções ferramentas especializado . À medida que eles se movem de um Função para outro , ou morrem , são substituídos por outros de tal então há sempre um continuidade em ele desenvolvimento e sobrevivência da colónia [1] . Esses fatores que regulam suas atividades e lhes permitem ajustar-se às exigências do clima e às necessidades do seu população são alguns dos elementos que demonstram ele equilíbrio que mantém uma colônia com o ambiente que a cerca [2] . As abelhas meKferas também são um recurso indispensável em o ecossistemas agrícola em que o polinizadores selvagem Geralmente são escassos devido ao uso de inseticidas [3] , herbicidas e práticas de cultivo que têm reduziu ou eliminou populações de insetos selvagens 4 [até] que fossem insuficiente para a polinização de plantações comerciais [5,6] e até Eles têm colônias de abelhas mortas meKfers do campo [7] .

São abelhas ter outros atributos que os tornam em a excelente opção como polinizadores . Seu manuseio é extremamente prático pela facilidade de localizá - los quase em qualquer lugar , ambas as larvas como o os adultos se alimentam da mesma coisa , pólen e néctar, eles têm uma estrutura social que reúne milhares de indivíduos em um só lugar e possuem um sistema de comunicação que lhes permite comunicar Informação sobre as fontes alimentares de tais para que um grande número de indivíduos pode vá até ela [8] .

Para o interesses dos seres humanos em aproveitar o produtos e serviços destes engenhoso insetos , eles têm feito estudos destinado a determinar dele alcance de voo na coleta de néctar, pólen , própolis e água [9,10] . Descobriu- se que era possível fazer esse marcando-os em vários caminhos e procurando por eles em pontos específicos [11] ou identificando ele pólen que coletaram [12] , [13] .

Quando as abelhas Eles visitam as flores para coletar néctar e pólen , os grãos deste último aderem ao pelos que cobrem seus corpos e de acordo com eles visitam outras flores , alguns grãos de pólen se quebram e acabam nas estruturas reprodutivo feminino iniciando assim a fertilização que dará origem à formação de sementes ou frutos . Tanto a abelha que é atraída à distância por aromas florais como a planta visitada se beneficia disso relacionamento mútuo [14] . De Do ponto de vista energético , é surpreendente. ele esforço que a planta faz para produzir açúcares através ele processo de fotossíntese e levá -los para o nectários de flores em onde Pode ser encontrado por o polinizadores . A existência do nectários nas flores das plantas só pode ser explicada em termos do pagamento que a planta faz ao polinizador por dele serviço de transferência de pólen . A atratividade da flor garante a perpetuação da espécie . Tudo isso também explica a ausência ou atrofia do nectários nas plantas cujo a polinização é por outra forma diferente daquela realizada por insetos [15,16] .

As abelhas eles normalmente navegar repetida e precisamente em um fonte de alimento , e são capazes de comunicar aos seus companheiros a distância e a direção, ou seja , a posição exata para onde voar para alcançá-la . Esta informação é transmitida a hora em que eles retornam para a colmeia através a série de movimentos conhecidos como a " dança da cauda ". Eles estimam a distância em termos de consumo de energia . O mecanismo através ele qual eles alcançam isso é realmente incrível . Estudos recente sugerem que enquanto as abelhas eles voam na direção a fonte de alimento e vice-versa , são capazes de registrar imagens da paisagem abaixo deles de acordo com eles avançam , e isso percepção se traduz em um cálculo muito tempo de voo e velocidade precisos para finalmente saber exatamente a distância [17] . Isto é como Sim fomos dirigindo no futuro e contaremos o fantasmas na beira da estrada . Conhecendo a separação entre eles podemos saber a distância percorrer . É algo semelhante, mas nas abelhas esse acontece de uma forma automático .

O pólen ele serve diretamente para alimentar a prole , portanto as colônias mais populosas e com o maior número de prole exigirá uma maior quantidade de pólen e alocará um maior número de forrageadoras para o transporte de pólen , portanto isto ele objetivo do presente capítulo é explicar o fatores influentes na coleção e a quantidade de pólen que as abelhas coletam durante ele período de polinização do melão .

Estudar

O presente capítulo é baseado em um trabalho realizado na região de Laguna em duas propriedades cultivo comercial de hyphoride de melão Cruiser durante os meses de abril para Agosto . Na primeira delas , o pequeno Propriedade "Las Cruces" , município de Viesca, Coahuila em 3 hectares de cultivo . No início da floração macho , foram colocadas 9 colmeias Tipo enorme de abelhas meKferas para polinização . São urticária eles permaneceram durante meses de abril e maio e imediatamente mudou-se para o pequeno Propriedade "Tierra Blanca" , município de Matamoros, Coahuila , outro superfície de melão do mesmo Imbrido Cruiser em duas plantações escalonado em diferente data onde eles permaneceram até mês de agosto . Cada colônia de abelhas foi padronizada para cerca de 24.000 operárias , rainha nova raça italiana e todas as colmeias foram equipadas com armadilhas de pólen modificadas de Ontário [18] . O pólen foi coletado individualmente de cada colmeia duas vezes por semana e pesado fresco em a Balança com precisão de meio grama . Eles foram feitos o médias quantidade semanal de pólen por colmeia [19] .

pólen capturado na armadilha do chão tipo Ontário modificado (Fotografia Roberto Quintero Dominguez)

Dinâmica de coleta e quantidade de pólen

As colmeias que foram colocadas em a primeira propriedade comercial de melão começou dele coleta de pólen em baixo quantidade e à medida que avanço ele crescimento e desenvolvimento do melão e , portanto, aumentar ele número de flores por planta, esquerda aumentando a captura de pólen por colmeia . A quantidade máxima de pólen foi obtida na última semana ser datas diferentes inicial e intermediário , conforme mostrado no gráfico seguindo :

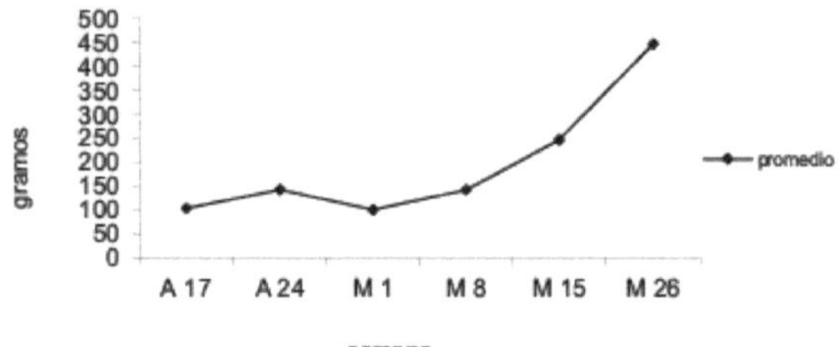

Quantidade de pólen coletado por colmeia semanalmente durante os meses de abril e maio na polinização do melão . Las Cruces, Viesca, Coahuila
Quantidade pólen semanal por colmeia durante esse ciclo de primavera atinge quase os 200 gramas e eu acumulo a quantidade de cerca de 1.200 gramas :

coleta de pólen por colmeia durante os meses
de abril e maio durante a polinização do melão

gramas

média por semana

198,3 Acumulado
1189,6

abelha ligada flor de melão (fotografia Samuel Atahualpa Ramfrez Mac^as)

Ao se mover ele apiário para o segundo propriedade , no PP Tierra Blanca foi observado comportamento semelhante ao do melão anterior em ele entrada de pólen por colmeia , começando com um baixo quantia que aumentou à medida que passava ele hora de chegar ele máximo na última data , conforme ilustrado na próxima gráfico :

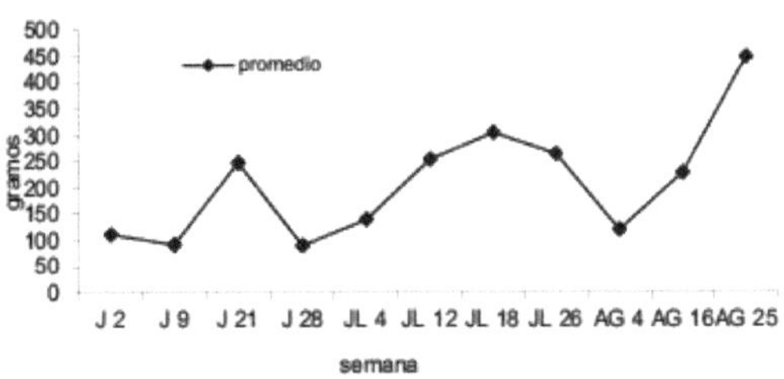

Quantidade de pólen coletado por colmeia semanalmente durante julho e agosto na polinização do melão . PP Tierra Blanca, Matamoros, Coahuila A quantidade de pólen por semana era ligeiramente superior a 200 gramas e quando comparado com o primeiro período de produção de pólen em ele Propriedade de Las Cruces não foi encontrada diferença na quantidade . A quantidade de pólen coletado em o melão é altamente associado com o dias em ele cultivo , ou seja, com o passar das semanas , a coleta de pólen por colmeia é maior, dado o maior número de flores que as plantas possuem por seu crescimento natural . Nas próximas gráfico amostra provérbios resultados :

coleta de pólen por colmeia em os meses de junho para Agosto durante a polinização do melão

gramas média por semana

208.3 Acumulado
2291.2

Conclusões

O pólen coletado pelas abelhas que polinizam o melão aumentou semanalmente e alcance dele máximo no final do período de polinização ; a quantidade de pólen capturado nas armadilhas era em média cerca de 200 gramas por colmeia por semana . não havia diferença nas quantidades de coleta de pólen por semana durante a polinização do melão nas estações primavera e verão .

Apiário mostrando as colmeias pt su maioria com dois aumentos na produção de mel (Foto de Fernando Morales Hinojosa)

Referências

1. Resumo de pesquisa de Southwick E. Bee. Orientação e fidelidade à colméia das abelhas. Am Bee J. 1993;133(8):573-4.
2. DeGrandi -Hoffman G, Hagler J. Como as abelhas podem usar a colocação do néctar que chega em uma colônia como meio de comunicação. Am Bee J. 2000;140(11):892-4.
3. Scott-Dupree C. ed. Doenças e pragas das abelhas. Associação Canadense de Apicultores Profissionais. Departamento de Biologia Ambiental. Universidade de Guelph. Ontário, Canadá. 1996;26p.
4. Kearns CA, Inouye DW, Waser N. Mutualismo ameaçado: A conservação das interações planta-polinizador. Ann Rev Ecol Syst. 1998;29:83 -106.
5. Universidade Estadual de Ohio . Polinização de colheitas por abelhas em Ohio. Boletim 1999;559:22 p.
6. DeLaplane KS, Mayer DF. Polinização de culturas por abelhas. University Press Cambridge,

Reino Unido 2000;352p.

7.   Mayer DF, Johansen CA, Baird CR. Como reduzir o envenenamento por abelhas por pesticidas. Universidade Estadual de Oregon. Uma publicação de extensão do Noroeste do Pacífico. 1998;518:15 pág.

8.   vonFrisch K. Bees: Sua visão, sentidos químicos e linguagem. Rev.ed. Segunda impressão. Imprensa da Universidade Cornell. Ithaca, Nova York, EUA 1976;176p.

9.   Eckert JE. O alcance de vôo da abelha. J Agrícola Res. 1933;47:257 -285.

10.   Seeley TD. Quando a auto-organização é usada em sistemas biológicos? Biol Bull. 2002;202:314 -8.

11.   Hagler JM, Jackson CG. Métodos de marcação de insetos: Técnicas atuais e perspectivas futuras. Annu Rev Entomol . 2001;46:511 -43.

12.   Kearns CA, Inouye DW. Técnicas para biólogos de polinização. University Press of Colorado, Niwot, Colorado, EUA. 1993;583p.

13.   Kopp RF, Maynard CA, Rocha-de-Niella P, Smart LB, Abrahamson LP. Coleta e armazenamento de pólen de *Salix* (Salicaceae)."Am J Bot. 2002;89:248-52.

14.   Dudareva N, Pichersky E. Aspectos bioquímicos e genéticos moleculares de aromas florais. Fisiol Vegetal. 2000;122:627 -33.

15.   Ollerton J. A evolução das relações polinizador-planta dentro dos artrópodes. Bol SEA Vol Monográfico 1999;26:741 -58.

16.   Gegear RJ, Laverty TM. O efeito da variação entre características florais na constância floral de polinizadores. *In* : Chittka L, Thomson JD. editores. Ecologia cognitiva da polinização. Comportamento animal e evolução floral. Cambridge, Reino Unido Cambridge UniversityPress . 2001;1-20

17.   Srinivasan MV, Zhang S, Altwein M, Tautz J. Navegação Honeybee: Natureza e calibração do "odômetro". Ciência 2000;287:851 -2.

18.   Waller GD. Uma modificação da armadilha de pólen OAC. Am Bee J. 1980;120:119 -21.

19.   Aço RGD, Torrie JH. Princípios e procedimentos de estatísticas. 1960;481p.

" A abelha escolhe algumas flores e outras folhas "

Anônimo

CAPÍTULO 12

12. Número de colmeias por hectare para polinizar ele cultivo de melão
José Luis Reyes-Carrillo e Pedro Cano -Rios

Introdução

Plantas com flores que requerem polinização insetos geralmente produzir maior quantidade de sementes quando Recebem mais visitas de abelhas melíferas [1]. Em geral o insetos polinizadores gerar um aumento significativo em ele número de sementes , bem como na quantidade e qualidade do frutas , em diferente percentagens , dependendo da espécie vegetal [2,3]. Polinização cruzada para as abelhas influências diretamente em ele amarração do frutos , não apenas das espécies autoestéreis , mas também os autoférteis [4]. A má qualidade dos frutos é atribuída a problemas de polinização , como Pode ser o baixo número de abelhas ou a ineficiência do o resto polinizadores que atingem agroecossistemas [5]. Os polinizadores forrageiras Eles escolhem as flores de acordo com a recompensa que oferecem e gasto energético ao visitá-los 6-9 [e] mais recentemente , constatou- se que o atraente Está relacionado a ele arranjo de flores [10,11], seus aromas, produção de néctar ou pólen e cor [12,13].

O pólen do melão só pode ser transferido por insetos já que é pegajoso e não pode ser carregado por o vento [14] e por esse motivo plantações As plantações de melão exigem a função abelha polinizadora meKferas . Desde o polinizadores animais selvagens são muitas vezes também escassos , devem colocar colmeias para fornecer abelhas que polinizam como um requisito para a produção agrícola .

A escassez de polinizadores é causada por o agroquímicos e o métodos cultivo moderno [15] , [16]. Esses fatores até Eles têm colônias de abelhas comerciais danificadas [17] e por isto há um crescimento interesse em determinar Se a presença de um determinado número de abelhas euKferas visitando as flores em ele cortar tem a relação direto com densidade população das colmeias .

Por dentro do que se sabe sobre a polinização do melão com abelhas euKferas este é o caminho em que as forrageadoras são distribuídas espacialmente durante no dia 18 ' mas não se sabe se isso contínuo ser válido quando a densidade da colônia é variável, em cujo caso faria falta determinar ele número colmeias ideais por hectare para obter densidade máxima possíveis abelhas polinizadores . Assim ele propósito disso capítulo é resolver ambas as questões .

Abelhas entrando e saindo da colméia , onde entre elas se pode observar abelha prestes a pousar com o pólen nos cestos das pernas traseira (Fotografia Yasmin del Rocfo Guevara Ramfrez)

137

Estudar

Esta pesquisa foi realizada durante ele mês de junho em uma safra comercial cinco hectares do híbrido de melão Cruiser no pequeno Propriedade "Las Cruces" , município de Viesca, Coahuila; Esta área geográfica faz parte da Comarca Lagunera de clima semidesértico [19]. A irrigação das culturas foi realizada através inundação com enchimento de plástico em cama melonera

Cultivo de melão em cama , cobertura plástica e irrigação por inundação (Fotografia José Luis Reyes Carrillo)

foram utilizados no total vinte e cinco urticária Tipo Jumbo povoado de abelhas MeHfers da raça italiana , com novo abelha rainha comercial e padronizado para aproximadamente 24.000 abelhas trabalhadores . As colônias foram distribuídas uniformemente adjacente ao campo de cultivo . Em cada um dos cinco Sulcos de 105 metros de comprimento, selecionados aleatoriamente, foram marcados Kneas - transectos - de 10 metros a 25 , 50,75 e 100 metros de distância do apiário ; isto é, havia cinco repetições para cada distância . Durante o segundo semana de floração , considerada como ideal para iniciar a polinização [20] , as colônias aumentaram , acrescentando sucessivamente de a colmeia até cinco urticária por hectare , um dia antes do dia de observação das abelhas forrageiras em o campo de melão Isto Maneira em cada hectare foi colocado um colmeia , e então duas colmeias foram colocadas em cada hectare , e assim sucessivamente até completar cinco urticária por hectare . Num dia de observação , por cada densidade de colônias , elas foram contadas simultaneamente com um contador manual as abelhas visitando o melão em o Transectos de 10 metros a cada 30 minutos das 7h30 às 19h30. Através de dados foram obtidos o médias de abelhas em ele cultivo distante do apiário 21 ·

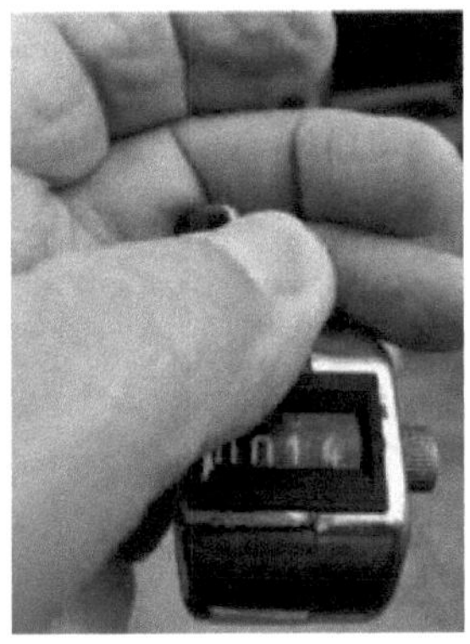

Contador manual usado para abelhas em cada Transecto de 10 metros (foto Jose Luis Reyes Carrillo)

Resultados

De acordo com o objetivo planejou saber ele número de abelhas visitando a planta de melão aumentando ele número de colmeias por hectare ; Ao iniciar a polinização do melão com colmeia por hectare pode ser observe que na maior distância do apiário -100 metros- existe o menor número de abelhas em em ele Transecção de observação de 10 metros . Esse mesmo tendência ocorre quando vai aumentando uma por uma a densidade das colônias hectare . As distâncias mais próximas -25 e 50 metros- apresentaram o maior número de abelhas , portanto muito semelhante em todas as densidades como pode apreciar no gráfico seguindo :

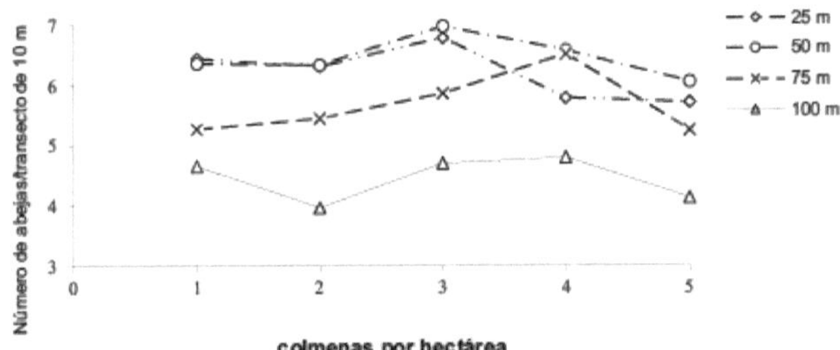

Número médio de abelhas polinizadores em o melão para diferente distâncias com número incremental de colmeias por hectare

O padrão de distribuição espacial e temporal ao longo do dia Ele mostrou tendências muito Semelhante às cinco hectares . As abelhas Eles começaram com um número baixo de manhã cedo e isso era em aumentar por volta das 10 da manhã e aguentou de forma estável até às 15h00. A diminuição o número foi fornecido às 16h . encaminhar para o crepúsculo -19h30-, como pode ser visto na próxima gráfico :

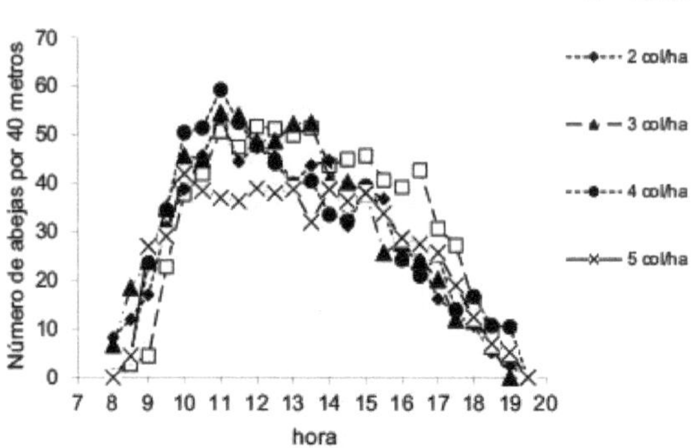

Abelhas totais em ele cultivo de melão com diferentes número de colmeias por hectare

Este padrão de distribuição durante ele d^a , pelo menos em sua forma da curva populacional de abelhas trabalhadores presente em ele O cultivo do melão é repetido independentemente do número de colmeias . por hectare . Isto é de grande importância de o ponto das práticas culturas de melão , que Permite prever as horas do dia em que estão menos abelhas visitando as plantas de melão e, portanto, menores atividade polinizador .

Ao calcular a média todas as densidades de colmeias por hectare , um número significativamente mais abelhas forrageiras eram observado a 25 e 50 metros (média = 6,4 abelhas em 10 metros) do apiário , em comparação com aquele 100 metros de distância (média = 4,4 abelhas em 10 metros):

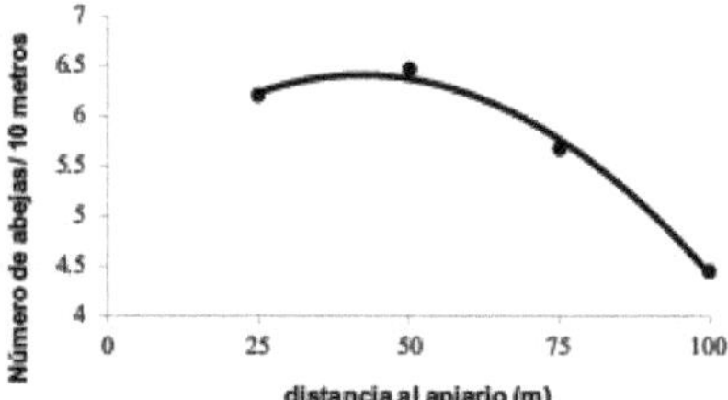

Número médio de abelhas polinizadores em ele cultivo de melão em diferentes distâncias do apiário

Existia a forte relação entre a distância do apiário e o número de abelhas em os 10 metros do transecto em ele cortar observado em cada distância . Isso significa que você pode prever com alta confiança ele número de abelhas que serão visitando as flores de melão em um dada a distância de apiário .

Urticária pousadas polinizadoras em o lado de fora da colmeia por causa do calor atmosfera (Fotografia Hector Genaro Galindo Rodriguez)

O padrão temporal durante ele d^ a , mostrou que número total de abelhas presente em A área cultivada de melão variou com o horário do dia , chegando a ele máximo a partir das 10h00 e prolongando-se até às 15h00, sendo ele pico mais alto às 11h00 da manhã , conforme observado na figura seguindo :

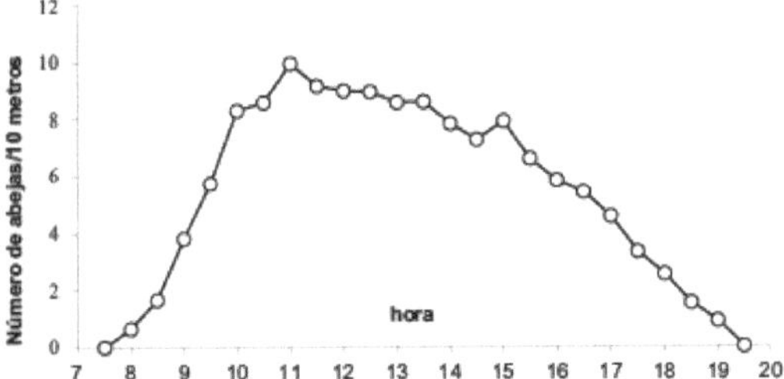

Número médio de abelhas durante ele d^ um em ele cultivo de melão

Eles foram observados diferenças em diferentes momentos do dia , com o menor número de abelhas cedo pela manhã e no final da tarde . A presença de abelhas em procure por comida geralmente alcança seu ponto máximo no meio da manhã [14] , como poderia ser observação em esse estudo de campo , bem como Também foi observado que as atividades de forrageamento nas flores da colheita do melão pelas abelhas Eles pararam ao anoitecer .

abelha visitando a flor melão hermafrodita (Juan Cabrera Reyes Photography)

Era efeito pela densidade de colônias de abelhas para a taxa de visitas de

141

forrageadoras , uma vez que o número de colecionadores Atingi o valor máximo com três e quatro colmeias. por hectare e isso número abelhas médias era iguais entre si , como podemos perceber na próxima figura :

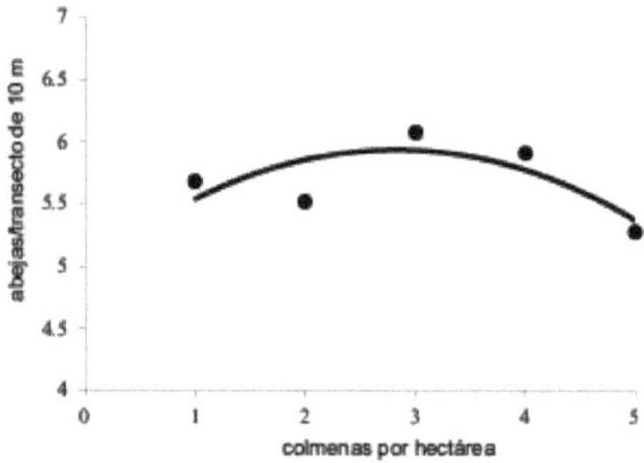

urticária por hectare

Número médio de abelhas polinizadores em ele cultivo de melão com diferentes número de colmeias por hectare

O aumento para cinco na densidade da colônia hectare Ele mostrou a diminuir um número significativo de abelhas em o campo – média de 5,28-. Nisso caso , é possível que a superpopulação de abelhas com cinco urticária por hectare faria com que eles parassem de ir para a colheita substituindo dele coleta de pólen nas flores de melão para ir procurá -lo para outras flores da vegetação área envolvente , devido a um efeito de concorrência . Isto foi documentado em lavouras de café , em aqueles que Experimentos de polinização ao longo de gradientes de distância demonstraram que polinizadores florestais aumentaram o retorna em 20 por cento centenas embora eram para aproximadamente um quilômetro de distância [2] .

Este resultado era esperado porque a abelha meHfera se move a distância considerável para coletar néctar ou pólen [7],[21] , mas a tempo portanto lojista para ser confinado a uma pequena área , principalmente Se a espécie selecionados são um bom fonte de alimento [22] . A abelha euKfera exibe comportamento alimentar facilmente previsível junto com um memória da fidelidade extremamente alto [23] . Isso pode explique suas atividades de alimentação nas proximidades do apiário a distâncias avaliado .

Eles foram observados efeitos densidade de abelhas semelhante em ele mirtilo azul na taxa de visitas às suas flores quando são polinizadas por abelhas . Naqueles casos ele aumento da densidade das colmeias comportamento produzido evasivo , reduzindo ele carga média de pólen por cada abelha e o tamanho da fruta [24] . O sistema de polinização da planta "Alegria " foi estudado usando diferente métodos de polinização , marcação e contagem grãos de pólen , avaliando a viabilidade do pólen e observando ele comportamento do polinizadores e concluiu -se que principal polinizadores Eram as abelhas e os zangões [25] .

Iniciar presente estudo descobriu que aumentando ele número de colmeias por hectare não significa maior número de abelhas polinizador ele cortar mas muito pelo contrário ; a tempo capacidade de carga excedida , as abelhas eles vão abandonar ele cultivo para evitar altas competição e eles vão procurar outros fontes de alimentos alternativas . Diferente autores Eles recomendam um número variável de colônias de abelhas para polinizar o melão, de uma [26] para seis [27] colônias por hectare . O número médio de colônias de abelhas recomendado por hectare entre referências consultados são 3,7 colmeias por hectare [14,26-31] . Nisso trabalho foi constatado que O número ideal para polinização do melão é de três a quatro colônias por hectare .

Os polinizadores como as abelhas se sentem atraído para as flores dele apresentação visual e seu aroma, embora a maioria das flores reforce esse atraente , fornecendo a recompensa para o visitantes , como pólen , néctar ou ambos [32] . O potencial geral de colheita das abelhas euKferas como polinizadores depende grande parte da cultura em questão e sua variedade . Isto representa a precisar atenção clara às plantas em ele manejo da síndrome de polinização [24] . Apesar de a densidade máxima de abelhas ter sido mantida em ele cultivo de melão com três e quatro colônias por hectare .

Embora também foram observados outros abelhas e vespas selvagens e insetos polinizadores de outros famílias a importância não foi avaliada parente de visitas a flores de melão por esses forrageadoras , e embora estas sejam raras em ele semideserto Lagunero , seria recomendado que este aspecto dever considerar em futuros estudos na polinização do melão .

Conclusões

Eles existiram diferenças em ele número de abelhas polinizadores observado no diferente distâncias entre apiários e plantas de melão , com maior número de forrageadoras a distâncias menores . O número de abelhas presente em o campo variou de acordo com a hora do dia , chegando ele máximo das 10h00 às 15h00, e diminuindo dele presença de aquela hora até que desapareça por colheita completa ao entardecer . Foi observado ele máximo número de abelhas em campo com três e quatro colônias por hectare , portanto este número de colmeias Pode ser considerado como ideal para polinização de melão .

Apicultor Baixando colmeias de abelhas para polinizar ele cultivo de melão (Fotografia Fernando Morales Hinojosa)

Referências

1.	Gingras D, Gingras J, De Oliveira D. Visitas de abelhas (Hymenoptera: Apidae) e seus efeitos na produtividade do pepino no campo. Hortic Entomol . 1999;92(2):435-8.
2.	Ricketts TH, Daily GC, Ehrlich PR, Michener CD. Valor econômico das florestas tropicais para a produção de café. Proc Nat Acad Sci EUA. 2004;12579-82.
3.	Heather HA, Rice ND, Winston ML, Lewis R. Distribuição de abelhas (Hymenoptera: Apidae) e potencial para polinização suplementar em estufas comerciais de tomate durante o inverno. JEcon Entomol . 2004;97(2):163-70.
4.	Klein AM, Steffan- Dewenter I, Tscharntke T. Polinização por abelhas e frutificação de *Coffea arabica* e

C. canephora (Rubiaceae). Sou J Botânica. 2003;90(1):153-7.

5. Sheffield CS, Smith RF, Kevan PG. Sincarpia perfeita em macieira (*Malus* x *domestica* 'Summer land McIntosh') e suas implicações na polinização, distribuição de sementes e produção de frutos (Rosaceae: Maloideae). Ana Bot. 2005;95(4):583-91.

6. Lee WR. A distribuição não aleatória de abelhas forrageiras entre apiários. JEcon Entomol . 1961;52:928 -33.

7. Eckert JE. O alcance de vôo da abelha. J Agrícola Res. 1933;47(5):257-85.

8. Rush S, Conner J, Jennetten P. Os efeitos da variação natural na visitação de polinizadores nas taxas de pólen
remoção em rabanete selvagem, *Raphanus raphanistrum* (Brassicaceae). Sou J Bot. 1995;82(12):1522-6.

9. Russell D, Meyer R, Bukowski J. Impacto potencial de pesticidas microencapsulados em apiários de Nova Jersey. Am Bee J. 1998;138(3):207-10.

10. Endress PK. Evolução da simetria floral. Curr Opin Plant Biol. 2001;4:86 -91.

11. Waser NM, Chittka L, Price MV, Williams NM, Ollerton J. Generalização em sistemas de polinização e por que é importante. Ecologia. 1996;77(4):1043-69.

12. Varassini IG, Trigo JR, Sazima M. O papel da produção de néctar, pigmentos florais e odor na polinização de quatro espécies de *Passiflora* (Passifloraceae) no sudeste do Brasil. Bot J Linn Soc. 2001;136:139 -52.

13. Briscoe A, Chittka D. A evolução da visão das cores em insetos. Annu Rev Entomol . 2001;46:471 -510.

14. McGregor SE. Polinização por insetos de plantas cultivadas. Manual de Agricultura No 496 Departamento de Agricultura dos Estados Unidos. Washington, DC 1976;411p.

15. Kearns CA, Inouye DW, Waser N. Mutualismo ameaçado: A conservação das interações planta-polinizador. Ann RevEcolSyst . 1998;29:83 -106.

16. Kearns CA, Inouye DW. Polinizadores, plantas com flores e biologia da conservação. Biociências. 1997;47(5):297-307.

17. DeLaplane KS, Mayer DF. Princípios e práticas de conservação das abelhas. Ciência das Abelhas. 1996;4:4 -10.

18. Reyes-Carrillo JL, Cano -Rios P, Eischen FA, Rodriguez- Martmez R, Nava-Camberos U. Distribuição espacial e temporal de abelhas forrageadoras em um campo de melão com diferentes densidades de colônias. Agric Tec Mex. 2006;32(1):39-44

19. Schmidt RH. As zonas áridas do México: extremos climáticos e conceituação do Deserto de Sonora. J Ambiente Árido. 1989;16:241 -56.

20. Eischen F, Underwood BA, Collins A. O efeito do atraso da polinização na produção de melão. J Apic Res. 1994;33(3):180-4.

21. Aço RGD, Torrie JH. Princípios e procedimentos de estatísticas. 1960; Nova York, EUA: 481p.

22. vonFrisch K. Bees: Sua visão, sentidos químicos e linguagem. Rev. Segunda impressão . Cornell University Press, Ithaca, Nova York, EUA. 1976;176p.

23. Levin MD. Padrões de distribuição de abelhas melíferas jovens e experientes que se alimentam de alfafa. JEcon Entomol . 1959;52:969 -71.

24. Meller VH, Davis RL. Bioquímica da aprendizagem de insetos: lições com abelhas e moscas. Bioquímica de insetos Molec . 1996;26(4):327-35.

25. Dedej S, DeLaplane KS. HoneyBee (Hymenoptera: Apidae) Polinização de mirtilo olho de coelho *Vaccinium ashei* var. 'Climax' depende da densidade do polinizador. JEcon Entomol . 2003;94(4):1215-20.

26. Tian J, Liu K, Hu G. Ecologia de polinização e sistema de polinização de *Impatiens reptans* (Balsaminaceae) endêmico da China. Ana Bot. 2004;93(2):167-75.

27. Ohio State University. Polinização por abelhas de plantações em Ohio. 1999; Boletim 559:22p.

28. Atkins EL, Anderson LD, Kellum D, Neuman KW. Protegendo as abelhas melíferas dos pesticidas. Universidade de
Divisão de Ciências Agrícolas da Califórnia , 1997; Folheto 2883.

29. Eischen F, Underwood BA. Ensaios de polinização de melão no baixo Vale do Rio Grande. Am Bee J. 1991;131(12):775.

30. USDA Usando abelhas para polinizar plantações. Departamento de Agricultura dos Estados Unidos. 1986;folheto 549.

31. Hodges L, Baxendale F. Polinização por abelhas de culturas de cucúrbitas. Instituto de Extensão Cooperativa de Agricultura e Recursos Naturais da Universidade de Nebraska-Lincoln. Boletim NF91-5D. 1995;4p.

32. Crane E, Walker P. Diretório de polinização para culturas mundiais. Associação Internacional de Pesquisa em Abelhas. Londres. 1984;183p.

33. Galizia CG, Kunze J, Gumbert A, Borg-Karlson AK, Sachse S, Markl C, et al. Relação de parâmetros de sinais visuais e olfativos em um sistema de mimetismo de flores que engana alimentos. Comportamento Ecol. 2005;16(1):159-68 .

" **Cuando la flor florece , vendra la abeja** "

Srikumar Rao

13. Competição floral . Pisos visitado para as abelhas durante a polinização do melão

José Luis Reyes Carrillo, Rubi Munoz Soto e Pedro Cano Rios

Introdução

As flores requerem visitas de abelhas para se formarem receber ele pólen e assim proporcionar polinização , posterior fertilização e formação de sementes [1,2] . Aquela floração que produz o maior número de sementes e frutos vai ser associado a um maior número de visitas de abelhas e a um elevada duração acumulada dessas reuniões [3] . Muitos tipos de insetos Pode ser encontrado visitando as flores mesmo que elas não se apresentem tarefas de fertilização [4] bem estudos anterior Eles têm em comparação com diferentes espécie de abelha como polinizadores pela velocidade com que eles pode manipular as flores e a proporção de visitas em seus voos de forrageamento [1] .

comunidades de abelhas os nativos são importantes na prestação de serviços de polinização para plantações mas sabe -se que as flutuações temporário em As densidades populacionais são altamente variáveis no espaço e no tempo [5] . Inseticidas , herbicidas e práticas cultural Eles têm populações reduzidas ou eliminadas insetos selvagens [6] a ponto de não existirem suficiente abelhas para polinizar o culturas comerciais [7] ; Isso é importante econômico e agricultores então deve adquirir ele melhoria das populações de abelhas como parte do seu gerenciamento de campo [8] reduzindo a aplicação de inseticidas e melhorando a disponibilidade de pólen e néctar para as abelhas [9] . Para outro parte , um estudo do comportamento de forrageamento em abelhas comercialmente colocada em ele cultivo de pepino e abobrinha Eu descobri que as abelhas coletou mais de 40% do pólen de ambas as culturas [10] , é então que a maior parte do pólen plantações comerciais depende da polinização induzido por abelhas melhor do que ao mesmo tempo o tempo é atraído por outras flores que podem potencialmente ser concorrentes na polinização .

Pelo raciocínio anterior , o propósito disso capítulo era descrever como era possível determinar espécies de plantas visitado para as abelhas durante a polinização induzido do melão através da identificação do pólen .

Estudar

O emprego era feito no pequeno propriedade "Las Cruces" município de Viesca em ele estado de Coahuila durante a primavera . No primeiro mês de floração , em lote comerciais de 6 hectares de melão, foram colocadas 18 colônias de abelhas para polinizar [11] em frente ao campo de cultivo , separado dele distância entre si ^ e eles foram instalados alternadamente nove armadilhas de chão Tipo Ontário modificado para captura de pólen de abelha trabalhadores voltando do campo.

O pólen rebocado nos cestos das pernas parte traseira da abelha - pólen corbicular -, foi coletados de armadilhas de pólen a 5 ° , 9 ° , 12 ° , 24 ° e 31 ° d^a de 161 floração do melão e foi pesado fresco e congelado . Foram coletadas as partes masculinas das flores das plantas . silvestres , cultivadas e ornamentais em florescer ao redor do campo de cultivo com o propósito de isolar e identificar dele pólen , por isso as plantas com suas flores também foram fotografadas , coletadas e secas para preservá-las. em ele herbário .

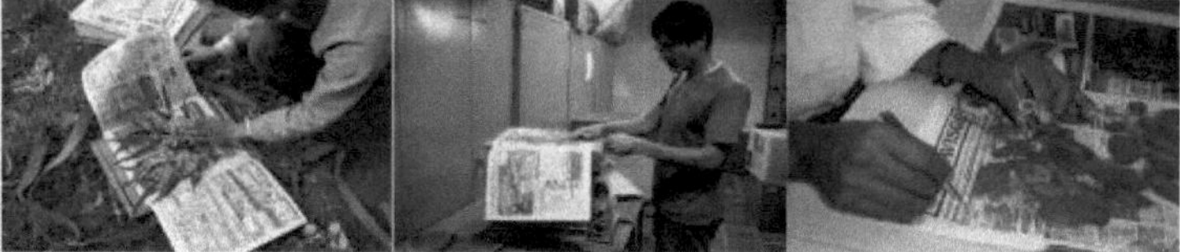

Processo de coleta , prensagem e coleta de partes masculinas de amostras de plantas em flor (Roberto Quintero Dominguez)

O pólen de cada espécies era levado ao laboratório de biologia e observado em um microscópio óptico conectado a um tela de televisão , medida com um micrômetro objetivo com ampliação de 1000x . Cada pólen era fotografado com ampliação de 400 e 1000x . Uma porção do pólen armadilhas corbiculares era processado pela técnica de acetólise , montado em um slide para identificar ele pólen e contagem o grãos diferentes em ele microscópio com ampliação de 400x . O tamanho do grão de pólen individual era calculado com a fórmula: volume V=4/3na 2 b onde "a" é o eixo maior e "b" o eixo menor , ambas as medidas em mícrons e multiplicado por ele número de grãos de pólen foi obtido ele volume total .

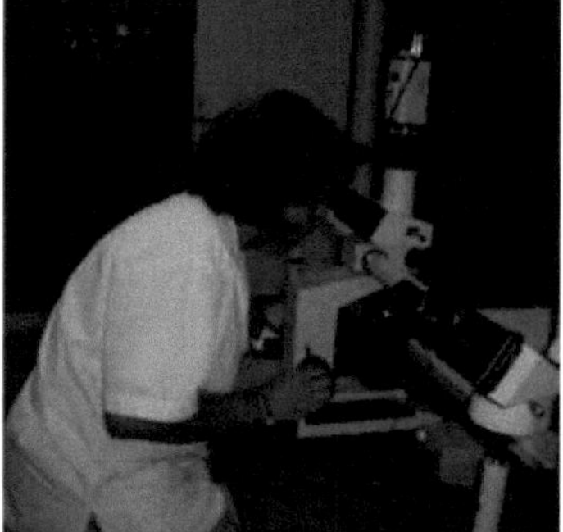

Microscópio óptico com micrômetro ocular para observar e medir ele pólen (Fotografia **José Luis Reyes Carrillo**)

Resultados

O principal objetivo do isolamento do pólen acabou a ferramenta poderoso para identificar ele pólen de colheita , plantas pecoreadas e as pólen rebocado pelas abelhas para a colmeia .

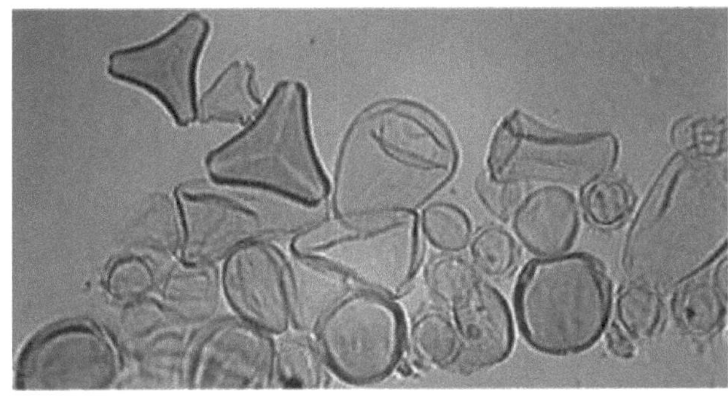

Imagem microscópica de um lamela com vários grãos de pólen processado em ele laboratório (Fotografia Roberto Quintero Dominguez)

O pólen corbicular coletado em esse estudar mostrou que alfafa e algaroba foram os principais espécies na preferência das abelhas entre os três primeiro datas de amostragem como observado em ele seguindo gráfico :

Porcentagem de pólen abelha corbicular melíferas durante o primeiro mês de floração do melão (número base de grãos de pólen)

<u>% número de grãos de pólen</u>

plantar	data	17 de abril	21 de abril	24 de abril	01 de maio	04 de maio	12 de maio
nome comum	nome cientista / dia de floração	5	9	12	vinte	24	31
algaroba	*Prosopisjuliflora* (Swartz) DC	64,55	29.34	30h47			
alfafa	*Medicago sativa*	25h45	26.46	45.16	3.17	0,04	0,26
Melão	*Cucumis melo* L.	8,72	9,81	17.56	9.29	28.12	83,48
gabinete do governador	*Larrea tridentata* (DC) Cov .	0,85	8.28	1,58	82,79	23.23	0,62
pepino	*Cucumis sativus* L.	0,1	20h25	0,09	0,37	0,32	0,18
semente de mostarda	*Símbrio irio* L.	0,13	2,43	2,88	0,26		0,07
sorgo	*Sorgo vulgare* L					42	12,66
maguey	*Agave o mais duro* de James.	0,17		0,18		0,006	
ressalto	*Solanum eleagnifolium* Cav.		0,54	0,27	0,54	0,3	0,31
melancia	*Citrullus lannatus* (Thunb .) Matsum . & Nakai		0,18	0,02	0,3		1.05
cuscuta	*Cuscuta arvensis* Bey. Ex-Engelm.		2,25				
eucalipto	*Eucalyptus globulus* Labill.			0,04			0,01
qualidade	*Amaranthus palmeri* S. Wats.			0,02	0,016	1,96	0,28
h.da formiga	*Allionia incarnata* L.			0,16	0,016		
correhuela perene	*Convólvulus arvensis* L			1,51	0,08	0,03	
correhuela anual	*Ipomoea purpurea* L.				2,75		
amarilha	*Hibiscus coulteri* Harvey de Gray				0,008		
ocotillo	*Fouqueria brilhando* Engelm.				0,37	0,04	0,02
milho	*Zea mays* L.				0,016	0,18	0,02
pai Lencho	*Gimnosperma glutinoso* (Spreng.) Menos.				0,016		
engolir	*Micromera Euphorbia* Boiss . ex Engelm.)				0,05		
zacate buffer	*Cenchrus ciliaris* L.				3.05		
dente de leão	*oficial de Taraxacum* .				0,01		
grão de bico	*Peganum mexicanum* cinza.				0,14		
girassol	*Helianthus annus* L.				0,17		0,78
zacate chinês	Cinodonte dactylon (L.) Pers.				0,01		0,08
apestosa	*Asclepias lanuginosas* Nutt.				0,04		
jara , vime	*Chilopsis linearis* (Cav.) Doce.				0,02		
desconhecido			0,09				
desconhecido					0,024		
desconhecido 3						0,02	

Abelha visitando a flor da algaroba (Fotografia Hector Genaro Galindo Rodnguez)

No 20° dia de floração o governador chegou a maior porcentagem em número de grãos, diminuindo em o 24° dia de floração em aquele que pólen de sorgo foi aquele que exibiu a maior porcentagem de grãos presentes . Pólen de melão com base no número de grãos aumentado desde o primeiro data de amostragem e teve a maior porcentagem apenas em o último dia em onde acabou por ser ele pólen dominante . Do resto das plantas se destaca ele pólen de pepino no 9° dia de floração do melão, cultura que foi em ele propriedade vizinho . Os outros espécies Eles tinham um baixo número de grãos de pólen em todas as datas de amostragem em comparação com o melão, o algaroba e alfafa.

Já que você está durar espécies são atraentes por dele produção de pólen e secreção de néctar , é razoável acho que as abelhas Eles coletaram ambas as substâncias da mesma planta. da vegetação pecoreada para as abelhas em Este primeiro mês de floração foi observado bem definido ele período disponível , portanto dele pólen apareceu na amostra , diminuiu gradualmente e desapareceu por completo em data determinado , o que indicaria o fim do seu florescer . Este final de floração foi apreciado em plantas de algaroba adjacente à lavoura e na alfafa dentro da propriedade .

O percentual , baseado no volume , mostrou que o tamanho do pólen era determinante na importância parente de cada planta visitada para as abelhas durante o primeiro mês de floração do melão , como mostrado em ele gráfico seguindo :

Porcentagem de pólen abelha corbicular euHferas durante o primeiro mês de floração do melão (volume base)

| plantar | data | 17 de abril | 21 de abril | 24 de abril | 01 de maio | 04 de maio | 12 de maio |
nome comum	nome cientista / dia de floração	5	9	12	vinte	24	31
algaroba	*Prosopis juliflora* (Swartz) DC	34,78	2,52	10.53			
alfafa	*Medicago sativa*	11.67	1936	13.28	2.23	0,024	0,023
Melão	*Cucumis melo* L.	51,55	84,96	66,6	84,41	68,92	94,95
gabinete do governador	*Larrea tridentata* (DC) Cov .	0,03	9h25	0,07	8,81	0,65	0,008
pepino	*Cucumis sativus* L.	0,01	0,42	0,007	0,07	0,009	0,0048
semente de mostarda	*Símbrio irio* L.	0,06	0,01	0,08	0,019		0,0006
sorgo	*Sorgo vulgare* L					26,8	3,75
maguey	*Agave o mais duro* de James.	1,90		1,88		0,03	
ressalto	*Solanum eleagnifolium* Cav.		0,04	0,08	0,409	0,05	0,029
melancia	*Citrullus lanatus* (Thunb .) Matsum . & Nakai		0,13	0,07	2,25		0,96
abraços	*Cuscuta Arvensis* Bey. De Engelm.		0,06				
eucalipto	*Eucalyptus globulus* Labill.			0,001			
ficar longe	*Amaranthus palmeri* St.			0,004	0,008	0,25	0,00009
h. da hormiga	*Allionia incarnata* L.		0,64	1.16	0,15		0,017
correhuela perene	*Convólvulus arvensis* L				0,08	0,09	0,1
elástico de borracha	*Ipomoea purpurea* L.				0,43		

Nome comum	Espécie						
anual							
amarelo	*Hibiscus colteri* Harvey ex Gray				0,004		
ocotillo	*Fouqueria splendens* Engelm.				0,37	0,013	0,003
milho	*Zea mays* L.				0,45	1,27	0,08
pai Lencho	*Gimnosperma glutinoso* (Spreng.) Menos.				0,2		
engolir	*Micromera Euphorbia* Boiss . ex-Engelm.				0,01		
zacate buffer	*Cenchrus ciliaris* L.				0,32		
dente de leão	*oficial de Taraxacum* .				0,004		
grão de bico	*Peganum mexicanum* cinza.				0,006		
girassol	*Helianthus annus* L.				0,02		0,05
grama chinesa	Cinodonte dactylon (L.) Pers.				0,001		0,003
fedido	*Asclepias lanuginosa* Nutt.				0,0022		
esteva , vime	*Chilopsis linearis* (Cav.) Doce.				0,014		
desconhecido 1			0,034				
desconhecido 2					0,04		
desconhecido 3						0,2	
número de diferentes espécies		7	11	13	17	21	15

Na segunda , quarta e quinta data de amostragem alguns grãos de pólen de três pisos diferente que não foi possível identificar dele origem botânica e, portanto, foram em qualidade desconhecida .

As espécies cujo percentagem em número de grãos de pólen em a aparência era importante , pois o da planta algaroba , por ele tamanho pequeno grão de pólen (40 x 35 mícrons) foi visto reduzido ele porcentagem ao calcular dele volume capturado .

A maior quantidade de pólen de ele do início ao fim do período de observação veio das flores de melão como mostrado o porcentagens de cada uma das datas de amostragem em onde pelo menos metade do pólen coletado em o primeiro mês de floração correspondeu à colheita mirar . Nesses resulta a planta para polinizar tive o maior valores porcentagens de ele início da amostragem e aumento em o subseqüente períodos . O grão de pólen do melão tem tamanho grande (85 mícrons de diâmetro) em comparação com a maioria das espécies vegetais encontrado . O pólen do governador, embora de tamanho reduzido (18 x 20 mícrons), descobriu-se importante por dele quantia em o 9° e 20° dias de floração .

As espécies legumes menores presença nas amostras (número base de grãos de pólen) foram vistos diminuiu quando transformado em porcentagem de volume , então espécies como quelite e dente de leão , praticamente representar vestígios em datas de amostragem por causa de sua tamanho do pólen (menos de 50 mícrons . Grama formiga e milho Eles estavam entre o maior pólen de plantas coletados (mais de 100 mícrons de diâmetro), mas por o baixo número de grãos de pólen rebocado pelas abelhas não apresentou volume significativo durante a floração melão simultâneo .

O número de plantas diferente , esta é a diversidade de espécies pecoreadas para as abelhas incluindo melão e cujo pólen era transferido para as abelhas para a colmeia em cada data de floração , variou de 7 a 21 , aumentou significativamente constante de ele começar para o terceiro semana de floração (24° dia) e diminuição na última data .

Quantidade de pólen coletado para as abelhas

Os dias floridos eles salvaram relação com a quantidade de pólen capturado nas armadilhas de colônia , já que a quantidade de pólen coletado para as abelhas os polinizadores aumentaram com o passar do tempo ele tempo .

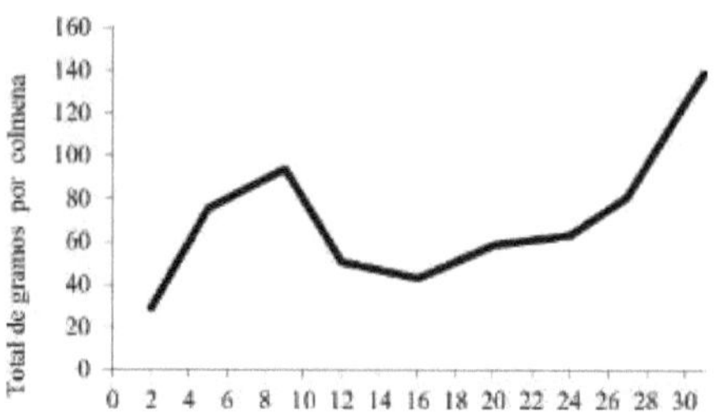

dia de amostragem

Quantidade de pólen colmeia corbicular polinizadores em o primeiro mês de floração do melão Cruiser

Existia diferença em ele quantidade de pólen coletado durante o primeiro mês de floração do melão, correspondendo ao 31º dia de floração a quantidade máxima , e o Nos 12º, 20º e 24º dias de amostragem o valor mínimo é são três datas igual entre sL

Imagens de microscópio onde os vários formas e tamanhos do pólen (Fotografias Roberto Quintero Dominguez)

A quantidade de pólen pecoreado para as abelhas polinizadores mudar com períodos de floração das plantas adjacente e um maior número de flores em ele tempo por ele crescimento do melão , então em esta região a algaroba teve um curto período de busca por suas flores que terminou em 12º dia de floração do melão e algo semelhante aconteceu com a alfafa cujo disponibilidade floral é em função do seu colheita como forragem . O acima foi visto refletido em a falta de pólen no meio do período em estudo que foi substituído por ele pólen de plantas de governadora e sorgo , como principal fontes e para um maior número de espécies em florescer de a distância indeterminada .

Nisso trabalhar a espécie visitado para as abelhas mostrou que as plantas selvagem e cultivado diferente do melão que eles exercitaram atração por dele pólen mas ele tamanho do grão de pólen doença dele volume . A colheita para polinizar Ele mostrou o maior tamanho de grão e foi ele favorito pelas abelhas . Semelhante resultados eram observado na polinização induzido em ele cultivo de pepino onde ele pólen corbicular capturado nas armadilhas foi de 43 a 54% e veio de originalmente da planta a ser polinizada [10] .

Considerando ele diâmetro de cada grão de pólen [12] , de um tamanho muito pequeno como a do governador e da mustacilla ; médio como o do pepino, o algaroba e alfafa; grande ele pólen de melão e tamanho uniforme muito grande como ele pólen de milho , mas dele A real importância é dada pela combinação do tamanho dos grãos e da quantidade de grãos coletados .

Mesquite e alfafa foram as plantas mais visitadas para as abelhas depois das plantas de melão , uma vez que ambas as espécies são consideradas principalmente secretores de néctar comparação do melão que é considerado uma planta polinífera [13] ; esse era observado em amostras de pólen Bem, flores com maior teor de néctar e recompensa de pólen eles podem também recebem mais visitas do que flores com menor conteúdo . Supondo que isso sensibilidade à condição floral e fatores externo que altera dele comportamento reprodutivo e

150

recompensa eles podem alterar dele oportunidade de ser pecoreado [14] , e isso se apresenta na planta governa quando as flores de algaroba e alfafa desapareceram , e isso por sua vez o tempo é substituído por sorgo como fonte de pólen . Essa substituição pode ser pelo conteúdo político ou pela proximidade das flores , pois se sabe que o polinizadores em seus voos Eles escolhem as flores de acordo com a recompensa e o gasto energético . em dele transferência para a coleção [15,16] .

Volumes de pólen armazenado para as abelhas em dele pecoreo mostrou que a quantidade de plantas disponível para o fornecimento de pólen eram variáveis , mas a quantidade total durante a floração da cultura a ser polinizada era em subida durante última semana do mês de floração e isto deveu- se ao contributo da cultura do melão que foi crescendo e desenvolvendo mais flores. O feromônio produzido pela reprodução de larvas estimular ele comportamento das abelhas polinizadores na coleta de pólen [10] ajustando a atividade de forrageamento de pólen de acordo com a necessidade da colônia , determinada pela quantidade de pólen armazenados e criados jovem presente em os favos de mel [17] . As investigações relacionado à disponibilidade de pólen estão referindo-se às condições ambientes que podem afetar a produção de pólen quer alteração do número de flores ou produção individual de pólen por cada flor [18] ; o acima foi possível definir em esse experimentar para a diversidade nas plantas poliníferas e o períodos em que eles estavam disponível em ele tempo .

O efeito da retenção de pólen na armadilha poderia tem um efeito em populações de colmeias destinada dele reunião Bem, a quantidade de pólen detido para as armadilhas e o armazenado altere a probabilidade de que as abelhas pecoreen para acumular essas reservas [19] desde a abelha meHfera exibe comportamento nutricional facilmente manipulado por dele extremamente alta fidelidade [20] e aprendizagem olfativa [21] .

Nisso variações não foram avaliadas na quantidade de criação de colônias de abelhas , já que se sabe que as quantidades de pólen ingerido para as abelhas trabalhadores Eles variam com a idade , aumenta em o estágios juvenis e diminui ao mínimo em abelhas forrageiras [10] , [22] . Alimentação de pólen Pode ser um mutualismo , assim como a polinização , se o alimentação de insetos pode dispersar ele pólen não consumido órgãos reprodutivo fêmeas da planta com maior eficiência que a dispersores como ele vento , chuva ou gravidade [23] .

No final do mês de floração foi observado ele máximo entrada de pólen e isso aumentar aconteceu com ele máximo porcentagem de pólen de melão na amostra . Nisso data em que a planta cultivada estava suficientemente grande para segurar maior número de flores e portanto maior contribuição de pólen .

Pisos visitado para as abelhas identificado através ele pólen encontrado nas colmeias durante a polinização do melão

O pólen coletado das armadilhas nas colmeias durante ele período de polinização serviu para identificar a espécie vegetais visitado pelas abelhas . Esta identificação mostrou que as flores das plantas selvagem e cultivado diferente do melão que eles exercitaram atração por dele pólen , mas ele o tamanho do grão pode ser uma condição disso preferência já que ele colheita de melão para polinizar Ele mostrou tamanho grande pólen e foi ele favorito pelas abelhas , como mostraram o porcentagens em número de grãos capturados e sua volume .

A vegetação visitado por abelhas , identificado através de seu pólen [24] é mostrado abaixo em ordem de importância em relação ao volume coletado [25] , seu o tamanho individual é expresso em mícrons que -o milésimo parte de um miHímetro -:

Melão

Tamanho do grão de pólen grande , redondo , com 85 mícrons de diâmetro , com três poros visível , aberto para o exterior a figura em meia-lua , magra e de cor escura . Capa superfície fina , simples e de granulação fina , de cor marrom claro.

Mesquita

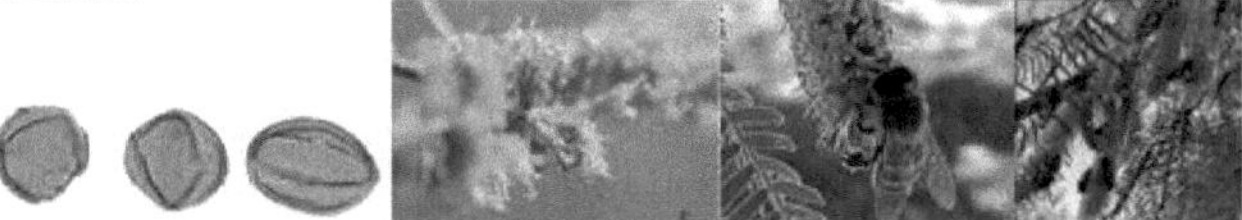

Pólen de tamanho médio , 40 estrangulamento perto da base. duas ranhuras longitudinal visível e pele cor marrom claro suave .

Alfafa

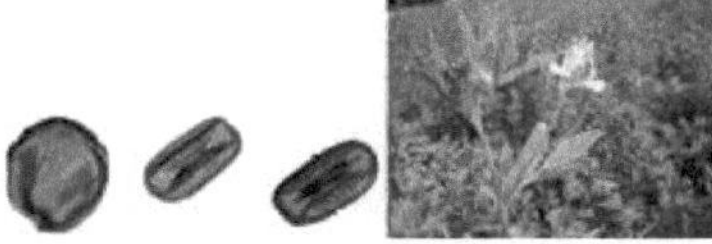

tamanho do pólen pequeno , alongado 33 x 38 mícrons em vista lateral e 20 x 37 mícrons quando visto frontalmente , e com formato semelhante a um saco . Sulcos longitudinal e superficial cor marrom claro suave .

Sorgo

grão de pólen grande , oval a arredondado , 51 x 56 mícrons de diâmetro , com um poro visível em uma extremidade , um figura em forma de coração que translúcido em seu interior e um capa exina espessa , estriada cinza escuro . Superfície cinza claro ligeiramente rugosa.

Governador

muito pólen pequeno , 18 x 20 mícrons de diâmetro , arredondado , apresenta três concavidades , uma capa exina espessa superfície lisa e áspera . Cor marrom fraca e translúcida .

Maguey

tamanho do pólen muito grande , 105 x 125 mícrons , semicircular com um sulco transversal visível . Camada de exina de espessura média, com barras fixadas , superfície cor marrom claro reticulado grosso.

Pepino

Tamanho do grão de pólen médio , redondo , 46 mícrons de diâmetro , com três poros visível cercado por um halo membranoso de cor mais brilhante escuro . Capa superfície fina , simples e de granulação fina , de cor marrom claro.

Mostacila

Mostacilla

 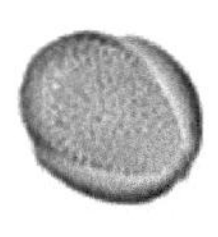  

tamanho do pólen muito pequeno , com 17 mícrons de diâmetro , arredondado , com projeção superfície oval coriáceo . Camada de exina de espessura média de pequenas barras externo preso com um larga faixa cinza passando através longitudinalmente o grão. Superfície marrom clara.

Trapaceiro

grão de pólen médio , irregular redondo de 37 mícrons de diâmetro , com ranhura central definida e abertura no centro . Tem dois pequenos solavancos em lados opostos da superfície marrom acinzentado translúcido . Camada de exina de espessura média , lisa e brilhante .

Sandía

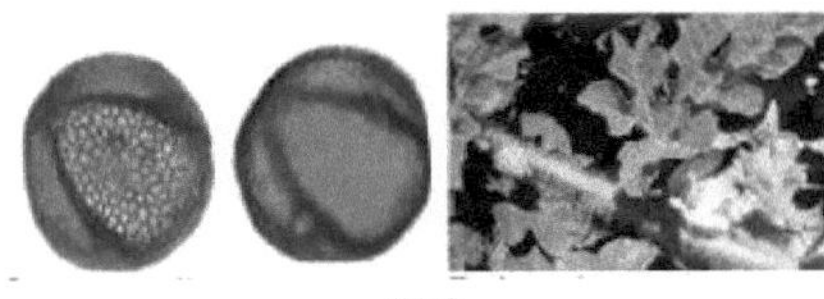

Polen de tamaño grande, de 79 micras de diámetro, redondeado y con una proyección aovada de superficie coriácea.
Capa media de exina de barras externas pegadas. Superficie de color café claro.

C̄uscuta

tamanho do pólen pequeno , com diâmetro de 26 mícrons , arredondado com camada de exina de pequenas barras superfície próxima e fina e áspera de cor marrom claro.

Ēucalipto

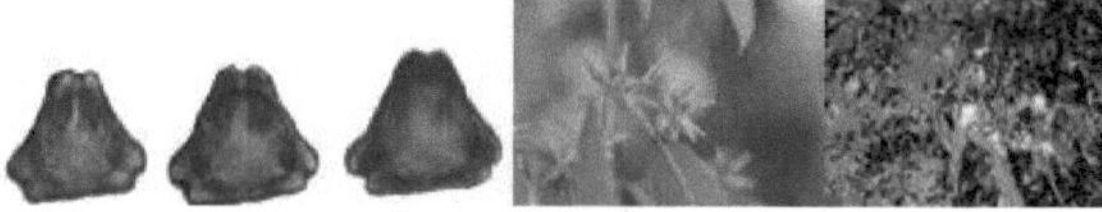

Pólen vistoso , com aparência de ser inflado , muito pequeno , de formato triangular, 20 x 20 x 20 mícrons , com poros em o vértices . Capa exibição translúcida aberturas como lábios avermelhados . Superfície lisa marrom - avermelhada .

Q̄uelite

grãos de pólen redondo , tamanho diâmetro médio de 32 mícrons com um grande número de aberturas branco redondo . Superfície granular fina de cor marrom claro e camada intermediária de exina de cor vermelha.

---

grama de formiga

muito pólen grandes 105 mícrons de diâmetro e coluna superfície granular translúcida de 5 mícrons com estruturas e poros vermelhos definiram . Capa exina fina com barras espaçadas larga e de cor um pouco mais clara que a corpo de grãos .

trepadeira perene

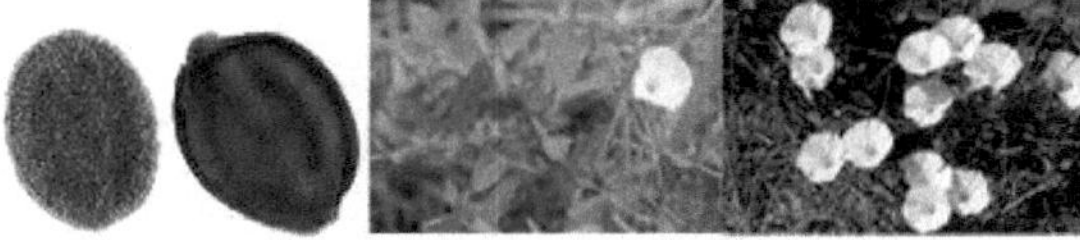

grão de pólen grande 75 X 94 mícrons , formato oval alongado com protuberâncias em os pólos , camada exina espesso com pequenas barras , superfície granular de marrom a marrom avermelhado .

Trepadeira Anual

grãos de pólen pequeno e redondo com 22 mícrons de diâmetro , bordas irregular e a exina é uma capa muito barras médias grossas marrom claro preso . Superfície reticulada cinza claro .

Amarelo ou tulipa

tamanho do pólen muito grande com diâmetro de 107 mícrons , redondo com projeções como espinhos Cilíndrico de 10 mícrons , superfície com aparência de treliça e cor vermelha brilhante.

Ocotillo

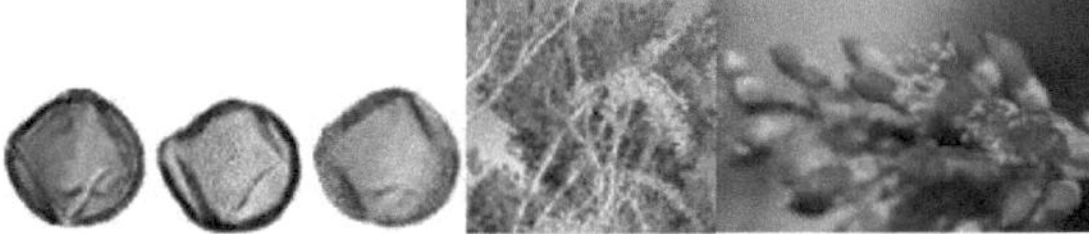

Pólen médio , irregularmente redondo com 41 mícrons de diâmetro . Superfície áspera marrom claro formando a caroço semelhante a um diamante ele Centro . Borda de espessura média de barras achatadas contíguo .

Milho

grão de pólen muito grande , arredondado com 120 mícrons de diâmetro , com um poro visível em uma extremidade e um capa grosso , estriado , marrom -creme claro . Superfície castanha clara ligeiramente rugosa .

Tatá Lencho

muito pólen pequeno irregularmente redondo com 20 mícrons de diâmetro e camada com espinhos pontiagudos 4 mícrons translúcido . Superfície marrom granulada fina .

Engolir

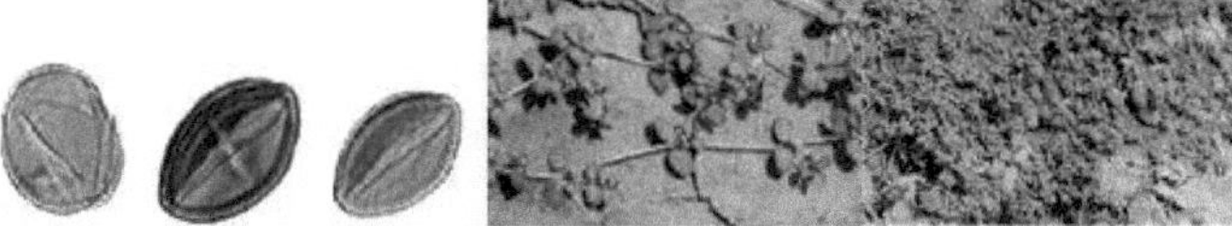

tamanho do pólen formato elíptico médio , 33 x 30 mícrons , seu grão é ovóide com uma camada exina de pequeno círculos e sulco central longitudinal bem definido . Cor marrom em diferente tons .

Zacate Buffel

Tamanho do grão de pólen pequenos 30 mícrons de diâmetro , irregularmente redondo com um figura central quadrada irregular . camada de exina fino, de cor e superfície escuras liso marrom claro .

Dente de leão

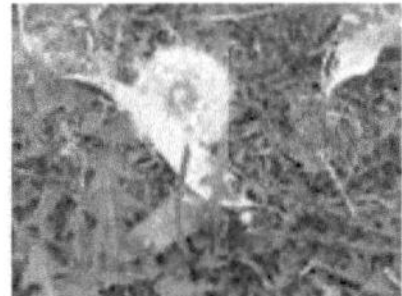

tamanho do pólen formato hexagonal médio 35 x 47 mícrons com poros e espinhos bem definidos fino 3 } m . Borda interna larga e escura e superfície em rede com aparência áspera .

Grão de bico

tamanho de grão pequeno , 28 mícrons , seu grão é oval, com dupla camada de exina de pequeno círculos sulco central unido e bem definido longitudinalmente . Cor marrom e cinza em tons diferentes .

Girassol

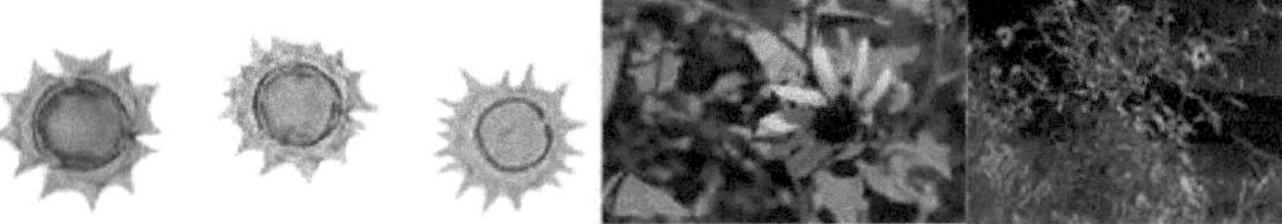

Grãos redondos e médios de 35 mícrons de diâmetro , a exina em capa fino com espinhos afiado 10 mícrons fixo como Raios solares em três grupos cinza claro equidistante . Superfície de granulação fina marrom clara .

---

grama chinesa

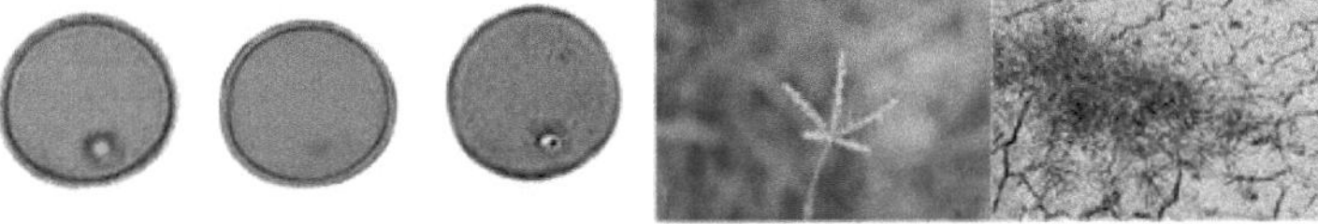

tamanho do pólen pequeno irregularmente redondo com 23 mícrons de diâmetro e poro visível . A exina em a capa muito magro um pouco avançar superfície e textura de cor escura do que cinza claro suave

---

fedido

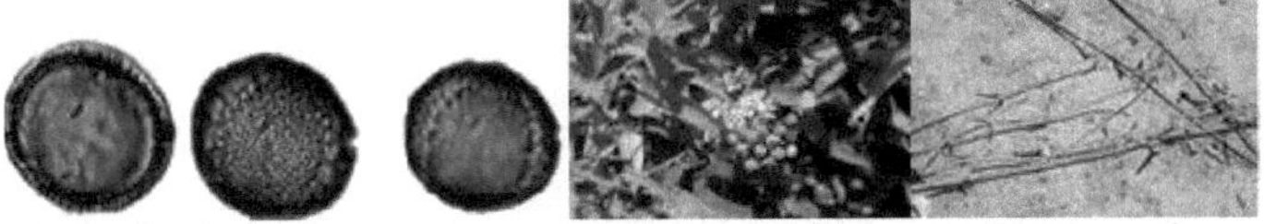

Tamanho redondo do pólen pequeno com poros equidistante , 24 mícrons de diâmetro , superfície de aparência camada de bordas coriácea e exina estriado .
Cor café escuro .

Jara ou vime

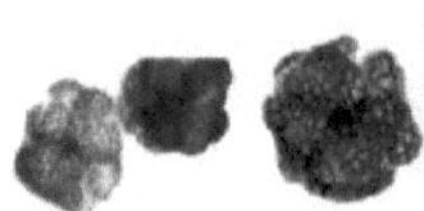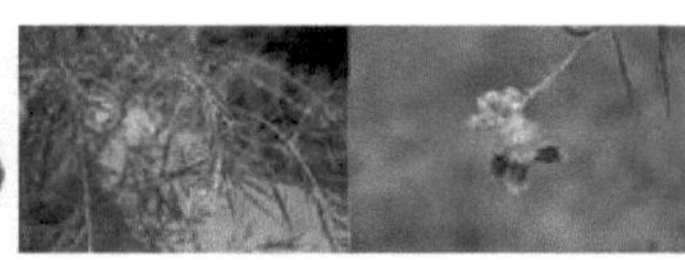

mícrons de diâmetro a **Conclusões** As plantas mais importantes pecoreadas para as abelhas durante a polinização induzido a partir do cultivo de melão em ordem de porcentagem , eles foram : cortar alvo melão , algaroba , alfafa, governa, pepino, mostacilla e sorgore respectivamente . As plantas visitado em menor proporção Eram maguey , trompillo , melancia , dodder , eucalipto , quelite , formigueiro , trepadeira perene , trepadeira anual , amarelo, ocotillo, milho , Tata Lencho, andorinha , capim Buffel , dente-de-leão , grão de bico , girassol, capim chinês, fedorento e vime . O número de espécies vegetais diferente visitado para as abelhas durante a polinização das culturas , nas datas de amostragem incluindo o melão , foram : 7, 11 , 13, 17, 21 e 15 respectivamente . Volume de pólen de melão capturado para as abelhas durante ele mês de polinização era dominante e variou de 51 a 95%, o que significa que o pólen capturado de outros pisos Foi um complemento às suas necessidades comida .

Flor de melão polinizada hermafrodita mostrando ele espessamento do ovário que dará origem da fruta (Fotografia Olga Araceli Zapata Ramos)

Referências

1.	Cana JH. Abelhas polinizadoras (Hymenoptera: Apiformes) da alfafa dos EUA comparadas quanto às taxas de produção de vagens e sementes. JEcon Entomol . 2002;95(1):22-7.
2.	Gorelick R. A polinização por insetos causou aumento da diversidade de plantas com sementes? Biol J Linn Soc. 2001;74:407 -27.
3.	Gingras D, Gingras J, De Oliveira D. Visitas de abelhas (Hymenoptera: Apidae) e seus efeitos sobre produtividade de pepino no campo. HorticEntomol . 1999;92(2):435-8.
4.	Kevan PG, Baker HG. Insetos como visitantes de flores e polinizadores. Ann Rev Entomol . 1983;28:407 -53.
5.	Kremen C, Williams NM, Thorp RW. Polinização de culturas por abelhas nativas em risco devido à agricultura intensificação.Proc Natl Acad Sci USA. 2002;99(26):16812-6.
6.	Kearns CA, Inouye DW, Waser N. Mutualismo ameaçado: A conservação das interações planta-polinizador. Ann Rev Ecol Syst. 1998;29:83 -106.
7.	DeLaplane KS, Mayer DF. Princípios e práticas de conservação das abelhas. Ciência das Abelhas. 1996;4:4 - 10.
8.	Ricketts TH, Daily GC, Ehrlich PR, Michener CD. Valor econômico da floresta tropical para a produção de café.Proc Nat AcadSci USA 2004;101(34):12759-582.

9.   Klein AM, Stefaffan-Dewenter I, Tscharntke T. Polinização por abelhas e frutificação de *Coffea arabica* e *C. canephora* (Rubiáceas). Sou J Botânica. 2003;90(1):153-7.

10.   O feromônio Pankiw T. Brood regula a atividade de forrageamento das abelhas melíferas (Hymenoptera: Apidae). JEcon Entomol . 2004;97(3):748-51.

11.   Eischen F, Underwood BA, Collins A. O efeito do atraso da polinização na produção de melão. J Apic Res. 1994;33(3):180-4.

12.   Sawyer R. Identificação de pólen para apicultores. Cardiff, University College Cardiff Press, Londres, Reino Unido 1981;111p.

13.   Delaplane KS, Mayer DF. Polinização de culturas por abelhas.University Press. Cambridge, Reino Unido 2000;352p.

14.   Krupnick GA, Weis AE, Campbell DR. "As consequências da herbivoria floral para o serviço polinizador de *Isomeris arborea* ". Ecologia. 1999;80(1):125-34.

15.   Lee WR. A distribuição não aleatória de abelhas forrageiras entre apiários.J Econ Entomol . 1961;52:928 -33.

16.   Waser NM, Chittka L, Price MV, Williams NM, Ollerton J. Generalização em sistemas de polinização e por que é importante. Ecologia. 1996;77(4):1043-69.

17.   Dreller C, Tarpy D. Percepção da necessidade de pólen por forrageadoras em uma colônia de abelhas. Anim Comportamento . 2000;59(1):91-6.

18.   Delph LF, Johannsson MH, Stephenson AG. Como os fatores ambientais afetam o desempenho do pólen: Perspectivas ecológicas e evolutivas. Ecologia. 1997;78(6):1632-9.

19.   Amdam GV, Norberg K, Fondrk MK, página RE. O plano reprodutivo pode mediar os efeitos da seleção em nível de colônia no comportamento individual de forrageamento das abelhas melíferas. Proc Nat AcadSci EUA. 2004;101(31):11350-5.

20.   Meller VH, Davis RL. Bioquímica da aprendizagem de insetos: lições com abelhas e moscas. Bioquímica de insetos Molec . 1996;26(4):327-35.

21.   Wright GA, Smith BH. Diferentes limiares para detecção e discriminação de odores na abelha melífera (*Apis mellifera*).Chem Senses. 2004;29(2):127-35.

22.   Hrassnigg N, Crailsheim K. A influência da ninhada no consumo de pólen das abelhas operárias (*Apis mellifera* L.). J Inseto Physiol. 1998;44(5-6):393-404.

23.   Labandeira CC. Quantos anos tem a flor e a mosca? Ciência. 1998;280(5360):57-9.

24.   Reyes-Carrillo JL, Munoz-Soto R, Cano-Rfos P, Eischen FA, Blanco Contreras E. Atlas do pólen de la Comarca Lagunera , México. Guzman Editores , México, DF 2009;347p.

25.   Reyes-Carrillo JL, Eischen FA, Cano-Rfos P, Rodnguez- Martmez R, Nava-Camberos U. Planta visitada por abelhas forrageadoras durante a polinização induzida do melão. Lei Zool Mex (ns). 2009;25(3): 507-14.

"As abelhas Eles têm cheiro , você sabe , e se não, devem , porque seus pés são "polvilhado com especiarias de um milhão de flores"
Ray Bradbury

14. Manejo de pragas e doenças em ele Cultivo de melão para proteção das abelhas

Urbano Nava Camberos, Jorge Maltos Buendia e Verônica Avila Rodríguez

Introdução

Os insetos peste e doenças constituir um dos principais limitando a produção e a qualidade do cultivo do melão , devido à dano diretos que causam à cultura , por o custos que surgem do seu combate e doenças , principalmente viral , que insetos vetores transmitido às plantas [1] . Baseado em dele importância econômico ele O complexo de pragas do melão está dividido em dois grupos : 1) pragas importantes primário : mosquito besouro da folha prateada , pulgão e bicho- mineiro e 2) pragas importantes secundário : cigarrinha verde , diabrótico , grilo , lagarta do cartucho , verme falso medidor , broca de frutas , pulga manakin e aranha vermelha [2] .

O principal As doenças do melão são: a) fúngicas : murcha vascular devido a *Fusarium* , oídio e praga cedo , b) doenças causado por nematóides e c) doenças causado devido a vírus: amarelecimento do melão e vários tipos de mosaicos viral : mosaico de pepino , mosaico de areia , mancha anel de mamão , mosaico de abóbora) e mosaico abobrinha amarela [3] .

Manuseio O controle integrado de pragas (MIP) e doenças do meloeiro consiste no uso de ferramentas de tomada de decisão e táticas ou métodos de controle . O uso de métodos de amostragem eficiente para estimar a densidade de pragas e a incidência de doenças ; como ^ como o limites econômico ou de ação - densidade de pragas acima do qual o dano é causado econômica - são as ferramentas que permitem pegar a decisão de gestão correta . As táticas de controle disponíveis são: controle cultural, uso de variedades resistente , controle biológico e controle químico [1] .

Pragas importantes primário

Mosca-branca de folha prateada (MBHP)

O voo branco é um praga afetando uma variedade ampla variedade de culturas hospedeiros , como melão, algodão , pimenta e culturas de inverno , primavera e verão em o Sul do Estados Unidos e México. O voo A Blanca está estabelecida desde 1990 em a ameaça significativa mundo . Na região de Lagunera , foi estabelecida em um problema fitossanitária desde 1995 , causando perdas na produção de 40 a 100% em plantações legumes e um aumento em ele número de aplicações do produto produtos químicos para o seu combate em melão, abóbora, tomate e algodão [4] .

Adultos , ovos e ninfas da mosca branco (Fotografias de Urbano Nava Camberos e Veronica Avila Rodriguez)

Descrição morfológico . O adulto Mede 0,9 a 1,2 milímetros de comprimento , asas brancas e o corpo amarelado . O pequeno ovo É fusiforme com a parte anterior mais aguda que a posterior, é de cor amarela . pálido recentemente ovipositada e castanha escuro antes de abrir , meça em em média 0,2 milímetros e o exterior é liso e brilhante, geralmente são ovipostos em posição vertical em ele parte inferior das folhas. As ninfas passar por quatro ínstares , o primeiro recebe ele nome de " caminhante " e o último de "pupa". O primeiro ínstar ninfal é oval, semitransparente , de cor verde . amarelado , medidas em em média 0,3 milímetros de comprimento e com aspecto de pequeno escala O segundo ínstar mede 0,5 milímetros de comprimento, e o terceiro e quarto urgir medir em média de 0,7 e 0,8 milímetros , respectivamente . No final do terceiro e ninfas de quarto ínstar , elas têm manchas oculares distintos , por isso são chamados Geralmente ninfas dos olhos vermelhos . O quarto ínstar ou "pupa" tem manchas oculares proeminente , é oval , plano e com margens arredondado . A partir do 4° ínstar emerge a ninfa adulto através de um fissura Em forma de "T" [5,6].

Biologia e hábitos . **Muitas vezes** surgem machos e fêmeas próximo um ao outro na mesma folha . O acasalamento tem lugar depois de um namoro complicado , que dura de 2 a 4 minutos , e pode tendo cópulas múltiplas. As fêmeas fertilizadas Produzem machos e fêmeas, enquanto os não fecundados produzem apenas fêmeas; fertilidade O MBHP estimado no melão foi de 153 a 158 ovos . Níveis de infestação de adultos no melão eles eram maior em ele ano de 1996 do que em 1997, disse níveis eram maior que cinco Adultos por folha durante a maior parte do ciclo da cultura . O período de desenvolvimento do ovo ao adulto nas variedades de melão Tam Sun e Gold Rush , variou de 14,7 dias a 30 graus centígrados aos 35,9 dias a 20 graus centígrados [57] .

Dano. O MBHP pode causa o seguindo tipos de danos : 1) sucção da seiva , que reduz o vigor da planta e sua produção , 2) excreção de melada , que reduz a qualidade do produto , 3) transmissão de doenças viral e 4) injeção de toxinas , que induzir distúrbios fisiológico nas plantas . A pequena mosca batata doce branca e MBHP transmitem mais de 30 diferentes agentes causas de doenças viral , como geminivírus e closterovírus , que afetam as plantas . Na região de Lagunera foram [8,9] observado sintomas causado por geminivírus em pimentão e tomate e closterovírus em o anos de 1999 e 2000. A injeção de toxinas durante ele processo de alimentação das ninfas , causa síndromes como aquele com a folha de prata na abóbora, maturação irregular do tomate , palidez do caule em brócolis e amarelecimento da folhagem da alface [8,11] .

Amostragem e limiar económico . Foi determinado que o adultos e ovos do mosquito brancos são mais abundantes nas folhas terminais - quarta folha a partir da ponta da grna - , enquanto as ninfas olhos grandes São vermelhas nas folhas basais - até a quarta folha a partir do ápice da guia - [12] . Palumbo et al. [13] , formulou um plano amostral , o qual consiste em amostra 200 folhas terminais de um quarto nó por propriedade , tirando 50 folhas por quadrante e recomendo medidas de controle quando 65% ou mais das folhas são encontradas infestadas com um ou mais adultos . Esta percentagem de folhas infestadas é baseado com um limite econômico de 3 adultos por folha, mas para a Comarca Lagunera [14] foi determinado um limiar económico de 2,4 adultos por folha.

Ao controle. O diferente táticas de gestão integrado incluir :

1) controle cultural qual considera configurações nas datas de plantio durante os meses de janeiro para abril , para ter populações por abaixo do limiar económico de 3 adultos por folha, uma vez que a taxa de aumento a população é maior à medida que o cultivo é estabelecido mais tarde . Outras ferramentas de controle cultural são a destruição de resíduos de culturas , restrição de plantio de hospedeiros suscetíveis , uso de barreiras físicas - abrange flutuante e reflexivo -, seleção de variedades precoces e resistentes , como "Cruisier", "Primo" e " Hymark " que toleram infestações vítimas de mosquitos branco e sofrer menos danos , rotação de culturas e boa saúde do material vegetal.

2) Controle biológico através parasitóides povo nativo .

3) Controle químico , eles devem fazer tratamentos medidas preventivas para mudas de melão com inseticidas sistêmicos como imidaclopride ou tiametoxam em ele estufa antes do transplante e realizar a aplicativo em *encharcar* - mergulhar - no solo ou através do sistema de irrigação por gotejamento de inseticida sistêmicos como imidaclopride, tiametoxam , dinotefurano ou ciantraniliprole . As aplicações foliar eles devem considerar inseticidas seletivo e baixo toxicidade para inimigos naturais e polinizadores como espiromesifeno , buprofezina , piriproxifeno , pimetrozina , amitraz e ciantraniliprole [2,15-17] .

Pulgão melão

O pulgão do melão também chamado algodão é um espécies cosmopolita entre suas plantas anfitriões Além do melão, há ele algodão , outros cucurbitáceas , legumes e alguns espécies de ervas daninhas .

Descrição morfológico . Mede aproximadamente 2 milímetros de comprimento , sua cor é verde . amarelado a enegrecido ou verde escuro . As características mais importantes para diferenciá-lo dos demais as espécies são : tubérculos antenais pouco desenvolvidos , cornículas escuro , quais emagrecem da base ao flange As colônias podem ser formado por indivíduos alados ou sem asas [2,6,17] .

Folhas infestadas com adultos e ninfas do pulgão do melão (Fotografias de Agustín Alberto Fu Castillo e Urbano Nava Camberos)

Biologia e hábitos . Em regiões frias hiberna como ovo e em lugares tropicais ou semitropicais que dão origem a ninfas viva o que acontece por quatro ínstares . As fêmeas amadurecem em 4 a 20 dias Dependendo da temperatura , produz de 20 a 140 indivíduos com média de 2 a 9 ninfas . por d^a . Sob condições ambiental ótimo em os meses mais quentes do verão , o ciclo de vida completa em 5 a 8 dias , para que você possa produzem um grande número de gerações por ano [2,6,17] .

Dano. Os pulgões estão localizados geralmente em ele parte inferior das folhas e ambas as ninfas como Adultos Picam e sugam a seiva da planta, além disso , excretam melada em onde você pode desenvolver ele fungo " fuliginoso " , que isso afeta qualidade e desempenho de frutas e, com alto infestações , pode mate as plantas . É o vetor do seguintes vírus: mosaico de pepino, abobrinha e melancia que afeta também para melancia , pepino e abóbora [2,6,17] .

Amostragem e limiar económico . O monitoramento de adultos pode ser levar a cabo colocação ao redor da colheita armadilhas amarelo pegajoso 10 x 5 centímetros . O limiar económico não foi determinado para cada uma das regiões onde o melão é plantado , porém, você pode usar o limite recomendado em ele centro e noroeste do país que é de 5 a 10 pulgões média por folha [2,17] .

Ao controle. A prática recomendado contra isso a peste é a uso de barreiras físicas , como capas flutuando antes da floração , barreiras de plantas e cobertura morta reflexivos , pois reduzem consideravelmente dele incidência . Existe um grande número de inimigos naturais que se mantêm sob controle esse pulgão , como o predadores crisopídeos , joaninhas e seus parasitóides . Este inseto é de difícil controle com inseticidas , pois os tratamentos precocemente não previnem a transmissão de vírus, embora Sim reduzir a propagação dentro do campo. A maior parte inseticidas recomendados atualmente contra isso pragas não são seletivas e têm alto toxicidade para inimigos naturais e polinizadores , como endosulfan , dimetoato , oxamil , bifentrina e imidaclopride. A seguir inseticidas Agentes bioracionais são recomendados para controle de pulgões : pimetrozina , sabonetes e óleos [2,15,17] .

mineiros

Descrição morfológico . Os adultos são pequenos mosquitos pretos e amarelos brilhantes , com um mancha amarela triangular na parte dorsal entre as bases das asas; a parte inferior da cabeça e a região entre o olhos , também é amarelo; enquanto o Adultos diferir em que eles têm ele peito coberto com cogumelos ou cerdas sobrepostas que lhe conferem cor cinza prateado . As larvas do minador são vermes fino , amarelo brilhante , sem pernas e medindo até 2 miKmetros de comprimento quando saia das folhas. As pupas têm aparência de grãos de arroz e são de cor marrom, encontrando-os nas folhas e o chão [2,17] .

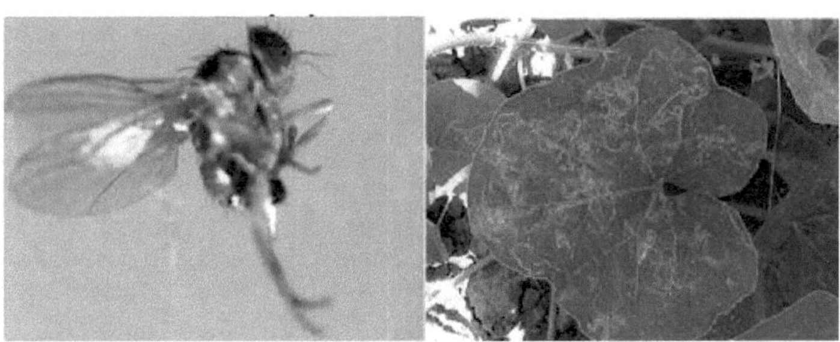

Mineiro e Dano Adulto em folha de melão (Fotografias de Urbano Nava Camberos e Agustin Alberto Fu Castillo)

Biologia e hábitos . As fêmeas mordem as folhas jovens e põem ovos. dentro destes mordidas em o interior da folha. Nas folhas você geralmente pode ver numerosos morde , no entanto, apenas uma baixa porcentagem contém ovos adultos Eles geralmente se alimentam de exsudações daqueles mordidas . Em poucos dias as larvas se desenvolvem e iniciam dele alimentando abaixo da cutteula da folha. A temperatura ideal de desenvolvimento é de 29 a 32 graus. centígrados e seus o crescimento é visto afetado Sim há 10 graus centígrados ou menos . O ciclo de vida completo requer duas semanas em regiões com clima quente e pode ser envie até dez gerações por ano . Os ovos ter a duração de 2 a 4 dias antes da eclosão ; a larva passa por três ínstares com duração de 7 a 10 dias antes da pupação -8 a 15 dias -, geralmente em ele chão . O acasalamento do Adultos ocorre durante as próximas 24 horas após a emergência ; cada mulher pode ovipositam até 250 ovos . Devido a diverso hospedeiros - culturas e ervas daninhas -, o camada de minas sobreviver durante todos ele ânus , saindo de uma colheita para outro ou de um erva daninha para outro [2,17] .

Dano. O dano inicial por oviposição e alimentação adultos , consiste em perfurações pequeno nas folhas, então quando as larvas emergem , elas Eles prejudicam as folhas causando maiores danos . No início as minas são pequenas e estreitas e vão aumentando dele tamanho à medida que a larva cresce . O dano direto dessas minas é a redução da clorofila e da capacidade fotossíntese de mudas . Para outro lado , minas e poços Favorecem a entrada de patógenos . Graves danos como nas regiões de Apatzingan , Michoacán; Sinaloa e região de Lagunera causa desfolha e queima de frutos com redução em desempenho e qualidade . Se ele dano aparece Após o amadurecimento dos frutos , reduz consideravelmente a concentração de açúcares [2,17] .

Amostragem e limiar económico . O limiar económico não é determinado para isso cultivo , mas é sugerido siga a metodologia recomendado em tomate , que consiste em colocar Bandejas plásticas de 30 x 38 centímetros sob as plantas para capturar larvas maduro e o que você é pupen nas bandejas , em hora em que eles fazem isso em chão . O limiar económico com este metodologia para a costa sudeste da Califórnia em Estados Unidos , é quando há uma média de 10 pupas por bandeja por d^ um em 3 ou 4 dias consecutivos [17] . Quando não há pupas, embora Existem minas recentes , isso indica que há um bom controle natural. Se houver percentual de parasitismo superior a 50%, não é necessário aplicar . Uma recomendação É importante não estressar a colheita por falta de água durante dele desenvolvimento já que isso favores ele aumento do mineiro [2,17] .

Ao controle. Infestações por minadores no início do ciclo da cultura são comuns , porém são controladas por parasitóides . O uso inseticidas excessivos contra outros pragas , propício ele aumento do mineiro , porque eles são removidos o parasitóides nativos , por isso é recomendado amostra para estimar o percentagens de mineiros e níveis de parasitismo antes de qualquer pulverização . As primeiras minas são detectadas em folhas novas e isso amostragem pode ser realizar , além das bandejas , com armadilhas amarelo pegajoso , para determinar a infestação inicial e a espécie da minadora . A maior parte inseticidas recomendado atualmente contra isso pragas são altamente tóxico para inimigos naturais e polinizadores , como dimetoato , diazinon, oxamil e esfenvalerato . inseticidas ciromazina , espinetoram e clorantraniliprole possuir a toxicidade moderado ou baixo para insetos benéficos e eficazes contra bicho- mineiro [2,15-17] .

Pragas importantes secundário

broca de frutas

Esta praga Broca das frutas , hiberna como adulto sob folhas, grama ou lixo ao redor dos campos de cultivo . No final de maio, o inseto abandona seus abrigos e se alimenta de vegetação adjacente até que a espécie horricola está estabelecido em campo . Os ovos duram de 4 a 5 dias e são postos em grupos de 3 a 10 em folhas ou botões floral . A larva requer 12 dias a 35 graus centígrados e 43 dias a 23 graus centígrados , passando por cinco insta . A fase pupal dura de 5 a 10 dias . Além do melão, este praga isso afeta também à abóbora "kabocha". O dano causado pelas larvas é o estigmas de flores , pode minar caules ou pecíolos e alimentam -se das folhas, entrelaçando -as com fios de seda . As larvas grande prefiro frutas em desenvolvimento , para qual eles perfuram apresentando exsudato fresco de cor laranja . Ao penetrar no fruto , as larvas Eles selam a entrada com pano de seda .

Adulto e larva da broca das frutas (Fotografias Urbano Nava Camberos e Homero Sanchez Galvan)

Foi observado que o maior danos são registrados em melões tipo melão , sendo mínimo em os do tipo suave ou *melado* . inseticidas eficaz contra pragas e com toxicidade moderados e baixos para polinizadores e inimigos naturais são espinosade , espinetoram, metoxifenozida , clorantraniliprole , ciantraniliprole , flubendiamida e *Bacillus thuringiensis* [2,16,17] .

cigarrinha verde

A cicharrita verde conhecido também como A cigarrinha da batata ou cigarrinha do feijão é nativa da América do Norte e ataca melão, alfafa e outros cucurbitáceas . Eles são insetos em metamorfose incompleto indo passando pelas fases de ovo, ninfa e adulto . Os ovos Duram de 8 a 9 dias , as ninfas passar por cinco ínstares e requerem de 8 a 14 dias para seu desenvolvimento antes de transformar em Adultos . A população deste aumento de insetos consideravelmente em condições de chuva e presença de ervas daninhas , como ele quelite . Adultos e ninfas Sugam a seiva das folhas, botões e pecíolos , injetando uma saliva tóxica que causa distorção das folhas. em ataques forte produzir clorose e necrose das bordas das folhas , reduzindo o vigor da planta. Não há relatos de danos à fruta . O inseticida acetamiprida é eficaz contra esta praga , possui a toxicidade moderado para abelhas e é parcialmente seletivo para inimigos naturais . Outros inseticidas recomendados para o controle da cigarrinha , como diazinon , metomil , esfenvalerato e imidaclopride são altamente tóxico para abelhas [2,17] .

Diabroticas

Os diabróticos hibernar como Adultos na base das plantas , ativando em temperaturas de 18 a 22 graus centígrados . Eles possuem metamorfose completo indo passando pelas fases de ovo, larva, pupa e adulto . O ovo tem a duração de 5 a 8 dias , a larva se desenvolve em ele chão por um período de 15 a 30 dias e a pupação necessita de 10 a 14 dias . Os adultos se alimentam de folhas e

flores e em ocasiões eles podem anel o caules e foliar as mudas

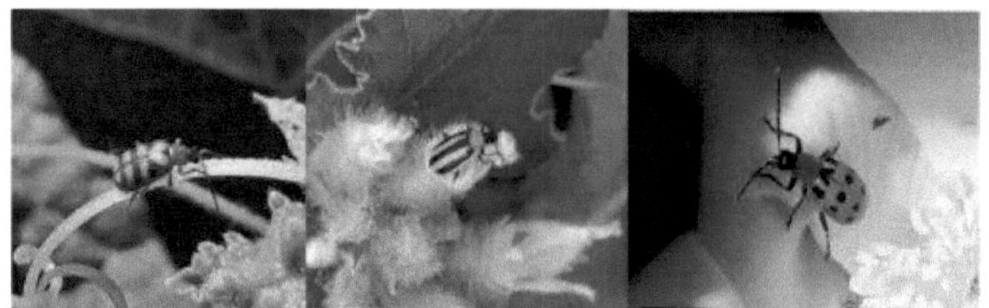
Adultos Diabróticos (Fotografias Urbano Nava Camberos e Homero Sanchez Galvan)

As larvas se alimentam nas raízes e na base do caules , reduzindo vigor ou causando a morte . Alimentação nas mudas e quando poderoso ventos , afetam a população de plantas drasticamente , fazendo necessário ele replantar . Os danos mais graves eles são causados por adulto transmitindo murcha bacteriano em melão e pepino. Também os diabéticos divulgar vírus do mosaico da abóbora . O inseticida acetamiprida é eficaz contra doenças diabróticas , possui a toxicidade moderado para abelhas e é parcialmente seletivo a inimigos naturais . Outros inseticidas recomendados para seu controle como diazinon, carbaril e esfenvalerato são altamente tóxico para abelhas [2,6,16,17] .

lagarta do cartucho

Esta espécie é uma praga da cucúrbita ciclos de primavera e verão na Costa de Hermosillo e Comarca Lagunera . Tem metamorfose completo indo passando pelas fases de ovo, larva, pupa e adulto - mariposa -. Os ovos são postos em massas , duram de 3 a 5 dias , depois a larva passa por seis ínstares , necessitando de 10 a 16 dias e a pupação que ocorre em ele terreno , dura seis dias . Inicialmente alimenta -se da folhagem das plantas , porém, seus maiores danos são causados por em frutas , onde faz buracos irregular isolado ou agrupado . Na maior parte casos ele O dano é superficial , afetando a qualidade , desenvolvendo-se ocasionalmente dentro da fruta . inseticidas eficaz contra lagarta do cartucho , com toxicidade moderado e baixo para abelhas e inimigos naturais , são espinosade , espinetoram, metoxifenozida , clorantraniliprole , ciantraniliprole , flubendiamida e *Bacillus thuringiensis* [2,6,16,17] .

Minhoca falso medidor

Esta praga tem metamorfose completo indo passando pelas fases de ovo, larva, pupa e adulto - mariposa -. Mariposas são hábitos noites que depositam ovos individualmente , o qual Escotilha Em 3 a 7 dias , a fase larval passa por seis ínstares , com duração de 15 a 20 dias , e a pupa dura de 6 a 12 dias . Igual a ele lagarta do cartucho , pode aparecem tanto em Plantações de melão na primavera e no verão . As larvas se alimentam da folhagem e alto populações eles podem afetam as mudas , causando atraso em dele desenvolvimento ou seu morte , que causa a colheita não uniforme . Nos frutos maduros , as larvas eles podem alimentação da rede, afetando dele qualidade . inseticidas eficaz contra vermes falso medidor , com toxicidade moderado e baixo para abelhas e inimigos naturais são espinosade , espinetoram, metoxifenozida , clorantraniliprole , ciantraniliprolo , flubendiamida c *Bacillus thuringiensis* [2,6,16,17] .

Pulga nervoso

Esta praga normalmente se desenvolve em pisos selvagem durante vários meses, ali as larvas se alimentam das raízes e quando emergir o adultos , estes Eles invadem o melão . Os ovos são postos em ele chão perto das raízes , eclodindo após 5 ou 7 dias . A larva dura de 14 a 28 dias e a pupa de 4 a 8 dias . O dano causado por causa da pulga nervoso consiste em buracos conhecidos como " tiro de munição ". É considerado a praga primário em muitos pisos como ele tomate e importância secundário em o melão O inseticida acetamipride é eficaz contra pulgas nervoso , é moderadamente tóxico para abelhas e é parcialmente seletivo a inimigos naturais . Outros inseticidas recomendado para controle de pulgas nervosos são altamente tóxico para abelhas como malatião, carbaril , lambdacialotrina e clotianidina (2,17).

Grilo

Os grilos são pragas do melão em ele ciclo de outono , especialmente sob sistemas de irrigação pressurizado , pois serve de abrigo e de fonte de água . Eles possuem metamorfose incompleto indo passando pelas fases de ovo, ninfa e adulto . Os ovos são postos em grupos abaixo do solo , aqueles que eclodem durante ele verão , ninfas passar por oito urgir por um período de 50 a 80 dias . O maior dano é causado durante a emergência da cultura , alimentando - se do caules , folhagens e raízes , que enfraquecem até morrerem finalmente ; quando parece em grande populações , pode destruir completamente a colheita ; o maior dano Ocorrem do período de agosto a setembro . Outros dano associado a estes insetos , são a presença de manchas em o frutas de melão causadas por excrementos e ocasionalmente danos às flores ao alimentar que afeta a polinização . Antigo dano associados aos grilos , ocorrem durante a tarde -noite , porque em ele d^a eles se escondem em rachaduras em ele solo , ervas daninhas e tubulações de condução de água . O inseticida carbaril aplicado como A isca para controle de grilo não representa perigo para as abelhas . Outros inseticidas recomendado para controle de críquete , como malatião , carbaril em spray e bifentrina são altamente tóxico para abelhas [2,17].

Aranha vermelha

A aranha vermelho é um praga potencial de muitos cucurbitáceas , porém, ocasionalmente causa dano econômico . Seu ciclo de vida tem a duração de 6 a 8 dias por vez temperatura de 30 graus centígrados , passando por ovo , larva em três ínstares e adultos . As fêmeas põem de 4 a 6 ovos. por d^a por um período de até um mês . A infestação inicial no melão é para Adultos levado por ele vento do plantações vizinhos . Adultos e ninfas se agrupam em colônias de ele parte inferior das folhas, onde se alimentam sugando a seiva , o que lhe dá uma aspecto bronzeado das folhas , reduzindo a quantidade de clorofila e capacidade fotossíntese . em ataques severa , as folhas morrem , desfolhando a planta. Os danos são mais comuns em condições elevadas . temperatura no final da primavera. Os ácaros eles elaboram teia de aranha nas folhas, que atrai poeira , fingindo folhagem descolorido Os acaricidas eficaz contra isso ácaro , com toxicidade moderado e baixo para abelhas e os inimigos naturais são dicofol, enxofre e bifenazato [2,17].

Principal doenças do melão

O principal As doenças do melão são: 1) doenças fungo como afogamento , murcha vascular , ferrugem das folhas e oídio ; 2) doenças viral como ele amarelecimento do melão e vários tipos de mosaicos e 3) doenças causado por nematóides . Na região de Lagunera , a incidência e a gravidade das doenças variam de acordo com a época e o estágio da semeadura . fenologia da cultura causando perdas em ele produtividade e qualidade dos frutos [3,15].

Afogamento

Os agentes causal Está doenças são fungos que causam a menor densidade de plantas então deveria propagar novamente , causando uma lacuna em ele desenvolvimento do cultivo e da colheita . Os sintomas do afogamento Começam com uma lesão na base do pescoço que progride para estrangulamento , que causa murcha e morte da muda . O afogamento ocorre geralmente nas colheitas cedo e incidência diminui nas colheitas intermediário e tardio . Os fungicidas Recomendados para seu controle são Captan , Mefenoxam, Fluopicolide,

Tiofanato. metico , azoxistrobina e metalxil [3], [15], [17] .

Ferrugem foliar

Esta doença comece com pequeno lesões de aparência circular aguado que mais tarde fica marrom escuro rodeado por um halo verde ou amarelado . São manchas crescer rapidamente , de 20 miKmetros ou mais de diâmetro , até cobrir a folha inteira . Neles eles são observados argolas concêntrico escuro , características da doença onde existe uma grande produção de esporos que são dispersos por ele Vento e chuva . A ferrugem das folhas pode provocar a desfolha grave , começando nas folhas basais , então o frutas permanecer exposto ao sol, o que reduz a qualidade e a quantidade do melão comercial . Os fungicidas Recomendados para seu controle são azoxistrobina , clorotalonil , folpet e mancozebe [3,15,16] .

Murcha vascular

O organismo que causa isso a doença é um fungo . As plantas estão infectadas em qualquer estágio de desenvolvimento . O fungo é habitante do solo e penetra nas raízes por aberturas ou lesões naturais , multiplicando-se em ele sistema vascular . Quando a infecção começar Na fase de mudas , frequentemente murcham e morrem . Em plantas mais antigas , o sintoma inicial é um murchamento temporário de um ou vários guias nas horas mais quentes durante ele dia , e à noite eles podem recuperar . As folhas inferiores tornam-se amarelo e como a doença avança , o O amarelecimento e o murchamento tornam-se mais pronunciados até a planta morrer . Em outros casos há um murchamento repentino sem amarelecimento das folhas . Outro característica disso a doença é uma rachadura ou lesão na base do caule castanho claro e posteriormente castanho escuro . Nesses lesões um exsudato é detectado emborrachado Ao cortar transversalmente ele caule , guias ou pecíolos , são observados tecidos marrom morto

Quando o tecidos eles morrem é observado na superfície do eles próprios um crescimento branco algodoado que representa ele fungo . A gravidade disso A doença é maior em temperaturas do solo entre 18 e 25 graus centígrados e diminui em 30 graus centígrados . A temperaturas mais elevadas , as plantas ficam infectadas . mas eles não murcham apresentando amarelecimento e pouco desenvolvimento . O menor Umidade do chão favorece o patógeno e aumenta ele murcha , bem como excesso de nitrogênio , principalmente na forma de amônio . A aplicação do fungicida é recomendada benomil para o controle deste doença , o uso de variedades melão resistente e rotação de culturas [3,15,16] .

Cinderela

O agente causador é um fungo e causa sérios danos em regiões com climas quente e seco . Isso ocorre porque um Assim que a infecção começar , o o micélio fúngico continua a se espalhar na superfície da folha independentemente das condições de umidade da atmosfera . a cinza pode infectar severamente ao cultivo em a semana . A temperatura ideal é de 20 a 27 graus centígrados ; A infecção ocorre entre 10 a 32 graus centígrados . O primeiro sintomas da doença são detectados em ele parte inferior das folhas inferiores , onde ele fungo produz pequenos aparecimento de manchas brancas pó ou serralha composto por esporos que emergem das estruturas do fungo . São manchas eles podem cobrir completamente a lâmina foliar. Folhas infectadas tornam-se clorótico , depois marrom ou cinza claro e
eles morrem

Plantas de melão com sintomas de oídio (Fotografias Urbano Nava Camberos)

falta de folhagem impede ele desenvolvimento normal da planta e aumenta ele danos causados por " insolação " o frutas . O cogumelo também infecta caules e caules jovens . Os frutos são menores e disformes e amadurecem prematuramente ; Além disso , ele o teor de açúcar é reduzido. Na região de Lagunera , datas de semeadura intermediários e principalmente os tardios , são os mais afetados por Está doença . É recomendado ele utilização de variedades de melão resistentes . Os fungicidas recomendados para seu controle são enxofre , benomil , clorotalonil , ciflufenamida, cresoxim metil , fluopiram + trifloxistrobina , miclobutanil, pentiopirade, piraclostrobina + boscalida , quinoxifeno, tiofanato metálico , triadimefon, trifloxistrobina e triflumizol [3,15-17] .

Mosaicos causados por virus

Cucurbitáceas são suscetíveis ao vírus do mosaico em qualquer estágio de desenvolvimento . Quando as plantas são infectadas entre seis a oito folhas , primeiro sintomas são observados nas folhas mais novas que mostram um padrão de mosaico - áreas amarelas ou verdes claras alternando com áreas verdes escuro -, descolorações redução e deformação internerval , ruge e folha , entrenós ficam mais curtos e casos folhas severas e mais velhas eles morrem Quando Uma planta está infectada no meio do ciclo , as orientações os existentes são desenvolvidos normalmente e produzir frutas saudáveis [3] .

As plantas infetado em fases anteriores , produzir alguns frutas de má qualidade e eles se observam manchado ou manchado verde e amarelo , além disso , o frutas afetado presente resistência ao cisalhamento . Na região de Lagunera houve detectou o seguintes vírus: vírus do mosaico do pepino , vírus do mosaico da melancia , vírus do mosaico vírus do mosaico amarelo da abobrinha e do tabaco transmitidos por pulgões e vírus do mosaico da abóbora transmitidos devido à diabrótica [3] , [15] .

Vírus de amarelecimento e sarna de cucurbitáceas

Esta doença viral foi detectada por primeiro tempo na Comarca lagoa em 1999 principalmente nas colheitas tarde estabelecido em julho em avançar e causar reduções de até 50% em ele rendimento de melão . A maior gravidade foi observada nas áreas de Paila , Parras, Valle de las Delicias e Laguna Seca em ele estado de Coahuila e em Ceballos, Durango e Jimenez, Chihuahua [18] . Atualmente , o amarelecimento do melão é encontrado distribuído em toda a região de Lagunera variando dele incidência e gravidade nas áreas produtoras de melão . Em 2006 foi relatado em Caborca , Costa Hermosillo e Vale Guaymas,

Sonora [19] . Os sintomas Eles começam com um amarelecimento das folhas basais que progride gradualmente até aparecer em todo o guia e em toda a planta e o a fruta não amadurece . O vetor é a mosca branco e não transmitido mecanicamente . Na região de Laguna em a Semeadura de maio , observou -se que a incidência era cai -12,7%- embora hafra a alto população de vetores e foi detectado após 47 dias após a semeadura . Em um Semeadura de agosto , Os sintomas de amarelecimento ocorreram 21 horas após a semeadura , embora a população de mosquitos branco adultos e ninfas eram menos que na semeadura de maio , houve a 100% de incidência de amarelecimento . Isto indica que nas datas de sementeira posteriores uma grande percentagem de moscas os brancos são portadores do vírus [3,15,20] .

Plantas de melão com sintomas do vírus do amarelecimento e nanismo das Cucurbitáceas (Fotografias Urbano Nava Camberos)

Manejo de pesticidas seletivo para proteção de abelhas
Pesticidas usado em melão
Inseticidas e acaricidas recomendado para controle de pragas na Comarca Lagunera e Costa de Hermosillo, Sonora, são: organoclorados tais como endosulfan (Thiodan , Agrosulfan) e dicofol (AK-20, Kelthane); organofosforados como azinfos metálico (Gusação metHico , Guthion), malathion (Malathion, Lucathion), dimetoato (Rogor , Rotor, Roxion), diazinon (Diazinon) e paration metil (Folidol), monocrotofos (Azodrin), metamidofos (Tamaron), óxidometon metil (Metasystox), mevinfos (Mevinfos), naled (Dibrom , Selexone), etion (Etion) e acefato (Orthene); carbamatos como carbaril (Sevin), metomil (Lanate) e oxamil (Vydate); e piretróides como fenvalerato (Belmark), deltametrina (Decis), esfenvalerato (Halmark), fenpropatrina (Platino) e permetrina (Rostov, Ambush, Premier). Esses os inseticidas são caracterizados porque é largo espectro , não seletivo , neurotóxico , alto toxicidade para mamíferos , residualidade ação curta e de contato principalmente , exceto ele oxamil com ação sistêmico . Eles também são recomendados inseticidas sintéticos não convencionais , bioracionais e alguns orgânicos como nicotinóides : imidaclopride (Confidor , Citlalli), acetamipride (Rescate) e tiametoxam (Ripper, Actara); avermectinas : abamectina (Agrimec); espinosinas : espinosade (Tracer); diamidas antraz : fubendiamida (Belt); triazinas : ciromazina (Trigard); diacilhidrazinas : metoxifenozida (Intrepid); ácidos tetrônicos ou cetoenóis : espirotetramato (Movento); produtos botânicos : azadiractina (Neemix); microbianos : *Bacillus thuringiensis* (Dipel , Javelin) e *Beauveria bassiana* (Bea-Sin, Naturalis L) [15,16] .
Os fungicidas recomendado para controle de doenças os fungos são: azoxistrobina (Amistar), enxofre elementar (Sagasul), benomyl (Benlate), boscalid + piraclostrobina (Cabrio), tumban (Captan), carbendazim (Bavisttn),

clorotalonil (Bravo, Celeste), cobre , folpet (Folpan), fosetil-al (Fungial), cresoxim (Stroby), mancozebe (Flonex), metalaxil (Tokat , Rolaxyl), miclobutanil (Rally), tiofanato metálico (Cercobin), triadimefon (Bayleton) e trifloxistrobina (Flint) 15, [16] .

Atualmente a maior parte inseticidas convencional anteriormente indicados são seguidos usando largamente em ele cultivo de melão inseticidas sintéticos não convencionais , bioracionais e certificados orgânicos são usados em menor grau atualmente para o controle do complexo de pragas do melão . O uso de inseticidas varia muito de região para região . outro em nosso pa^s .

Na região de Lagunera foram utilizados 21 ingredientes ativo inseticida na produção de melão durante ele ciclo agrícola 2010, o que correspondeu a 44% de um total de 50 agrotóxicos usado . Os inseticidas mais usados foram : endosulfan (60% dos produtores), carbofuran (58%), imidaclopride (47%) e metamidofós (42% dos produtores) e fizeram de 1 a 4 aplicações do inseticida endosulfan em semeadura precoce e 2 a 9 aplicações em semeadura tardiamente com doses que variaram de 0,5 a 2,0 litros por hectare . na semeadura cedo foi realizado a aplicação de carbofurano ; Enquanto isso em semeadura tarde, foram feitas 1 a 4 aplicações , as doses usado Eles eram de 0,5 a 2,0 litros por hectare . O inseticida imidaclopride foi aplicado de 1 a 6 vezes. em semeadura atrasos e doses variou de 0,5 a 1,0 litro por hectare [21] .

Na região de Lagunera foram utilizados 25 ingredientes fungicidas ativos , alguns com ação bactericida e acaricida , durante ele ciclo agrícola 2010, representando 50 % do total de pesticidas usado . Os fungicidas mais usados Foram eles : clorotalonil (58% dos produtores), metalaxil -M (53%) e mancozebe (53%). Foram feitas de 2 a 10 aplicações de clorotalonil nas doses de 0,5 a 2,0 litros. por hectare , 4 aplicações de mancozebe nas doses de 0,5 a 1,0 quilograma por hectare e 4 a 5 aplicações de metalaxil -M nas doses de 0,3 a 1,0 litros por hectare [21] .

Pesticidas usado em ele cultivo de melão na região de Lagunera , durante ele ciclo agrícola Primavera-Verão 2010 [21]

Tipo de pesticida	grupo químico	Nome comum (Ingrediente ativo)
Inseticida / acaricida	Organoclorado	Endossulfan
	Organofosforado	Clorpirifós etil , Dimetoato , Malation , Metamidofós
	Carbamato	Carbofurano
	Piretróide	Beta- ciflutrina , Cipermetrina , Lambda-cialotrina , Permetrina
	Formamidina	Amitraz
	Neonicotinoide	Acetamipride, Imidaclopride, Thiametoxam
	Avermectina	Abamectina
	Espinosina	Espinosade, Spinetoram
	Triazina	Ciromazina
	Diamida antranHica	Clorantraniliprol
	Botânico	Extrato de Neem, Extrato de Alho

Toxicidade de pesticidas

A classificação da toxicidade de pesticidas para mamíferos , incluindo o humanos , é baseado no LD 50 (Dose letal causando 50 % de mortalidade) expresso em miligramas por quilograma . Nisso caso o DL 50 faça referência ao obtido em ratos quando ele pesticida é administrado por v^ para oral ou dérmico na forma aguda . um conceito Paralelamente está a CL 50 aguda , que é a concentração de um substância em ele ar que causa a morte de 50% da população de ratos de teste ; é expressado em miligramas por metro cúbico ou em partes por milhões (ppm). A classificação de acordo com esses critérios são apresentados em ele tabela [22] a seguir .

Classificação do pesticidas baseados em dele toxicidade agudo por v^ um oral para mamíferos expresso como DL 50 em miligramas por quilograma

Categoria toxicológico	Cor da faixa	Sólido mais do que	até	líquido mais do que	Até
Ei Extremamente tóxico	Vermelho	---	5	---	vinte
II Altamente tóxico	Amarelo	5	50	vinte	200
III Moderadamente tóxico	Azul	50	500	200	2000
4 Um pouco tóxico	Verde	500	---	2000	---

Fungicida / bactericida		
Benzimidazol	Benomil , Carbendazim, Tiofanato metHico	Tiabendazol ,
	Propamocarb, Mancozeb	
carbamato	Cymoxanil	
Cianoacetamida	Clorotalonil	
Cloronitrila	Cobre carboxHico	
Cobre orgânico	Iprodiona	
Dicarboximida	Azoxistrobin, Piraclostrobin	
Estrobilurina	Metalaxyl-M	
Fenilamida	Captan	
Ftalimida	Oxicloruro de cobre, Azufre elemental,	
Inorgânico	Sulfato de cobre	
Morfolina	Dimetomorfo	
Pirimidina	Pirimetanil	
Quinolina Triazol	Quinoxifeno	
Antibiotico	Difenoconazol , Propiconozol , Tebuconazol Oxitetraciclina , Estreptomicina , Casugamicina	

Com base no DL 50 , o inseticidas usado em melão na Comarca Lagunera você pode classifique da seguinte forma maneiras :

1. Extremamente tóxico : carbofurano (Furadan), metamidofós (Tamaron, Monitor)
2. Altamente toxicos : endosulfan (Thiodan , Agrosulfan), lambda- cialotrina (Karate, Kirio)
3. Moderadamente toxicos : abamectina (Agrimec), acetamipride (Rescate), imidaclopride (Confidor , Rotaprid , Gaucho), clorpirifós etil (Lorsban , Clorver), permetrina (Ambush, Pounce), cipermetrina (Cymbush , Munição, Cima)

4. Ligeramente tóxicos : amitraz (Mitac), azadiractina (PHC Neem), espinosade (Tracer), espinetoram (Exalt, Palgus), ciromazina (Trigard), clorantraniliprol (Coragen), metoxifenozida (Intrepid).

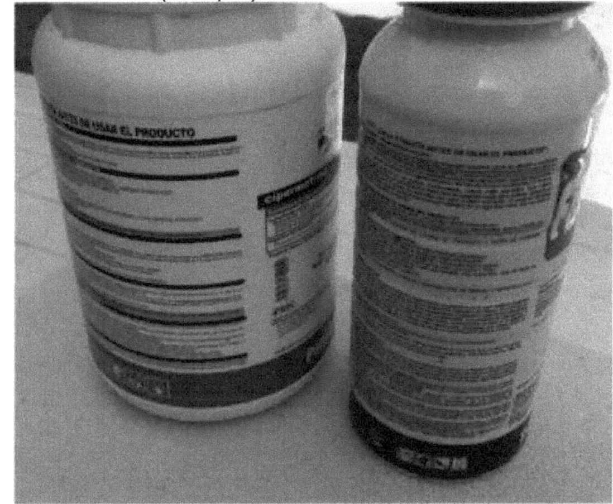

Recipientes de pesticidas com faixa verde (ligeiramente tóxico) e azul (altamente tóxico) (Fotografia José Luis Reyes Carrillo)

Classificação do pesticidas baseados em dele toxicidade para abelhas

A classificação da toxicidade de pesticidas para abelhas , é baseado no LD 50 , que é a dose letal que causa 50% de mortalidade de abelhas expresso em microgramas (pg) por abelha você pode perceber em ele seguinte tabela [23,24] :
Classificação do pesticidas baseados em dele toxicidade para abelhas , expressa como DL 50 em microgramas por abelha [23,24]

Categoria	Toxicidade	DL 50 Microgramas (pg) de ingrediente ativo / abelha)
Ei	Altamente tóxico	Menos de 2
II	Moderadamente tóxico	De 2 a 11
III	Relativamente não tóxico	Maior que 11

O DL 50 em microgramas por abelha você pode converter para quilogramas de ingrediente ativo por hectare de um determinado pesticida quando pulverizado sobre ele cultivo , multiplicando até 1.12. Por exemplo , ele inseticida carbofurano , qual é usado largamente por o produtores de melão da região de Lagunera , têm um LD 50 de 0,149 microgramas por abelha , a dose equivalente é 0,167 quilogramas por hectare (0,149 x 1,12), o que se espera que mate 50% das abelhas durante dele aplicativo . Considerando que isso o inseticida foi aplicado em doses de 0,5 a 2,0 litros por hectare (175 a 700 gramas de ingrediente ativo por hectare) do produto formulado então a mortalidade que causaria seria muito alto , já que com um dose relativamente cai de 209 gramas de ingrediente ativo por hectare (0,6 litros por hectare de produto formulado) é estimado a mortalidade de abelhas superior a 90 por cento [23] .
inseticidas usado em melão na Comarca Lagunera são classificados da seguinte forma maneira baseada em dele toxicidade para abelhas [23,24] :
1. Altamente tóxicos : clorpirifós etil (Lorsban , Clorver), carbofuran (Furadan), permetrina (Ambush, Pounce), dimetoato (Rogor , Rotor, Versoato, Danadim), malatião (Lucathion , Cython), metamidofos (Tamaron, Monitor), abamectina (

Agrimec), cipermetrina (Cymbush , Ammo, Cima), lambda- cialotrina (Karate, Kirio)

2. Moderadamente tóxicos : endosulfan (Thiodan , Agrosulfan), acetamiprida (Rescate), azadiractina (PHC Neem), espinosade (Tracer), espinetoram (Exalt, Palgus), ciromazina (Trigard)

3. Relativamente não tóxicos : amitraz (mitac), clorantraniliprol (coragen).

Outros produtos com uso limitado no momento em melão e considerado Relativamente não tóxico para os polinizadores são: *Bacillus thuringiensis* (Dipel , Javelin), metoxifenozida (Intrepid), tebufenozida (Confirm), diflubenzuron (Dimilin), flubendiamida (Belt), tiodicarbe (Larvin), ciantraniliprol (Minecto Duo), espiromesifeno (Oberon), buprofezin (Applaud), piriproxifeno (Knack), pimetrozina (Plenum), flonicamida (Beleaf), tiaclopride (Calypso), clotianidm (Clutch).

Todos fungicidas usado no melão da Comarca Lagunera são relativamente não tóxicos para as abelhas [23,24] .

recomendações geral para dirigindo seletivo de pesticidas

Para ele projeto e implementação de um estratégia de gestão regional seletivo de pesticidas No melão, deve-se considerar o seguinte : recomendações :

1. Sempre alternar o grupos produtos químicos inseticidas para evitar ele desenvolvimento de resistência e falta de eficácia em o insetos e ácaros

2. De preferência alternar convencional e bioracional

3. Comece com o inseticidas bioracional , para exemplo Entrust, Dipel , Javelin, Crymax , Neemix , Trilogy e PHC Neem

4. Continuar com inseticidas sintéticos seletivo ou baixo toxicidade de insetos benefícios e abelhas como Bt , Espinosinas , Diacilhidrazinas , Diamidas , Ácidos tetrônica , Sulfoxaflor, Benzoato de Emamectina , Pimetrozina , Flonicamida , Dinotefuran , Acetamiprida, Clorfenapir .

5. Considere que o neonicotinóides (Acetamipride, Confidor , Actara , Toretto) são muito eficaz contra insetos sugadores , seletivos para inimigos naturais como predadores e parasitóides , mas tóxico para as abelhas . De preferência aplique-os no sistema de irrigação , não aspergido

6. Usar na direção o fim do ciclo o produtos mais tóxicos e nocivos para insetos benéfico (organoclorados , organofosforados , carbamatos e piretróides)

7. Considere que o seguindo Os inseticidas atuam apenas contra larvas (vermes): Spinosad, Spinoteram , Benzoato de Emamectina , Clorfenapir , Tebufenozida , Metoxifenozida e *Bacillus thuringiensis* .

Conclusões

Os insetos peste e doenças constituir um dos principais limitações da produção e qualidade do cultivo do melão , destacando por dele impacto econômico a mosca branco , oídio e vírus do amarelecimento do melão . Manuseio O controle integrado de pragas e doenças do melão consiste no uso de ferramentas de tomada de decisão , como amostragem e monitoramento , previsão e limites econômico ; como ^ como ele uso compatível de diferentes táticas ou métodos de controle , como controle cultural, controle biológico , resistência de plantas e controle químico através da aplicação de pesticidas . No momento O controle químico é o principal método de controle utilizado por o produtores de melão . Na Comarca Lagunera , até 50 diferentes pesticidas durante ele ciclo de produção do melão . Principal inseticidas usado por o os produtores são endosulfan (60%), carbofuran (58%), imidaclopride (47%) e metamidofós (42%); enquanto o Os fungicidas mais utilizados são o clorotalonil (58%), o metalaxil -M (53%) e o mancozebe (53%). A maior parte inseticidas no momento usados são tóxicos para humanos , abelhas , insetos polinizadores inimigos nativos e naturais de insetos praga . Em geral, o fungicidas usado possuir baixo toxicidade para polinizadores ; Portanto , é necessário fomentar em o técnicos e produtores de melão a implementação de um programa de gestão Pragas e Doenças Integradas com ênfase no uso de métodos alternativos de controle , como controle cultural e biológico , resistência das plantas , bem como a integração compatível do controle químico através pesticidas seletivo e baixo toxicidade para insetos benéfico e o polinizadores .

Pulverização de pesticidas em ele cultivo de melão (Fotografia Olga Araceli Zapata Ramos)

Referências

1.	Nava CU, Rairurez DM. 2003. Gestão controle integrado de pragas . *Entrada:* 5°. Dia de Melonero . Técnicas Atualizado para produzir melão. Publicação Especial n° 49. INIFAP, Centro de Pesquisa Centro-Norte, Campo Experimental de La Laguna. Matamoros, Coahuila. 2003;38-54.
2.	Rairurez DM, Nava CU, Fu CAA. Dirigindo praga integrada em ele cultivo de melão . *Em:* El Melão:
Tecnologias de produção e marketing . Espinoza-Arellano, JdJ (ed.). CELALA-INIFAP. Mataroros , Coahuila. Livro Técnico . 2002;4:129 -59.
3.	Mastigue MEU, Jimenez DF. Doenças do melão . *In* : El Melon : Tecnologias de Produção e Comercialização . Espinoza-Arellano JdJ (ed.). CELALA-INIFAP. Matamoros, Coahuila. Livro Técnico . 2002;4:161 -95.
4.	Sanchez GH, Cano RP, Avila GD, Rodriguez GL. Relatório de atividades , Campanha contra mosquitos folha prateada branca , Bemisia *argentifolii* B. & P., na Região Lagunera . Comitê Coordenador da Campanha contra a Mosca Branca , Secretário de Agricultura e Pecuária . mil novecentos e noventa e seis.
5.	Nava Cu, Cano RP, Martmez CJL. Dirigindo mosca integrada folha prateada branca , Bemisia *argentifolii* Bellows & Perring. *In* : Garda GC, Medrano HR. (eds.). Estratégias de controle de pragas vegetais , estudos de identificação e controle . COCYTED, SAGDR, CIIDIR-IPN Durango. Ed. Docu Imagen, Durango, Dgo . 2001;19-75.
6.	Ruiz CA, Bravo ME, Rairurez OG., Baez GAD, Alvarez CM, Ramos GJL, Nava CU, Byerly MF. Pragas importantes Econômico no México: aspectos de sua Biologia e Ecologia . Campo Experimental INIFAP-CIRPAC-Centro Altos de Jalisco. Tepatitlán de Morelos, Jalisco, México. Livro Técnico . 2013;2:447 p.
7.	Nava CU. Bionomia de Bemisia *argentifolii* Bellows & Perring em algodão, melão e pimenta. Dissertação de Doutorado. Universidade Texas A&M, Texas, EUA. 1996;212p.
8.	Vera AM, Diaz PGR, Gonzalez CMM, Garzón TJA, Rivera BRF, Guevara GRG, Torres PI. Detecção de vírus em tomate (*Solanum licopersicum*), pimenta (*Capsicum annuum*) e erva daninha , em o diferentes ambientes de cultivo no México (Avanços) *In* : VIII Congresso de Horticultura . Manzanillo, Colima, México 1991:132.
9.	Jiménez DF, Chew MYI, Cano RP, Nava CU. Etiologia do amarelecimento do melão (*Cucumis melo* L.) na Comarca Lagunera . *In* : Resumos XXVII Congresso Nacional de Fitopatologia , AC 9. Puerto Vallarta, Jalisco, México. 2000;27.
10.	Butler GD, Henneberry TJ, Hutchison WD. Biologia, amostragem e dinâmica populacional de *Bemisia tabaci* 1 : 167 -95 .
11.	Torres-Pacheco Y, Garzon-Tiznado JA, Brown JK, Becerra-Flores A, R. Rivera-Bustamante R. Detecção e distribuição de geminivírus no México e no sul dos Estados Unidos. Fitopatologia . 1996;11: 1186-92.
12.	Tonhasca A, Palumbo JC, Byrne DB. Padrões de distribuição de *Bemisia tabaci* (Homoptera : Aleyrodidae) em campos de melão no Arizona. Ambiente Entomol . 1994;23:949 -54.

13. Palumbo, JC, A. Tonhasca Jr. e DN Byrne. 1994. Planos de amostragem e limites de ação para moscas brancas em melões. Universidade do Arizona, Série IPM No 1.

14. Nava CU, Cano RP. 2000. Limiar econômico para o midge folha de prata branca em melão na Comarca Lagunera , México. Agrociência . 2000; 34:227-34.

15. Chew MYI, Reyes JI, Espinoza AJdJ , Rairurez DM, Pastor LFJ, Figueroa VU, Cano RP. Guia de Produção de Melão na Região Lagunera.INIFAP , Centro Regional Centro-Norte de Pesquisa , Campo Experimental La Laguna. Matamoros, Coah . Informação do usuário Técnico . 2010;17:53 p.

16. Sabori P., R., J. Grageda G. e AA Fu C. Melon. *In* : Agenda Técnica Agrícola de Sonora . INIFAP. Cidade do México. 2017;106-12.

17. Universidade da Califórnia. Diretrizes de manejo de pragas do UC IPM, Cucurbits.Publication 3445.2010 [En linea] (http://ipm.ucdavis.edu/PMG/selectnewpest.cucurbits.html) (Consulta 12/10/20).

18. Cano RP, Chew MYI, Chavez GF, Jimenez DF, Nava CU, Lopez RE, Avila GR, Castro IA. O amarelecimento do melão (*Cucumis melo* L.) em Centro- Norte do México. Possível causas e estratégias de controle . Comitê Regional de Sanidade Vegetal da Região Lagunera de Coahuila e Durango. Campo Experimental INIFAP-La Laguna. Torreón, Coahuila, México. 1999;13p.

19. Moreno BA.Generalidades e hospedeiros do vírus do amarelecimento da cucúrbita . *In* : Maldonado NLA, Fierros LGA. (eds.). Estratégias de gestão mosca integrada branco e vírus em cucurbitáceas . SAGARPA-INIFAP- Campo Experimental CIRNO-Costa de Hermosillo. Hermosillo, Sonora, México. Memória técnica . 2007;26:37 -40

20. Nava CU, Chew M YI, Cano RP. 2007. Etiologia , epidemiologia e manejo do amarelecimento do melão na Comarca Lagunera . *In* : Maldonado NLA, Fierros LGA. (eds.). Estratégias de gestão mosca integrada branco e vírus em cucurbitáceas . SAGARPA-INIFAP- Campo Experimental CIRNO-Costa de Hermosillo. Hermosillo, Sonora, México. Memória técnica . 2007;26:10 -28.

21. Vargas-Gonzalez G, Alvarez-Reyna, Guigon -Lopez C, Cano-Rtos P, Jimenez-Diaz F, Vasquez-Arroyo J, Garda-Carrillo M. Padrão de uso de pesticidas de alto risco em ele cultivo de melão (*Cucumis melo* L.) na região de Lagunera . Ecosist Recur Agropec . 2016;3:367 -78.

22. SENÁSICA. Manual para o Bom Uso e Manejo de Agrotóxicos em campo. 1 ᵖᵃʳᵃ Edição SAGADER , SENÁSICA. 2019;76p. [Online] (https://www.gob.mx/senasica/documentos/manual-para-el-buen-uso- y-manejo-de-plaguicida-en-campo?state =published) (Consultado em 19/10/ vinte).

23. Sanford MT. Protegendo as abelhas melíferas dos pesticidas. Universidade da Flórida. 2011;13h. [Online] (https://pesticidestewardship.org/wp-content/uploads/sites/4/2016/07/AA14500.pdf) (Consulta 19/10/20).

24. Hooven L, Sagili R, Johansen E. Como reduzir o envenenamento por abelhas por pesticidas. Uma publicação de extensão do Noroeste do Pacífico Oregon State University-University of Idaho-Washington State University.PNW 591. 2013;34p.[En linea] https://catalog.extension.oregonstate.edu/sites/catalog/files/project/pdf/pnw591.pdf(Consulta 19/10/20).

"Se você matar a voar em Março , você não terá que matar mil em maio "
Dizendo Espanhol

CAPÍTULO 15

15. Ervas daninhas e competição com cortar

Luis Enrique Moreno Alvarado, Eduardo Castro Martínez , Pedro Cano Rios

e

José Luis Reyes Carrillo

Introdução

da América Latina *malícia* [1] , Uma planta é uma " erva daninha " se em qualquer área geográfica especifica suas populações crescer completa ou predominantemente em situações marcadamente perturbado por o homem, sem incluir por claro que as plantas deliberadamente cultivado . Assim como as ervas daninhas incluir plantas que são chamadas selvagem , que entra em terras agrícolas , bem como aqueles que são ruderais , isso é de lugares terrenos baldios e beiras de estradas [2] .

ervas daninhas compartilhar alguns recursos , incluindo [3] :

1   .- Sementes longas vida em ele chão

2   . - Rápido emergência

3   .- Capacidade de sobreviver e prosperar nas condições perturbado do campo

4   .- Crescimento rápido cedo

5   .- Sem requisitos ambiental especiais para a germinação de suas sementes

6.-São competitivos , muitas vezes invasivos e reagem de forma semelhante às práticas de cultivo .

Concurso Floral de Erva Daninha e Melão

A relação entre a presença de ervas daninhas e a O desenvolvimento das culturas é complexo , porque a abundância de ervas daninhas interfere na produção agrícola .

A degradação e fragmentação dos habitats naturais é um dos principais causas que afetam negativamente à diversidade e abundância de polinizadores , porém, a implementação de margens floral ao oferecer fontes alternativas de pólen e néctar além do florescimento próprio cultivo de melão pode melhorar o serviços de polinização e , em consequentemente , melhorar as colheitas . Em um estudo Na parte central de Espanha, tanto a cobertura floral das diferentes espécies que nos rodeiam , como as visitas dos polinizadores ao melão, bem como ele rendimento e qualidade dos frutos . Como resultado da pesquisa, foram identificadas quatro espécies . adequado para fornecer recursos para polinizadores : coentro, mostarda amarela , borragem e calêndula por serem espécies que receberam o maior número de visitas de polinizadores desde a sua floração escalonado eles ofereceram recursos floral durante vários meses na primavera e no verão . A composição das plantas tem que escolher com cuidado , especialmente quando o florescimento de margens floral e cortar eles combinam . Por exemplo, seria aconselhável evitar a simultaneidade do florescimento da calêndula , pois Oferece grande quantidade de pólen e néctar e competiria com o cultivo de melão [4] .

Considerando condições áridas na região lagunar , foi estudado ele comportamento das abelhas durante a polinização do melão na primavera , pois se presumia que o florescimento das plantas arredores , já eram cultivado ou selvagem poderia competir vantajosamente por ele pólen . Usando ele pólen rebocado pelas abelhas até a colmeia e capturado com um armadilha para esse fim, descobriu- se que seu EU IA permitido determinar a vegetação visitado nesse período de polinização [5-7] .

As espécies de plantas mais visitadas e isto considerado de maior importância - em ordem de importância por ele volume de pólen capturado - foram ele cortar melão objetivo , o algaroba , alfafa, governadora, pepino , mostacilla e sorgo respectivamente [8] .

Abelha em flores de algaroba (Fotografia Juan Cabrera Reyes)

As plantas visitado em menor proporção Eram maguey, trompillo , areia ^ a , cuscuta , eucalipto , quelite , formigueiro , trepadeira perene , trepadeira anual , amarelo ou tulipa , ocotillo, milho , tatalencho , andorinha , capim -buffel , dente-de-leão, girassol , grão de bico , capim -chinês , fedorento e de vime [8] .

abelha forrageira nas flores de eucalipto (Fotografia Juan Cabrera Reyes)

Com estas os resultados poderiam ser observe que as abelhas eles visitam principalmente as flores de melão, mas complemento dele alimentando com plantas florescendo nas proximidades, cultivadas , silvestres e ervas daninhas em ele cultivo , indicando sua papel também essencial na polinização e produção de sementes em dele em volta .

Controle de ervas daninhas

Controle mecânico . O controle mecânico inclui a preparação do campo através arado ou disco e cultivadores . As práticas de controle mecânico estão entre as técnicas mais antigas de manejo de ervas daninhas . Preparação do canteiro através arado ou disco expõe muitos sementes de ervas daninhas para variações em luz, temperatura e umidade . Para alguns ervas daninhas , isso processo quebra a dormência das sementes de ervas daninhas , levando ao controle precoce da estação com herbicidas ou cultivo [9] . Para a região de Lagunera , em ele cultivo de melão é recomendado levar a cabo capina aos 25 e 38 dias após a semeadura , ponto final em que ainda pode entrar na maquinaria [10] .

Controle manual. Controle de ervas daninhas através métodos manuais é possível fazer em primeiro estágios de desenvolvimento do melão ; Porém, à medida que a planta cresce, os guias sobem no canteiro . limitando assim o uso de máquinas ; daí a maneira comum de fazer ele capina , depois de " fechar " o canteiro fica por enxada na vala de irrigação [11] . O número de ervas daninhas manuais durante ele O ciclo da cultura varia entre os agricultores . Na região de Laguna 22 % de produtores de melão realizam de dois a três , 46 % realizam de quatro a seis e apenas 14 % realizam sete ou mais ervas daninhas [12] .

Controle com capas plásticos . ervas daninhas competir e interferir no cortar em todos tipo de agricultura mas você quer evitar controle de ervas daninhas através produtos produtos químicos por vários motivos [13] ; o mais importante é a demanda por alimentos livre de pesticidas , a evolução da resistência a herbicidas nas ervas daninhas e problemas meio ambiente e saúde causado por o herbicidas . Pesquisadores de todo o mundo estão em desenvolvimento técnicas não químicas de controle de ervas daninhas . Pode prefiro qualquer método controle inofensivo devido a fatores como a natureza da colheita , as características condições ecológicas da área, a natureza e intensidade das ervas daninhas , a disponibilidade , eficácia de outras métodos e fatores social e económico [14] .

Laminado , irrigação por fita para controle e uso de ervas daninhas água eficiente (Fotografia Olga Araceli Zapata Ramos)

O uso de plástico para cobrir ele chão Está ganhando popularidade bem fornece diversos benefícios que não se limitam à conservação do solo , melhoria da eficiência hídrica , aumento benefícios economia , regulação da temperatura do solo e controle de ervas daninhas . Apenas um é recomendado camada de plástico preta ou ocasionalmente colorida para o seu usar em sistemas agrícola , uma vez que plástico transparente não é tão eficaz como o preto. Abaixo do convés plasticidade do solo , sabe-se que a produtividade de muitos colheitas , especialmente vegetais como o melão aumenta significativamente .

A tampa plástica preta inibe ervas daninhas fortemente ao se exercitar a pressão física sobre Eles impedem que a luz solar atinja ervas daninhas ou sementes , inibindo assim a germinação e o aquecimento . ele chão causando um impacto de solarização . S ^ a erva daninha já germinou ou já Está estabelecido suprimir ou pelo menos diminuir ele crescimento . O uso de um área coberta plástico também pode causa estresse por oxigênio^gen devido à exaustão em ele solo que afetaria negativamente a germinação ou crescimento de ervas daninhas [15] .

Cultivando ele borda da cama melonera acolchoado com plástico preto (Fotografia Olga Araceli Zapata Ramos)

A época de plantio recomendado para O cultivo do melão na região de Lagunera ocorre de 15 de março a 15 de abril ; Contudo , na região período de plantio é estendido de início de fevereiro até o final de [12 de maio] . A semeadura início de fevereiro face ele risco negativo temperaturas , que causa o o período de emergência das mudas é atrasado e elas correm ele risco de ser danificado por geada Uma alternativa para produzir melão plantado em períodos de doença temperaturas é o utilização de túneis plásticos que cobrem a linha de plantio . Além da proteção contra congelamento , o uso de túneis pode passar ele início da colheita , aumento o retorna unitário e proteger a cultura da presença de insetos transmissores de vírus [10] .

Túnel Plástico Agribon ® para produção de melão (Fotografia Jose Luis Galarza Mendoza)

controle químico

O uso de herbicidas pré-emergente como trifluralina e aplicado e incorporado ao solo através a passagem de um Cultivador Lilliston na época do segundo capina são um alternativa para a região e para o seguindo gráfico ilustra a recomendação [10] .

Herbicida produtos	Material comercial / hectare	controle de ervas daninhas	Forma e horário de inscrição
Trifluralina	2 litros	Zacates anuais , beldroegas, quelites	Aplica-se em pré-emergência de ervas daninhas quando ele Melão ter 3 a 5 folhas verdadeiras , aproximadamente 30 dias após a

			semeadura e incorporar ao cultivador antes da irrigação
Bensulida	10 litros	Zacates anuais , quelite , beldroegas	Pré-semeadura .
Setoxidim	2 a 3 litros Adicione 2 litros de óleo agrícola para maior efeito	Gramíneas pinto, pegaropa , chino e Johnson (semente e rizoma)	Banda. Aplicado após o surgimento do gramíneas e melão . A dose menor para gramíneas anuais e maiores para perenes

Dirigindo integrado

Em geral, em o planta ervas daninhas eles podem causar perda maior potencial (34 %), sendo menos Pragas (18%) e patógenos (16%) são importantes . Controle de ervas daninhas pode ser manuseado manualmente, mecanicamente ou quimicamente , portanto a eficácia é consideravelmente maior do que para o controle de pragas ou doenças , que dependem em grande parte de produtos produtos químicos sintéticos . Apesar de um claro aumento em ele uso de pesticidas , as perdas de colheitas não diminuído significativamente durante o últimos 40 anos . No entanto, o o uso de pesticidas permitiu agricultores Modificar o sistemas de produção e aumentar a produtividade de colheitas sem sofrimento maior perdas que provavelmente ocorrerão por maior suscetibilidade ao efeito prejudicial de pragas . As perdas de colheitas são muitas vezes menores são economicamente aceitável ; no entanto, um aumento na produtividade de colheitas sem proteção apropriado do as colheitas não fazem sentido [16] . O controle integrado de ervas daninhas é o que oferece maior eficiência em melão e consiste em ele uso de dois ou mais métodos . Eles são descritos abaixo brevemente alguns alternativas sobre ele dirigindo erva daninha integrada em ele cultivo de melão [10] .

O produtor regional de melão pratica ele dirigindo erva integrada ao fazer uso do métodos de controle mecânico e manual , baseados no preparo da terra , semeando em úmido para vir terra , o uso de cultivadores para realizar capina e o enxada para controle manual . O primeiro fator a considerar em controle integrado de ervas daninhas No melão é o preparo do canteiro , desde a etapa de arar , gradagem , afiação , irrigação , cobertura do solo até o ponto de umidade com cultivador Lilliston e semeadura . eliminar alguns gerações de espécies de ervas daninhas em primeiro estágios de desenvolvimento .

Outro alternativa integrada de controle de ervas daninhas No melão é o preparo da terra e capina associado ao uso de herbicidas seletivo Setoxidim aplicado em pós - emergência para controle de grama perenes como o Johnson e os chineses. Erva daninha perene como grama amarosa , trompillo e coquillo são espécies difícil de controlar por meios de comunicação mecânico e químico ; por Portanto, sugere- se que seja utilizado o método de controle manual por meio de capina e enxada .

Ervas daninhas mais importantes

Na região de Lagunera existe uma largo gama de ervas daninhas que invadem ele cultivo de melão . Há um grande número de espécies de ervas daninhas associadas à cultura e cujas A identificação é essencial para qualquer programa de controle [10] .

Ciclo de ervas daninhas anual . As espécies anuais mais comuns associados ao cultivo do melão são os quelite , cadillo , trepadeira , beldroegas, capim pinto, capim pegaropa e outros menores importância , que são responsáveis pela competição por água , luz e nutrientes com cultivo 10 e [ilustrar] com imagens são ervas daninhas , o correspondente fotografias e descrições do Atlas Polínico da Comarca Lagunera [17] .

A quelite

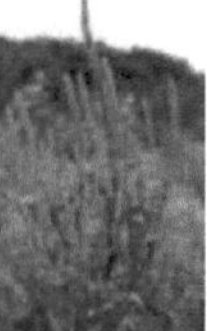

Planta anual de verão de 30 centímetros 1,8 metros de altura , com espessura caule principal com ramos laterais , que geralmente são curto ; folhas lanceoladas ou ovais , algumas vezes variegado , alternado e liso de 5 a 20 centímetros de comprimento incluindo o pedúnculos e 1,5 a 6 centímetros de largura e presentes unhas proeminente veias esbranquiçado em ele vésperas As flores, que não são claramente visíveis , são fêmeas e machos, que se encontram em planta diferente em longo espigões ramificado no topo do [17º] andar . Esta planta invade terra onde está plantado o melão durante a primavera, verão e outono . Sua característica de ser uma erva daninha anual permite que seja combatido por meios de comunicação mecânico e manual aplicado constantemente . Também é encontrado em margens de valas , beiras de estradas e áreas não perturbadas . É frequentemente usado como forragem [10] .

O cadilho

Planta monóica e anual com caule ereto , robusto até 2 metros de altura , principalmente simples e em ocasiões com filiais na base, coberto de manchas escuro ; folhas alternadas com caules longos , lâmina triangular de até 40 centímetros de comprimento por 3 a 20 centímetros de largura; flores femininas axilar em grupo de dois, flores masculinas em cabeças globoso localizado em agrupamentos terminais ou nas axilas dos ramos superiores [17] . Infesta os pomares de melão de La Laguna durante a primavera, verão e outono. em porcentagens regular a grave . pode ser combatido através capina mecânica e capina manuais . Também é encontrado em margens de estradas , margens de canais e áreas pouco perturbadas [10] .

A trepadeira anual

Grama anual com hastes volúvel , simples, pouco ramificado , peludo , até 5 metros de comprimento; folhas pecioladas , alternadas , em forma de coração , com 3 a 10 centímetros de comprimento e 2 a 9 centímetros de largura; flor axilar em grupos de 2, com pedúnculos longos ; corola em forma de sino , roxo, azul ou vermelho, com 5 a 8 cm de comprimento e 5 centímetros de diâmetro . Floração de julho a novembro e com reprodução basicamente por semente [17] . Ele se espalha em algumas áreas onde é plantado o melão Seu hábito alpinista permite que você emaranhar a planta, fazendo com que ela dê -nos o frutas e dificultando dele colheita . prevalece durante a primavera, verão e outono e pode ser combatido por meios de comunicação mecânico e manual [10] .

A beldroega

Grama anual carnudo com caules prostrado ou ascendente , disperso radialmente ; folhas alternadas , sésseis , cuneadas para espatulado , arredondado ou truncado em ele ápice verde roxo ; flores amarelas axilar em grupos ou solitários séssil ; fruta , uma cápsula de 5 a 9 milímetros de comprimento com sementes preto circular com quase 1 milímetro de diâmetro ; Floresce de maio a novembro e se reproduz por semente . Esta planta é usada como alimentação humana [17] . Já que é um erva daninha do ciclo anualmente você pode lutar satisfatoriamente por métodos mecânico ou manual . Também é comum em áreas temperadas e tropicais , em margens de estradas e terrenos pouco movimentados [10] .

A grama pinto

É uma planta herbácea que atinge 60 centímetros de altura com galhos prostrado ou ascendente , nodoso e com folhas de 4 a 20 centímetros de comprimento e 3 a 8 milímetros de largura. As inflorescências em 4 ou mais cachos de 1 a 2 centímetros de comprimento, de coloração esverdeada ou roxa [17]. Na Lagoa ele é encontrado largamente distribuído em infestações que variam de leves a muito forte . Apresenta -se na primavera e no outono e causa reduções em ele produtividade e qualidade do melão. Também é apresentado em culturas que são plantadas na primavera- verão , bem como em pisos inundadas , margens de valas ou canais e bermas de estradas [10].

A grama gruda

Planta anual de 10 a 90 centímetros . Folhas com Hgula ciliados e curtos , vagens achatado , peludo nas suas margens . Inflorescência em panícula cyKndrica , às vezes interrompido na base; raque denticulado . cogumelos na base das espiguetas , com dentes retrorses , de modo que a inflorescência fica áspera quando passada entre as dedos inferiores para acima . Espigas com 2 flores, sendo a superior hermafrodita ; a gluma inferior cobre 1/3 da espigueta [17]. Ele é observado na primavera, verão e outono . É um grama anual que pode ser lutar com ervas daninhas mecânico e manual . Também é encontrado em meios-fios e bermas de estradas [10].

Ciclo de ervas daninhas perene

ervas daninhas perenes em ele cultivo de melão na região de Lagunera são capim Johnson , capim chinês , capim amargo , o trompillo e coquille [10].

Grama Johnson

Vegetação rasteira perene que possui sistema radicular fibroso , com rizomas vigoroso , resistente e penetrante , com manchas e escamas roxas em nós . Caules eretos , com espessura de 1,5 a 2 centímetros , em forma de cana , ocos , glabros ou finos. pubescente em o nós . Altura de 50 centímetros a 2 metros . Folhas dispostas de joelhos alternam-se ao longo do caule , com 10 a 50 centímetros de comprimento e 1,2 a 4 centímetros de largura [17] . Seu combate por meios de comunicação mecânica e manuais são difíceis e caros . Invade áreas onde é plantado o melão mas é encontrado na maior parte colheitas de primavera verão como ele milho , sorgo, algodão , videira, nogueira e em canais de irrigação , margens , cercas , beiras de estradas e terrenos pouco movimentados [10] .

grama chinesa

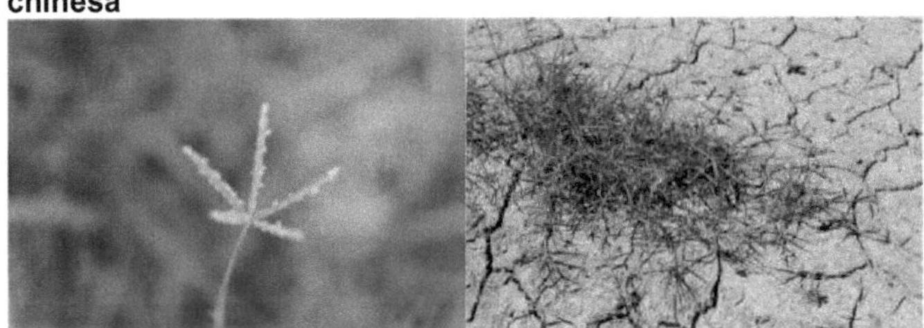

As folhas são verdes acinzentada , curta , de 4 a 5 centímetros de comprimento , lâminas de 0,5 a 6,5 centímetros de comprimento por 1 a 3,5 milímetros de largura. As hastes eles podem crescer de 1 a 30 centímetros de altura . As inflorescências Possuem de 4 a 6 pontas , de 1,5 a 6 centímetros de comprimento , e as espiguetas de 2 a 3 milímetros de comprimento . Possui um sistema radicular muito profundo . As hastes arrastar por ele solo e nódulos eles saem novo raízes , formando arbustos densos [17] . Nesta região é encontrado durante a primavera, verão e outono . Seu ciclo é perene e suas formas de reprodução por semente e vegetativamente tornar difícil e caro dele combate mecânico e manual. Também é encontrado em áreas cultivadas , em beiras de estrada ,
cercas , canais de irrigação e locais com má drenagem , bem como em áreas pouco perturbadas . É muito resistente à seca e solos alcalinos [10]

Grama amargo

Planta perene com caule ereto, de 30 a 60 centímetros de altura, com base verde semilenhosa . alguns vezes verde azulado ; folhas opostas , curtas peciolado com lâmina lanceolada , de 5 a 9 centímetros de comprimento com gume irregularmente dentado ; flores em cabeças de flores com 2 a 4 centímetros de diâmetro , flores periféricas ligulado amarelo em número de 14 a 20 e de 10 a 15 miKmetros . É jogado por sementes e caules subterrâneos [17]. Parece em canais , margens de estradas e áreas mal drenadas . Esta erva pode ser visto durante todos ele ano e por causa de seu ciclo biológico perene . Seu controle mecânico e manual é muitas vezes infrutífero e infesta terra plantado com melão [10].

Eltrompillo

Perene erguer um metro, hastes ramificadas simples no topo , tudo bem pubescência e espinhos agulhas amarelas ; folhas alternadas , pecioladas , linear- oblongas até 15 centímetros e 5 a 30 milímetros de largura com borda verde ondulado Oliva ; flores violetas , pedunculadas , em topos estames escorpióides e longos amarelos ; fruto , baga globosa de 15 miKmetros , reproduzida por sementes e caules subterrâneos [17]. Esta planta é abundante em áreas cultivadas e em esta região apresenta em qualquer época do ano . Já que é um vegetação rasteira perene , seu combate por meios de comunicação mecânica e manuais são difíceis e caros . Também é encontrado em canais, margens de estradas e áreas mal drenadas [10].

A tiririca

Planta perene com rizomas engrossado em o extremos chamados coquitos. caules eretos triangular sem ramos nenhum pubescência e até 90 centímetros de altura. Folhas apenas na parte inferior do caule , lanceoladas , tão longas como ele tronco ; inflorescências em pontas de 8 a 20 panículas , achatadas , amarelo - ouro e com 1 a 2,5 centímetros de comprimento. Cada espinho formado para 12 a 50 espiguetas [17] . Ele é encontrado regularmente em infestações em melão Parece em plantações vegetais , milho , algodão e em plantações perenes como alfafa, noz e videira. Também é comum em prados e jardins , margens de estradas , margens de canais e em geral em pisos mal drenado molhado [10] .

Impacto econômico

Iniciar Cultivo do melão variedade Galia em estudo sob condições de aridez e fertirrigação o desempenho total foi reduzido significativamente apenas se ele capina começou Sete semanas após a emergência ou mais tarde . O melão permaneceu potencial de desempenho competitivo e mantido ótimo se mantido livre de ervas daninhas durante o primeiro mês de crescimento da colheita ; ele período crítico para o controle de ervas daninhas em o melão tinha 4 a 6 semanas após o surgimento da semente , ou seja, o início do jejum crescimento de ervas daninhas e pico de floração safra masculina [18] . Os estudos indicam que de acordo com o sistema de plantio do melão na região de Lagunera , a presença de ervas daninhas anual começar depois de 32 dias depois de semear com espécies como ele quelite , beldroega, capim pinto e capim pegaropa e eles chegam para causa perdas em produção entre 30 e 40%. Quando eles aparecem espécies perenes como Grama Johnson , grama chinesa, grama amargo e trompillo ele dano por a concorrência é ainda maior [10] .

Conclusões

Uma planta é uma " erva daninha " se em qualquer área geográfica específico , suas populações crescer completa ou predominantemente em situações marcadamente perturbado por o homem, sem incluir por claro que as plantas deliberadamente cultivado . As abelhas eles visitam principalmente as flores de melão, mas também as plantas florescendo nas proximidades, cultivadas , silvestres e ervas daninhas em ele cultivo , indicando sua papel também essencial na polinização e produção de sementes em dele em volta . As ervas daninhas podem ser verificar por meios de comunicação mecânica , manual, capas plásticos , controle e gerenciamento de produtos químicos integrado . As espécies anuais mais comuns associados ao cultivo do melão são os quelite , cadillo , trepadeira , beldroegas, capim pinto e capim pegaropa . ervas daninhas perenes são grama Johnson , grama chinesa , grama amargo , o trompillo e o tiririca De acordo com o sistema de plantio de melão na região de Lagunera , estima - se que a presença de ervas daninhas anual começar depois de 32 dias depois de semear com espécies como ele quelite , beldroega, capim pinto e capim pegaropa e eles chegam para causa perdas em produção entre 30 e 40%. Quando eles aparecem espécies perenes como Grama Johnson , grama chinesa, grama amargo e trompillo ele dano por a concorrência é ainda maior.

Invasão severa de ervas daninhas na cama melonera (Fotografia Olga Araceli Zapata Ramos)

Referências

1. Dicionário da Real Academia Espanhola (DRAE). 2019. [Online] https://dle.rae.es/maleza?m=form (Consultado em 24/10/20).
2. Padeiro H.G. A evolução contínua das ervas daninhas. Ecobot. 1991;45:445 -9.
3. Zimdahl RL. Fundamentos da ciência das ervas daninhas. Imprensa acadêmica. Londres, Reino Unido 2018;664p.
4. Azpiazu C, Medina P, Adan A, Sanchez-Ramos I, del Estal P, Fereres A, et al. O papel das faixas anuais de plantas com flores em uma cultura de melão na Espanha Central. Influência nos polinizadores e nas culturas. Insetos. 2020;11(1):66.
5. Reyes-Carrillo JL, Cano-Rtos P, Eischen F, Nava-Camberos U. Competição de plantas por polinizadores de abelhas durante a floração do melão em La Laguna, México. Anais da Associação Americana de Apicultores Profissionais-Conferência Americana de Pesquisa sobre Abelhas. Reno, Nevada, EUA. Am Bee J. 2005;145(5):432.
6. Reyes-Carrillo JL, Cano-Rtos R, Eischen F. Competição de plantas na polinização de melão (*Cucumis melo* L) com abelhas (*Apis mellifera* L.) no norte do México. Resumos do Congresso Apimondia . Dublim, Irlanda. 2005;138.
7. Reyes-Carrillo JL, Munoz-Soto R, Colm-Cuevas L, Gaona-Gonzalez E. Isolamento de pólen e identificação de plantas silvestres, cultivadas e ornamentais no distrito de La Laguna, México. Resumos do Congresso Apimondia . Dublin , Irlanda. 2005;141.
8. Royoo Carrillo JL, Cano Rtos R, Eischen F, Rodriguoz Martinoz R, Nava Camboros U. Espécies de plantas visitadas por abelhas forrageadoras durante a polinização induzida do melão Acta Zoologica Mexicana. 2009;25(3):507-14.
9. Paralisar WM. Controle de ervas daninhas em culturas de cucúrbitas (melão, pepino, abóbora e melancia). Universidade da Flórida, EDIS. 2009;3: 1-6
10. Cano-Rtos P, Espinoza-Arellano JdJ . O Melão: Tecnologia de Produção e Marketing ^as . Generalidades de sua produção CELALA-CIRNOC-INIFAP, México. 2002;4(1):1-18.
11. Moreno-Alvarado LE. Controle de ervas daninhas com herbicidas em melão na região de Lagunera . Primeiro dia do produtor de melão . SARH-INIFAP-CAELALA. Matamoros, Coahuila, México. Publicação especial . 1990:33:1-2.
12. Espinoza-Arellano JJ. Situação do cultivo do melão na região de Lagunera . Aspectos técnico e socioeconômico . Primeiro dia do produtor de melão . SARH-INIFAP-CAELALA. Matamoros, Coahuila,

México. Publicação especial . 1990;33:23 -35.
13. Chauhan BS. Ecologia da germinação de sementes de capim-pluma [*Eragrostis tenella* (L.) Beauv . Ex Roemer & JA Schultes]. PLoS Um. 2013; 8:e 79398.
14. Hatcher P, Melander B. 2003. Combinando métodos físicos, culturais e biológicos: perspectivas para estratégias integradas de manejo não químico de ervas daninhas. Erva Daninha Res. 2003;43:303 -22.
15. Jabran K, Chauhan BS. Controle de ervas daninhas usando sistemas de cobertura do solo. Controle não químico de ervas daninhas. Imprensa Acadêmica. 2018;61-71.
16. Oerke EC. Perdas de colheitas devido a pragas. J Agric Sci. 2006;144:31 -43.
17. Reyes-Carrillo JL, Munoz-Soto R, Cano-Rfos P, Eischen FA, Blanco-Contreras E. Atlas de pólen da Comarca Lagunera , México. Guzman Editores , México, DF 2009;347p.
18. Nerson H. Competição de ervas daninhas no melão e seus efeitos na produção e qualidade dos frutos. Proteção de culturas.1989;8(6):439-42.

"Aprendi no campo uma coisa : que a melhor terra não é vista porque está coberta de mato "

João Bosch

16. Nutrição do cultivo de melão

Alejandro Moreno-Resendez, Pablo Preciado-Rangel e José Luis Reyes-Carrillo

Introdução

Inerente ao organismos existir na Terra, hoje d ^a você tem conhecimento relevantes que gradualmente permitido interpretar a fotossíntese como um processo exclusivamente feito por o vegetais e respiração como um processo comum a todos o seres vivo . A evolução do conhecimento sobre ambos os processos , permitido elaborar o novo modelo de nutrição seres vivo , que consiste em a série de complexos reações que têm lugar nivelado celular , cujo Sua função é fornecer ao organismo energia e matéria necessário para gerar e regenerar seu próprio estruturas . Portanto, a diferença entre plantas e animais não reside na fase de nutrição associado à respiração igual a mas na qualidade de primeiro a sintetizar produtos ou compostos orgânico a partir de substâncias inorgânico , usando a energia luminoso , através do processo conhecido como " fotossíntese ". Esses conhecimento deram origem a um fato irrefutável da natureza , o os vegetais são os responsável pela entrada de energia nos ecossistemas 1 ·

Em termos Em geral, a nutrição das plantas é definida como ele fornecimento e absorção de compostos e ou substâncias produtos químicos essencial para o crescimento e o metabolismo e Unid nutritivo como substâncias ou compostos produtos químicos obrigatório por ele cortar na questão [2] . A nutrição vegetal é um conceito que deve ser dirija para conseguir resultados competitivo dentro de um sistema de produção , ou seja , diminuindo perdas e custos , maximizando eficiência e lucros e obtenção alto qualidade em o produtos gerado no sector agrícola [3] . A nutrição da colheita Também é importante já que está relacionado diretamente com a qualidade da fruta em termos de tamanho , aparência , textura , sabor , aroma, valor nutricional e propriedades funcionais [4] .

Trator assustador ele borda de plástico em ele cobertura morta para plantio o melão nas camas (Fotografia Samuel Atahualpa Ramirez Contreras)

Nutrição e sistema solo -planta

As condições ótimo do solos , permitirá que as plantas executar em processo de nutrição das plantas . A combinação de fatores como ele potencial genética da planta e o estágio de desenvolvimento , bem como o fatores climáticas - temperatura , luz, precipitação - e condições do solo - umidade , salinidade , acidez , aeração - contribuem para as diferenças em ele crescimento e acumulação de matéria seca , bem como a absorção e acúmulo de elementos nutricionais [5,6] .

Unid essencial e dinâmico em ele sistema solo -planta

Os elementos nutrientes usados pelas espécies vegetais ter diferente origem , conforme descrito abaixo [7] :

1. Reservas naturais do solo : Composição do solo , elementos disponível e mutável - as argilas e a matéria orgânicos , são a fonte de reserva de solos - e condições meteorológico

2. Fertilizantes mineral ou sintético , um largo gama de fertilizantes e microelementos simples e compostos quelado e complexado e em menos extensão o fertilizantes orgânico

3. Água de irrigação . Grande quantidade de água circula para as plantas contribuindo majoritariamente Unid como cálcio, magnésio , potássio , nitratos , sulfatos

boro

Cobertura morta e rega por ranhuras em ele cultivo de melão (Fotografia José Luis Reyes Carrillo)

4. Fontes orgânicas . Decomposição e mineralização de resíduos plantas e animais do solo . Esses Podem ser naturais - recicláveis - ou incorporados

5. Chuva. Especialmente nitrogênio . água da chuva pode pegar e carregar ele azoto atmosférico em direção à terra e junte-se ao sistema solo -planta

6. Microrganismos : Fixação biológico (nitrogênio), micorrizas (fósforo) e reações do Unid .

Formando parte da crosta terrestre existem cem elementos produtos químicos naturais , maquiagem esse conjunto numerosos Unid Vários deles essencial para o seres vivo pode completar dele Ciclo de vida . Contudo , enquanto alguns são essenciais para a sobrevivência , o excesso ou a presença de outros eles podem resultado tóxico ou mesmo letal [8,9] . Os elementos considerado como Essenciais para todas as plantas são 16: carbono (C), hidrogênio (H), oxigênio (O), nitrogênio (N), fósforo (P), potássio (K), cálcio (Ca), magnésio (Mg), enxofre (S).), ferro (Fe), manganês (Mn), boro (B), zinco (Zn), cobre (Cu), molibdênio (Mo) e cloro (Cl). e quatro são apenas para alguns deles . Todos eles , quando estão presente em quantidades insuficiente , eles podem reduzir notavelmente ele crescimento e desenvolvimento de espécies vegetais [3,10] .

Outros elementos , como ele cobalto (Co), sódio (Na), níquel (Ni) e silício (Si) promovem ele crescimento e pode ser essencial apenas para alguns plantas e são chamados benéfico , uma vez que ambos os seus concentração como dele função é favorável embora Variam entre elementos e espécies vegetais [8,10] .

absorção mineral

A absorção de Unid nutritivo é realizado através do cabelos radicais , o qual durante ele período de atividade da planta estão em contínua renovação , dado que a sua a vida dura poucos dias Em condições normal eles podem Conseguir a quantidade de 200 a 300 fios raiz por miKmeter quadrado , que é uma grande área de superfície para coletar elementos . A absorção por o comprimento unitário é máximo nas áreas mais jovens da raiz e diminui em direção às áreas mais basais [3] . A absorção de grandes quantidades de nutrientes em períodos curto de tempo caracteriza ele solicitar valor nutricional dos vegetais , incluindo o melão, que é uma das cucurbitáceas mais exigentes em relação com a fertilização, sendo ele potássio ele elemento mais extraído do solo [11] . A absorção de elementos nutritivo é diferente nas fases de desenvolvimento da cultura [12,13] .

Fatores influentes na absorção de minerais

O mecanismo de absorção de Unid nutritivo para as plantas Está relacionado ao seu status e condições de desenvolvimento ambiental , ou seja , é afetado por fatores fisiológico interno como idade , forma e potencial genética de plantas e fatores externo ou ambiental como ele tipo de solo , radiação ou energia luz , temperatura e umidade ambiental [5] , [11] e igualmente para as práticas condições culturais e de solo , como umidade , salinidade , acidez , aeração e presença de substâncias tóxicas [14] . Desde uma ampla uma série de fatores que influenciam na absorção de Unid nutrientes são afetados por o manuseio cultural , é importante encontrá-los para um melhorar tomada de decisões [3.7] .

Cultivo de melão cobrindo todo o canteiro melonera em plena floração (Fotografia : Olga Araceli Zapata Ramos)

Absorção de elementos nutritivo

Obter a Produção adequado e um excelente qualidade do frutas , é necessário conheça a necessidade nutricional e sazonal adequado para a fertilização de cada espécies de plantas . Manter níveis fertilidade adequada durante o Periodos de desenvolvimento com alta demanda de nutrientes são importantes para otimizar o funcionamento da planta 15 .

Uma curva de absorção é a representação gráfica da extração de um nutriente e representa as quantidades deste elemento extraído pela planta durante dele ciclo de vida [16] . O uso de curvas de acumulação de elementos nutritivo para culturas , como parâmetro para recomendação de adubação , é apresentado como a adequado indicação da necessidade destes Unid em cada estágio de desenvolvimento da planta [17] .

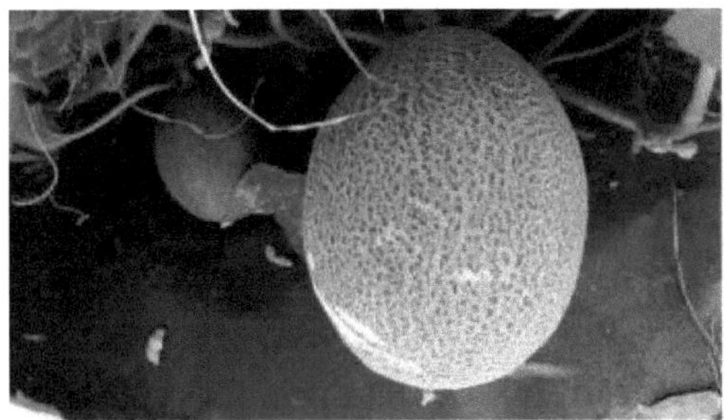
Melon tipo cantaloupe (Fotografia Olga Araceli Zapata Ramos)

Para exemplificar a importância das curvas de absorção , usaremos ele estudar feito por Mendoza-Cortez e colaboradores [6] Quem eles destacam que saber ele crescimento e desenvolvimento do melão , extração e distribuição de nutrientes em o tecidos e nos diferentes estágios características fenológicas da planta, bem como os horários de maior demanda por nutrientes são informações importantes que contribuem para melhorar o planejamento e a eficiência da fertilização do plantações .

Esses pesquisadores utilizaram duas cultivares de melão , Iracema - tipo Amarelo - e Olimpic express - tipo Cantaloupe -, para avaliar ele crescimento e acumulação de macroelementos essencial . Eles fizeram amostragem aos 14 , 21, 28, 35, 42, 49 e 56 dias após o transplante (DDT).

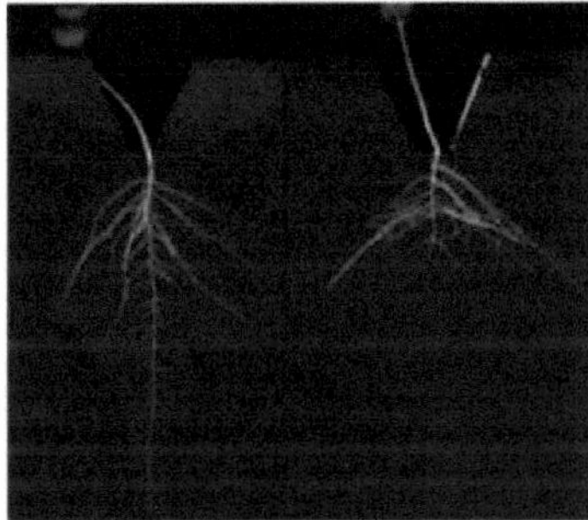
Estrutura radicular de *C. melo* . Esquerda: estrutura triangular , predominante em o culturas sem deficiência de fósforo . À direita : estrutura retangular típica de culturas deficientes fósforo nutricional [18] .

Acúmulo de macronutrientes

A produção comercial e total do expresso olímpico foi de 24 e 32 toneladas por hectare respectivamente , e em Iracema foram 30 e 38 toneladas por hectare . Acumulação expressa olímpica maior quantidade de macronutrientes , principalmente N e K, caracterizando a menor eficiência em ele uso do nutrientes para a produção de frutas . O acima é visto claramente em ele seguindo gráfico .

Acumulacion de macroelementos en los cultivares Olimpic express e Iracema, durante el ciclo vegetativo[6]:

Elemento nutritivo	Consumo	Olimpic express	Iracema
Nitrogeno		101.1	93.9
Fosforo		13.5	9.5
Potasio	Kg/h a⁻	173.4	136.0
Cálcio		110,1	84,1
Magnésio		26,9	22,6
Enxofre		15.6	15.4

Derivado do resultados obtido, concluiu-se que :

1. As plantas de ambas as cultivares de melão apresentam crescimento lento na fase vegetativo , intensificando o acúmulo de Matéria Seca durante o palco reprodutivo , com acúmulo máximo de 246,4 miligramas por planta para Olimpic Express e 266,9 miligramas por planta para Iracema, com participação de frutas de 60 e 64% respectivamente

2. Os majores necessidades de macronutrientes Eles estavam entre 28 a 56 dias após o transplante e ao final do ciclo , a seqüência de maior acúmulo de macronutrientes do cultivares avaliado contínuo ele ordem diminuindo em Olimpic Express Potássio > Cálcio > Nitrogênio > Magnésio > Enxofre > Fósforo e em Iracema Potássio > Nitrogênio > Cálcio > Magnésio > Enxofre > Fósforo

3. As quantidades de Nitrogênio , Fósforo , Potássio , Cálcio, Magnésio e Enxofre que foram exportado em o frutas de melão , em relação ao totais No acumulado , corresponderam a 61, 73, 66, 9, 35 e 39% no Expresso Olímpico e 58, 70, 55, 6, 33 e 41% em Iracema.

4. Há maior acúmulo de Nitrogênio , Fósforo e Potássio em o frutas , enquanto Cálcio, Magnésio e Enxofre nas folhas do cultivares de melão , expresso Olímpico e Iracema

5. Com um menor produção de frutos e maior acúmulo de nutrientes , a cultivar Olimpic Express mostrou - se menos eficiente em ele aproveitamento de nutrientes que a cultivar Iracema.

Melões maduros para colheita em Matamoros Coahuila (Fotografia Olga Araceli Zapata Ramos)

Discrepância com a fertilização convencional

No último décadas aumentou a preocupação da sociedade por ele questão da qualidade dos alimentos e, mais em Especificamente para o possível riscos saúde que implica seu consumo [19] . No entanto, o desenvolvimento de comunidades , comunicações , indústria e subsequente geração de energia e agricultura , particularmente os altamente técnica e irrigação alcançar crescimento nas características exponenciais do qual o durar décadas são as mais preocupantes [20] .

Hoje em d^ a é amplamente reconheceu que a agricultura Convencional , mesmo com a infinidade de benefícios que gerou ao longo do tempo , é um sistema de produção extremamente artificial, baseado em o alto consumo de insumos externos - combustíveis fósseis , agroquímicos e muito mais - sem considerar o ciclos naturais , ou seja, é o Sistema de produção agrícola em que são usados substâncias produtos químicos sinteticamente parcial ou total. Portanto, este sistema tem também sido responsável por vários efeitos contraproducentes [19], [21] .

Desmatamento de árvores huizache e algaroba para exploração terras agrícolas na região de Lagunera (Fotografia Samuel Atahualpa Ramirez Macias)

Consequentemente , as preocupações sobre degradação do solo e sustentabilidade agrícola Eles têm acordado ele interesse na avaliação da qualidade do solo [22-26] . Iniciar caso do México, as atividades agrícolas são a principal causa

da erosão do solos , o que isso traz como consequência impactos negativo na produtividade [27,28] .

Laminado para cultivo de melão (Fotografia Olga Araceli Zapata Ramos)

Alternativas para reduzir ele uso de fertilizantes sintéticos

Anões recente , grande e pequeno produtores , que tradicionalmente Eles têm usado fertilizantes sintéticos para promover ele desenvolvimento de suas culturas , eles têm modificado Está prática devido à restrição ele uso de agroquímicos , a demanda por alimentos de alta qualidade qualidade e inofensivo , a preocupação crescente devido à degradação de recursos solo , a pressão da sociedade por o aspectos ambiental , o poupanças e aumento dos lucros [29] . Além disso , o crescente a demanda por alimentos estabeleceu como gestão alternativa sustentável do sistemas de produção , promovendo práticas que preservam o recursos naturais e permitir faça um uso eficiente e adequado resíduos derivados directa ou indirectamente do sector agrícola [30] .

solo fresco cultivado numa fazenda de melão em Matamoros; Coahuila (Fotografia Olga Araceli Zapata Ramos)

Diminuir ele uso de fertilizantes sintéticos , controle doenças e parasitas sem a aplicação de pesticidas sintéticos altamente tóxicos e aumentam a produção são usados biofertilizantes porque originar a rápido decomposição da matéria orgânico e assimilação de nutrientes , consumir pequeno energia e não poluir meio ambiente [31] Para isso é necessário implemento tecnologias que permitem a aplicação destes em o local e o cultivo específico para atender sua demanda . Nisso sentido , foi apontado que o usar A eficiência nutricional é um aspecto relevante , devido ao aumento em o custos e o impacto ambiental associado ao seu uso inadequado [26].

O uso de estufas e nutrição Representa a alternativa para aumentar a produção de culturas , já que é uma inovação que permitirá acelerar ele mudar tecnológico , que é um dos principais causas do baixo performances de diferentes espécies vegetais . Além disso , sob sistema de produção protegido pode ser condições de controle ambiental e reduzi-los infestações por doenças e pragas [32].

Cultivo de melão em estufa ensinado com ráfia (Fotografia Alejandro Moreno Reséndez)

Aplicação de biofertilizantes e fertilizantes orgânico na nutrição do melão

É importante promover entre produtores da região de Lagunera ele uso de opções nutricionais para o cultivo de melão . Como vários estratégias que foram implementado procurando aumentar a produtividade agrícola , aplicação de fertilizantes orgânicos , biofertilizantes , bactérias promotores de crescimento de plantas entre ele comportamento amigável com ele meio ambiente , o potencial exploração do ciclos biogeoquímica do Unid nutritivo e o menos dependência de entrada sintéticos . Descrito abaixo o resultados obtido por diverso investigações .

Aplicação de vermicomposto em melão . Em um estudo na Comarca Lagunera 33 foi determinado ele efeito de quatro tipos de vermicomposto (VC) sobre ele cultivo de melão . Os vermicompostos foram formulados por um período de três meses com a ação transformador de verme *Eisenia fetida* de esterco de cavalo , cabra , coelho e bovino , e misturado com areia de rio (AR) na proporção 25:75 ; 30:70; 35:65 e 40:60 (VC:AR, porcentagem em volume); Além disso , eram usados potes cheios apenas de areia , como controle ao qual apenas solução foi aplicada nutritivo . As misturas foram colocadas em Sacos de polietileno preto de 20 quilos em onde foram plantados Sementes de melão melão .

As plantas foram conduzidas em haste única , estaqueamento com ráfia e a demanda a água foi coberta com irrigação por pingar . Os resultados indicou que nas misturas VermiComposto: Areia de Rio, na proporção 40:60 (porcentagem em volume) , independentemente do esterco funcionários para o seu elaboração Eles eram os melhores .

Os autores Concluíram que não ter usado fertilizantes sintéticos durante ele desenvolvimento da cultura e fato de que o o cultivo do melão alcançará completar dele ciclo vegetativo Permite assumir que o diferente tipos de VC, devido às suas características física , química e biologia , eles alcançaram satisfazer a demanda nutritivo disso espécies e, portanto, a ideia de que os vermicompostos têm potencial para apoiar ele desenvolvimento da espécie vegetais , quando usados como parte de substratos de crescimento .

Em outro emprego [28] onde foram avaliados misturas de vermicomposto (VC) com areia (AR) [15:85, 30:70, 45:55, 60:40 (VC:AR, porcentagem em volume)] para determinar dele efeito sobre ele produtividade e qualidade de frutos de melão cv. Cruiser desenvolvido em casa de vegetação , concluiu-se que as proporções 45:55 e 60:40 (VC:AR) apresentaram estado nutricional , bem como um aumento em ele desempenho (6,21 kg/m ^{2}) em em relação ao uso de menores proporções (4,92 kg/m ^{2}) e um aumento de 27 por cento centenas na qualidade nutracêutico frutas . Consequentemente , o uso de VC representa a alternativa viável para usar como fonte de nutrientes e meio de desenvolvimento para o cultivo de melão em estufa , contribuindo para a preservação do meio ambiente ao reduzir a dependência de fertilizantes sintéticos .

Mistura de vermicomposto e areia para desenvolvimento de melão em estufa (Fotografias Alejandro Moreno Reséndez)

Aplicação de biofertilizantes em melão. Em um estudo [31] de biofertilizantes aplicado ao cultivo de melão reticulado variedade ' Ovacion ' desenvolvida sobre foram utilizados acolchoados com polietileno preto calibre 100 micrômetros três biofertilizantes comerciais Z-Plex, Soil-Plex, Maya-Magic e uma testemunha . Foi avaliado ele efeito do tratamentos sobre o fungo filamentoso e micorrízico associado ao cultivo , as características química do solo , rendimento e qualidade dos frutos . Os autores concluiu que a quantidade e diversidade de fungos , o fatores produtos químicos do solo , produtividade e qualidade dos frutos não apresentaram efeitos para a aplicação do biofertilizantes . Além do mais determinou que a aplicação de biofertilizantes não afetou significativamente as características química do solo , fungo rizosfera filamentosa , nem ele produtividade e qualidade do melão. O número de esporos micorrízico aumentar 200 por centavo com três biofertilizantes , bem como ele porcentagem de raízes colonizado a partir de 12 por centenas em ele testemunhar até 26, 30 e 48 por centenas para Maya -Magic, ZPlex e Soil-Plex. Finalmente Eles destacaram que embora o biofertilizantes apresentado potencial para estimular a presença e associação de fungos - no melão acolchoado não foi alcançado a simbiose funcional .

Mudas de melão emergindo da cobertura preta (Photograna Olga Araceli Zapata Ramos)

Rizobactérias . Para estudo ele efeito de inoculação bactérias promotores de crescimento de plantas ele comportamento do melão em casa de vegetação [34] foram utilizados cinco cepas de rizobactérias e um controle sem aplicação em mudas de melão variedade Ovação desenvolvido em turfa estéril .
Trinta dias Após a inoculação, foi transplantado para vasos de 20 litros , tendo tezontle como substrato e irrigação por gotejamento de solução nutritivo . Na colheita foram avaliados a altura das plantas , diâmetro do caule , número e peso médio dos frutos . por planta, produtividade , massa seca de raízes e folhagens .
A inoculação bacteriana não aumentou ele contente clorofila relativa , mas se a altura da planta for até 50,4 por centenas quando ele foi aplicado *Bacillus* cereus.
Com *Pseudomonas* fluorescens , o frutos com maior peso unitário (891 gramas).
O peso seco da raiz aumentar de 38 para 60 por cento centavo , o nitrogênio e sódio em ele folhagem aumentou com a inoculação e concluiu- se que a uso de bactérias na produção A hidroponia do melão é uma alternativa para favorecer ele desenvolvimento de cultivo com práticas amigável com ele atmosfera .
Bioles . Num estudo preliminar [35] para determinar ele efeito da aplicação de biofertilizantes Líquidos " Bioles " - biopreparações artesanato feito com lixo orgânico , rico em micronutrientes , fitohormônios e microrganismos benefícios -, em doses de 5, 10, 15 e 25 por centenas em volume . Eles se inscreveram em granulados foliar semanalmente para ver ele desenvolvimento e gravidade

sintomas em Melão infectado com o vírus do mosaico da abóbora . Concluiu - se que a aplicação de Biol a 25% em pisos infetado aumentar em 22 por cento o comprimento das plantas e o número de folhas, assim como a redução de 26 por cento centenas na gravidade do sintomas provocado por o vírus. Foi encontrado a alto correlação doses positivas aplicado do bioles com o comprimento das plantas e o número de folhas, assim como a forte correlação entre as doses do bioles e a diminuição sintomas provocado por o vírus.

Aplicação de vários fontes de composto de melão

Substrato de resíduos de cogumelos . Estudar a mistura de resíduos do cultivo de cogumelos (SMS) com composto de esterco para obtenção substrato e desenvolver mudas de melão com gota de mel organicamente em condições de casa de vegetação Foram avaliados : 100 % SMS cento , misturas de SMS e composto de esterco de galinha , misturas de SMS e composto de esterco animal em diferente proporções : 80, 60, 40 e 20 por centenas . Os resultados que obtiveram indicou que a adição de composto de esterco ao meios de cultura baseado em SMS eu provoco a diminuir na alcalinidade , um aumento na porosidade , um aumento na condutividade elétrica que é um indicador de salinidade , o aumentar na capacidade total de retenção de água e diferença favorável nas concentrações de nutrientes . 80 por por cento de SMS inibiu a germinação das sementes , no entanto , o resíduos de substratos do cultivo de cogumelos em 40 % centenas gerou a condição mais adequada para o desenvolvimento de mudas [36] .

Composto de resíduos de destilação . Em condições de campo , o composto derivado de desperdício produzido na adega de destilação em uma cultura de melão irrigado tradicionalmente cultivado na área onde são gerados esses resíduos [37] ; foram estudados três dose de composto : 7, 13 e 20 toneladas por hectare e um parcela sem aplicação de composto. Como resultado , houve a melhoria significativo em ele desempenho do frutas em parcelas com aplicação de 13 toneladas por hectare de composto e aquele compKa todos o requisitos para obter retorna elevado . Além disso, a aplicação de composto melhorou a qualidade dos frutos com maior teor de sólidos . solúvel (°Brix). Foi observado um efeito do fósforo que causou um aumento em ele número de frutas Individual nas parcelas que receberam a incorporação de composto .

composto de resíduos sólido urbano . Procurando reduzir ele uso do tradicional multidões *Esfagno,* cinco meios de cultura formulado a partir de turfa preto , turfa loiro , perlita e composto residual sólido urbano eram utilizado para obtenção de mudas de melão da cultivar Eros, no período de 25 dias , sem adubação [38] . Os autores estabeleceu que a compostagem de resíduos sólido urbano Isso pode ser usado como componente na formulação de misturas com turfa para produção de mudas de melão , proporcionando a alternativa turfa ecológica *Esfagno* . Os valores elevado em salinidade e pH encontrados em esse estudar aparecer como o principal fatores limitantes dele emprego como substrato de cultivo , embora esse pode ser resolvido fazendo compostar misturas com turfa , que também melhoraria as propriedades física do substrato resultante . A mistura de turfa preta + composto residual sólido urbano + Fósforo (65, 30 e 5% volume:volume , respectivamente) garantiram a obtenção de mudas de melão com índices de qualidade semelhantes aos obtidos com as misturas turfa preta convencional e turfa loira. A salinidade elevado pode ser corrigido lavando substrato apropriado antes utilização como meio de cultura para produção de plantas em vasos sem perda de produção . composto de resíduos sólido urbano fornece não apenas um substituto barato e alto qualidade comparado à turfa mas também uma solução para a gestão de desperdício

urbano nas cidades .
Aplicação de fertilizantes adubação orgânica e inorgânica para melão
Orgânico e inorgânico ao solo e à folhagem . Determinar o estado nutricional, desenvolvimento , produtividade e qualidade do fruto do melão com cobertura morta e fertirrigação era avaliado sua nutrição [39] através da aplicação de: fórmula de fertilização 180-100-200 (NPK), este mesma fórmula mais ativadores orgânico e foliar inorgânico , a mesma fórmula mais biofertilizantes orgânico foliar e solo e finalmente a mesma fórmula mais hormônios e inorgânicos para a folhagem . Houve um efeito significativo do tratamentos na nutrição foliar com Nitrogênio e Fósforo ; não havia diferenças em Potássio total e em Nitrogênio . Foi encontrado a relação entre a quantidade de nitrogênio e potássio foliar com o produtividade de melão de qualidade Bruce (Jumbo). O uso de folhas foliares em melão fertirrigado favorecido ele aumentar na qualidade dos frutos e na nutrição , bem como na produção e crescimento da cultura .

Composto de esterco e fertilizantes . A aplicação de compostos de esterco e seus combinação com fertilizante sintético nas propriedades do solo e crescimento de melão desenvolvido em vaso sob condições de malha de sombra foram estudado durante o outono-inverno [40] . O estudo foi baseado em quantidades nitrogênio total semelhante em tratamentos equivalentes . Os tratamentos eram quantidades de aplicação para um pote de compostagem de esterco de gado ; composto de esterco de aves ; fertilizante nitrogênio , fósforo e potássio (12-18-12); e um combinação de ambos os compostos com fertilizante (12-18-12). Os resultados mostraram que o composto de esterco de aves favorecia a eficiência de crescimento da colheita em comparação com composto de estrume animal . Além disso , o tratamentos misturas de fertilizantes sintéticos e fertilizantes orgânico obteve maior biomassa de melão em comparação com tratamentos simples de compostagem . Tratamento de fertilizantes composto sintético e de esterco de aves gerou o melhor condição para ele desempenho da cultura do melão , melhorando as propriedades produtos químicos do solo .

Conclusões
A nutrição do melão é de grande importância já que está relacionado diretamente com a qualidade da fruta em termos de tamanho , aparência , textura , sabor , aroma, valor nutricional e propriedades funcional . Permitido três formas de nutrição vegetal : nutrição carbonatado através da incorporação e transformação de dióxido de carbono em carboidratos em ele processo de fotossíntese ; nutrição mineral, através da assimilação de elementos pela raiz nutrientes simples e nutrição da água Esta é a absorção de água para a fotossíntese e com ela a absorção de minerais . A produção hortcola em sistemas protegido é um alternativa à produção tradicional no campo, especialmente em plantações altamente lucrativo . Esses sistemas Eles têm comprovado obter maior desempenho e qualidade , aproveitando eficiente do nutrientes e água . Vários alternativas foram implementado procurando aumentar a produtividade agrícola como aplicar fertilizantes orgânicos , biofertilizantes e bactérias promotores de crescimento de plantas . Seu aplicativo é favorecido por dolo comportamento amigável com ele meio ambiente , o potencial exploração do ciclos biogeoquímica do Unid nutritivo e o menos dependência de suprimentos sintéticos .

Condução e captura de frutos de melão em estufa (Fotografia Alejandro Moreno Resende)

Referências

1. Gonzalez-Rodriguez C, Martinez-Losada C, Garcia-Barros S. O modelo de nutrição vegetal ao longo da história e sua importância para o ensino . Reverenda Eureka Ensen Divulgação Ciência . 2014;11(1):2-12.
2. Mengel K, Kirkby EA. Princípios de nutrição vegetal. Ed. Instituto Internacional de Potassa. Basileia, Suíça. 5ª ed. 2001;849p.
3. Instituto de Pesquisa Agrícola (INIA). Manual de manuseio agronômico para cultivo de melão (Cucumis melo L.) . Boletim INIA N° 01. Santiago, Chile. 2017;92p. [Online] http://www.inia.cl/wp-content/uploads/ ProductionManuals /01%20Melon%20Manual.pdf (Consulta: 15/09/20).
4. Luna-Fletes JA, Can- Chulim A, Cruz-Crespo E, Bugarin-Montoya R, Valdivia-Reynoso MG. Intensidade e soluções de desbaste nutritivo na qualidade do tomate cereja . Rev Fitotec Mex. 2018;41(1):59-66.
5. Contreras JI, Lao MT, Segura ML. Produção e absorção de macroelementos provenientes do cultivo do melão em estufa sob diferentes Dose NK e salinidade da água . Registros Hortícolas . 2014;66:65 -71.
6. Mendoza-Cortez JW , Cecilio-Filho AB, Costa- Grangeiro L, Tavares-de Oliveira FH. Crescimento , acúmulo de macronutrientes e produção de melão e melão amarelo . Rev Caatinga. 2014;27(3):72-82.
7. Sanches VJ. Fertilidade do solo e nutrição mineral das plantas - Conceitos Fundamentos -. s/f;1-19. [Online] http://www.exa.unne.edu.ar/biologia/fisiologia.vegetal/FERTILIDAD%20DEL%20SUELO%20Y%20N UTRICION.pdf (Consultado: 11/04/20).
8. Azpilicueta C, Pena L, Gallego S. Metais e plantas : entre nutrição e toxicidade . Revista Ciência hoje. 2010; 20(116): 12-6.
9. Villegas-Torres OG, Dominguez-Patino ML, Martinez-Jaimes P, Aguilar-Cortes M. Cobre e Níquel, microelementos essencial na nutrição de plantas . Rev Csc Nat & Agrop . 2015;2(2):285-95.
10. Chen L, Liao H. Engenharia da eficiência dos nutrientes das culturas para uma agricultura sustentável. J Integr Planta Biol. 2017;59(10):710-35.
11. Aguiar-Neto P, Costa- Grangeiro L, Salviano-Mendes AM, Duarte-Costa N, Alves-da Cunha AP. Crescimento e acúmulo de nutrientes na cultura do melão em Baraúna-RN e Petrolina-PE. Rev Bras Frutico . 2014; 36(3):556-67.
12. Hernandez-Diaz MI, Chailloux-Laffita M. Nutrição mineral e biofertilização em ele cultivo de tomate (Lycopersicon esculentum Mill.). Tema Ciência e Tecnologia . 2011;5(13):11-27.
13. Alarcón AL. Tecnologia para culturas de alto rendimento . Notícias Agrícolas SA Murcia. Espanha. 2000;460p.
14. Rodriguez Z, Pire R. Extração de N, P, K, Ca e Mg por plantas de melão (Cucumis melo L.) Híbrido Packstar nas condições de Tarabana , estado de Lara . Rev Fac Agron (LUZ). 2004;21: 141-5
15. Ku^ukyumuk Z, Ku^ukyumuk C, Erdal I. Mudanças sazonais de alguns nutrientes das plantas sob programas de irrigação deficitários da variedade de maçã 'Braeburn'. J Alimentos Agrícolas Meio Ambiente. 2013;11:(3&4):1687-91.

16. Sancho VH. Curvas de absorção de nutrientes : importância e utilização em o programas de fertilização . Informações Agronômicas s/ f;36:11 -13. [On-line]: http://intranet.exa.unne.edu.ar/biologia/fisiologia.vegetal/CURVAS%20DE%20ABSORCION%20DE%20NUTRIENTES.pdf (Consultado: 08/04/20).

17. Kano C, de Camargo-Carmello QA, da Silva-Cardoso S, Frizzone JA. Absorção de nutrientes pelo melão em estufa. Semina: Cienc . Por favor 2010;31(1):1155-64.

18. Fita A, Nuez F, Pico B. Adaptação do sistema radicular do melão (*Cucumis melo* L.) contra a deficiência em corresponder . Vergel Agrícola. 2011;1(1):151-4.

19. Martmez -Castillo R. Soberania indústria agroalimentar : características , obstáculos e perspectivas , Ciência e Sociedade. 2010;35(4):623-56.

20. Palacios-Vélez OL, Escobar-Villagran BS. A sustentabilidade da agricultura irrigada face à sobreexploração dos aquíferos . Tecnol Ciência Água. 2016; 7(2):5-16.

21. Lugo-Morin DR. Avaliação de risco agro - ambiental solos comunitários indígenas do estado Anzoátegui , Venezuela. Ecossistemas 2007;26(1):69-79.

22. Kapoor J, Sharma S, Rana NK. Vermicompostagem para gestão de resíduos orgânicos. 6(12):7956-60.

23. Daza MC, D^az J , Aguirre E, Urrutia N. Efeito da liberação de fertilizantes lento na lixiviação e nutrição de nitratos nitrogenado em Estévia . Rev. Colomb Cien Horrível . 2015;9(1):112-23.

24. D^az-Franco A, Alvarado-Carrillo M, Alexander-Allende F, Ortiz-Chairez FE. Crescimento, nutrição e produtividade de abóbora com adubação biológica e mineral. Rev Int Ambiental Cont . 2016;32(4):1-17.

25. D^az-Franco A, Alvarado-Carrillo M, Alexander-Allende F, Ortiz-Chairez FE. Crescimento , nutrição e produtividade de abóbora com adubação biológico e mineral. Rev Int Ambiental Cont . 2016; 32(4): 445-5

26. Reyes-Perez JJ, Luna-Murillo RA, Reyes-Bermeo MR, Abasolo-Pacheco F, Espinosa- Cunuhay KA, Lopez-Bustamante RJ, et al. Uso de minhocas e aguapé sobre ele crescimento e desenvolvimento de pepino (*Cucumissativus* , L). Biotecnia 2017;19(2):30-5.

27. Perez-Fernandez AR, Ruiz-Morales M, Lobato-Calleros MO, Perez-Valera E, Rodriguez-Salinas P. Substrato biofísico para agricultura protegido e urbano de compostos e agregados vindo do desperdício sólido urbano . Rev Int Contam Ambiente. 2018;34(3):383-94.

28. Sanchez-Hernandez DJ, Fortis-Hernandez M, Esparza-Rivera JM, Rodriguez-Ortiz JC, de la Cruz-Lazaro E, Sanchez-Chavez E, et al. Utilização de vermicomposto na produção de frutos de melão e sua qualidade nutracêutico . Interciência . 2016;41(3):213-17.

29. Fortis-Hernandez M, Sanchez-Tapia C, Preciado-Rangel P, Salazar-Sosa E, Segura-Castruita, MA, Orozco-Vidal JA, et al. Substratos orgânico tratados para produção de pepino (*Cucumis sativus* L.) em sistema protegido . Centenas Tecnol Agricultura . 2013;1(2):1-7.

30. Hernandez-Rodriguez O, Hernandez- Tecorral A, Rivera-Figueroa C, Arras-Vota AM, Ojeda-Barrios D. Qualidade nutricional de quatro fertilizantes orgânico produzido a partir de resíduos vegetais e gado . Terra Latinoam . 2013;31(1):35-46.

31. Padilla E, Esqueda M, Sanchez A, Troncoso-Rojas R, Sanchez A. Efeito dos biofertilizantes pt cultivo de melão com estofamento plástico . Rev Phytotec Mex. 2006;29(4):321-29.

32. Bautista-Hernández CF. Efeito de diferentes fontes nutricionais no potencial produtivo de duas variedades de pimenta (*Capsicum annuum* L.) em condições de casa de vegetação . Biotecnologia 2017;19(1):17-2

33. Moreno-Resendez A, Garda-Gutierrez L, Cano-Rfos P, Martmez -Cueto V, Marquez-Hernandez C, Rodriguez-Dimas N. Desenvolvimento do cultivo de melão (*Cucumis melo*) com vermicomposto em casa de vegetação . Ecosist Recur Agropec . 2014;1(8):163-73.

34. Rodriguez-Mendoza MN, San Miguel-Chavez R, Garda-Cue JL, Benavides-Mendoza A. Inoculação de bactérias promotoras de crescimento em melão (*Cucumis melo*). Interciência . 2013;38(12):857-62.

35. Alvarez R, Espinoza L, Ruiz O, Peralta EL. Efeito do biofertilizantes líquidos produzidos localmente " Bioles " , em ele desenvolvimento de sintomas causado por Vírus do Mosaico de Abóbora (SqMV) em ele cultivo de melão (*Cucumis melo* L.) var. editado em condições de estufa . [Online]: http://www.dspace.espol.edu.ec/bitstream/123456789/17063/1/Robert%20Alvarez%20%20-%20Art%C3%ADculo%20Tesis%2014%20Sep%20Versi%C3%B3n%20Final.pdf (Consulta: 14/09/20).

36. Van-Tam N, Wang C. Uso de substrato de cogumelo gasto e composto de esterco para mudas de melão J Regul Crec Pl. 2015;34:417-24.

37. Villena R., Castellanos MT, Cartagena MC, Ribas F, Arce A, Cabello, et al. Efeito da compostagem de resíduos de destilaria vinícola no desempenho da cultura do melão em condições de campo. Ciência Agrícola. 20l8;75(6):494-503.

38. Herrera F, Castillo JE, Lopez-Bellido RJ, Lopez-Bellido L. Uso de composto DE RSU como substrato alternativo à turfa em canteiros de melão . 2019; Minutos Não. 50. XI Conferência do Grupo de Horticultura : 152-156 [On-line] http://sech.info/ACTAS/Acta%20n%C2%BA%2050.%20XI%20Jornadas%20del%20Grupo%20de%20Horticultura/Sesi%C3%B3n%20III/Utilizaci%C3%B3n%20del% 20Compost%20RSU%20as%20seu

tratamento%20alternativa%20a%20la%20turfa%20in%20semilleros%20de%20mel%C3%B3n.pdf. (Consulta: 16/09/20).

39. Tapia-Vargas LM, Rico-Ponce HR, Vidales-Fernandez I, Larios-Guzman A, Pedraza-Santos ME, Herrera-Basurto J. Complementos nutricional para Desempenho e nutrição do cultivo de melão com fertirrigação e cobertura morta . Rev Mexicana Cien Agric. 2010;1(1):5-15.

40. Vo MH, Wang CH. Efeitos dos compostos de esterco e sua combinação com fertilizantes orgânicos nas propriedades ácidas do solo e no crescimento do melão (*Cucumis melo* L.). Compost Sci útil. 2015;23(2):117-27.

" Quem passar elenco , terá bom colheita "

Anônimo

17. Equipamentos de proteção e manuseio

O time proteção básica para verificar colmeias como ele macacão de apicultor , véu e luvas , defumador para acalmar as abelhas , berço para abrir a colmeia e fotografias que ilustram dele uso são mostrados abaixo

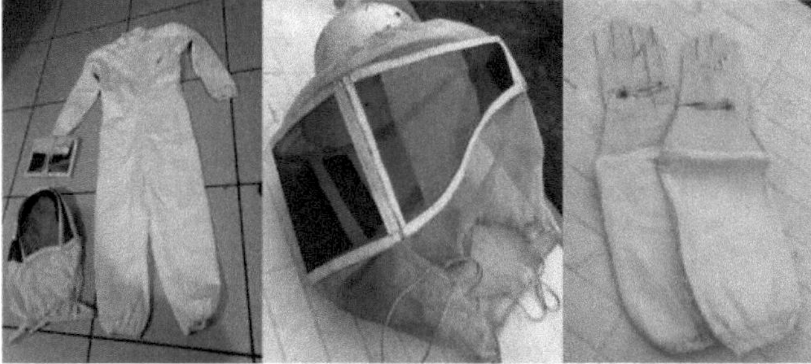

Macacão , véu quadrado e luvas de apicultor

Fumante berços redondos , quadrados e de apicultor para abrir as colmeias

Apicultores verificando as colmeias com o fumante ligado mostrando véus redondos (foto esquerda), quadrado e tipo Sheriff no centro (direita)

véu de jaqueta Tipo xerife , extrema esquerda) e véu quadrado (foto esquerda)
e véu quadrado (foto à direita) com fumantes ambos redondos

Apicultores com véu quadrado , macacão , luvas , equipamentos de inspeção
como berço e fumante quadrado com colmeias tipo enorme
(Fotografias : José Luis Reyes Carrillo, Alicia Galeana Ramirez, Juan Cabrera Reyes e Hector
Genaro Galindo Rodriguez)

"Só a abelha picará quem " ele lida com isso desajeitadamente "

Ditado Espanhol

Créditos fotografias

Agustín Alberto Fu Castillo . Entomologista do INIFAP, Campo Experimental Costa de Hermosillo. E-mail: fuca40@yahoo.com.mx

Alejandro Moreno Resende. Departamento Universitário de Solos Autônomo Antonio Narro Agrário , Unidade Laguna. E-mail: alejamorsa@yahoo.com.mx

Alicia Galeana Ramirez: Empresária agrícola de Yecapixtla , Morelos. E-mail: maestria.ali.29@gmail.com

Fernando Morales Hinojosa. Apicultor lagunero , produtor e criador de abelhas rainhas . E-mail: honeymora@hotmail.es

Héctor Genaro Galindo Rodríguez. Apicultor de Hermosillo, Sonora. E-mail: hectorgalindo59@hotmail.com

Homero Sánchez Galvan. Entomologista da Faculdade de Ciências Biológica - Universidade Juarez do Estado de Durango Email: sanchezgh@ujed.mx

Isabel Blanco Cervantes. Departamento de Biologia , Universidade Autônoma Agrário Antonio Narro, UL. E-mail: miblancocervantes@gmail.com

Javier Cruz Nieto. Coordenado em Pronatura E-mail do Noroeste AC: jcruzpictus@gmail.com

Jordan Hernández Sanchez. Apicultor do estado de Morelos. E-mail: apixt@outlook.com

José Luis Galarza Mendoza. Instituto Tecnológico de Torreón, município de Anna de Torreón, Coahuila. E-mail: galarzajl@yahoo.com.mx

José Luis Reyes Carrillo. Departamento de Biologia , Universidade Autônoma Agrário Antonio Narro, UL. E-mail: jlreyes54@gmail.com

José Omar Enríquez Santacruz. Fotógrafo colaborador da revista Nômade . E-mail: enriquezomar32@gmail.com

Juan Cabrera Reyes. Instituto Tecnológico de Torreón, município de Anna de Torreón, Coahuila. E-mail: cabrera_reyes@yahoo.com.mx

Juan Ocon Cisneros . Apicultor de San Pedro de las Colonias, Coahuila. E-mail: jocis_66@hotmail.com

Luda Marcial Salvador. Instituto Interamericano de Cooperação para a Agricultura (IICA), Saltillo, Coahuila. E-mail: lucy_leo11@hotmail.com

Mário Ruiz Caballero . Amante da natureza e fotógrafo amador . E-mail: maroruizcaballero23@gmail.com

Octavio Vázquez Calvete. Agricultor , pecuarista e apicultor Lagunero . E-mail: julyvazquez@hotmail.com

Olga Araceli Zapata Ramos. Estudante graduado em Ciências Agrário . Universidade autônoma Agrário Antonio Narro, UL. E-mail: aracelizapata-93@hotmail.com

Pedro Cano Rfos. Departamento de Horticultura , Universidade Autônoma Agrário Antonio Narro, UL. E-mail: canorp49@hotmail.com

Roberto Quintero Domínguez. Trabalhador autonomo. Guadalajara Jalisco. E-mail: quintero.roberto@yahoo.com

Rodrigo Ramfrez Enríquez. Representante comercial Idal Nature America SA de CV E-mail: ramzeu@hotmail.es

Romualdo Basílio Montiel. Centro de Bacharelado Tecnológica Agrícola # 104. Nazas , Durango. E-mail: romualdo.basilio@cbta104.edu.mx

Rubi Muñoz Soto. Departamento de Biologia , Universidade Autônoma Agrário Antonio Narro, UL. E-mail: rumuso23@hotmail.com

Samuel Atahualpa Ramírez Madas . Conselho Local de Fitossanidade da Região Lagunera . E-mail: samuelram2000@hotmail.com

Urbano Nava Camberos . Faculdade de Agricultura e Zootecnia-Faculdade de

Ciências Biológico , Universidade Juarez do Estado de Durango Email: nava_cu@hotmail.com

Vaughan Bryant. Universidade Texas A&M., College Station, Texas, EUA. E-mail: vbryant@tamu.edu

Verônica Ávila Rodriguez . Faculdade de Ciências Biológica -Universidade Juarez do Estado de Durango Email: vavilar@gmail.com

Verônica Garda Mendoza. Consultor de negócios agrícola E-mail: agronegociosrentablesmktg@gmail.com

Yasmm del Rodo Guevara Ramfrez . Estudante de Medicina Veterinária Zootecnista . Universidade autônoma Agrário Antonio Narro, UL. e-mail : yazmin201997@gmail.com

"A vida da abelha é como um poço mágico : quanto mais você extrai dele , mais ele se enche de água "

Karl Von Frisch

Glossário

PARA

Abelha, *Apis mellifera*
Zangões , *Bombus* spp
Ácaro traqueal , Acarapis *madeira*

Ácaro Varroa , *destruidor Varroa*
Cuidando , *cuidando*
Aphelandra , *Aphelandra acanthus*
Abacate , *Persea Americana*
Afogamento , causado por o fungo *Rhizoctonia solani* , *Pythium* spp e *Fusarium* spp
Alho, *Allium sativum*

Ajonjoli , *gergelim indiano*
Alegria, *rastejando impaciente*

Alfafa, *Medicago sativa*
Levantem-se, caixas com seus favos de mel que são colocados sobre a colmeia para ele armazém de mel .
Tulipa amarela , Hibiscus coulteri
Fedido , *Sarcostemma cynanchoides*
Oxicoco azul , *Vaccinium ashei*
Aranha vermelha , *Tetranychus* spp
Áster, *Leucosyris spinosa*
Vespas, Vespidae

b

Broca de frutas , Diaphania *hyalinata*

Bendejo , *Hormathophylla spinosa*

Borragem , *Borago officinalis*
Brezo , *Calluna vulgaris*
Brócolis , *Brassica oleracea*
C
Flor de lagarto , *Stapelia*

gigante
Folato , Vitamina B
Morango , *Fragaria* spp
g

Grão de bico , *Peganum mexicano*
Girassol, *Helianthus annus*

Governador, *Larrea tridentata*

Governador, *Larrea divaricata* subsp. O Tridente

Amendoim , *Arachis hypogaea*
Cacau, *Theobroma cacau*
Cactos colunares , *Pachycereus marginatus*
Cadillo, Xanthium strumarium
Abóbora "kabocha", *Cucurbita maxima*
Calêndula, *Calendula officinalis*
Calliphoridae , moscas de carne
Melão, *melão*
Cardenche , *Cylindropuntia imbricata*
Cebola, Allium *cepa*
Cempoal , *Tagetes erguido*
Cenicila , *Podosphaera xanthi*
Cyclocephala , besouro família Scarabaeidae
Chicalote, *Argemone Mexicano*
Chicharrita verde , *Empoasca fabae*
Chile, *Capsicum annuum*
Coentro, *Coentro sativum*
Beija-flores , *Amazilia violaceps* , *Cynanthus sordidus* e *Cynanthus*
Para a esquerda
Apodiformes, família Trochilidae
Cópula, união sexual do macho e da hembra
Tiririca , *Cyperus esculentus*
Corbfcula , cesta de pólen de perna parte traseira da abelha
Corniculos dos piolhos , um par de apêndices abdominal
Correhuela anual , *Ipomoea purpurea*
Correhuela perene , *Convolvulus arvensis*
J.

Jatropha , *Jatropha curcas*
Juno escuro , *Dione Juno*
eu

Lantana, *Lantana camara*

Lavanda, *Lavandula angustifolia*

Alface, *Lactuca sativa*
Limão, *Citrus limettioides*

vermicomposto vermes , *O fetiche de Eisenia*

Cosmopolita , comum a um grande número de passagens
Cuscuta , *Cuscuta arvensis*
D
Dança circular, *dança redonda*

Dança Wagle

Predadores do pulgão , *Chrysoperla carnea* , *Hipodamia convergens* e parasitóides *Lisiflebo testaceipes* e *Aphidius* spp
Diabrótica , *Diabrótica belteata* , *D. undecimpunctata* e *Acalyma trivializado*
Dente de leão , *Taraxacum officinale*

D^ptera , insetos que possuem apenas duas asas membranosas

Drury , *Dismorfia crise*
E
Elzúnia , *Elzúnia humboldtius*
Finalmente patógenos eficazes , *Beauveria bassiana* , *Paecilomyces fumosoroceus* , *P. farinosus* , *Verticillium lecanii* , *Metarhizium anisopliae* e *Aschersonia Aleirodis*
Beija-flor esfinge, *Macroglossum de estrelas*
Espermateca , bolsa onde ele se armazena esperma
Eucalipto , *glóbulos de eucalipto*

Exina , camada externa dura do grão de pólen
F

FABIS, *abelha africanizada rápida Sistema de identificação*

Famílias de morcegos especializado em flores, *Phyllostomidae* e *Pteropodidae*
Felder, *Phoebe rurina*
Micrograma (pg), milhão de imagens
parte de 1 grama
Microsporidium, *Nosema* spp
Vime , *Chilopsis linearis*
Mineiro de folhas , *Liriomyza sativae* e *Liriomyza trifólio*

Mosca Branca , Bemisia *tabaci* biótipo B = *B. Argentifiolii*
Moscas comercial , Calliphoridae
Moscas de língua curta , *Phoridae, Sciaridae* , *Mycetophilidae* e *Piophilidae*

Andorinha , *Euphorbia micrómera*

Grilo, *Gryllus* (= *Acheta*) spp

Cuidando , cuidando

Guanabana, *Annona muricata*

Minhoca falso metro , *Tricoplusia é*

Verme soldado , *Spodoptera exigua*

H

Hediondilla, *Verbesina encelóides*

Hemolinfa líquida interno do invertebrados , geralmente incolor , contendo substâncias nutrientes , embora não seja oxigênio

Hibernar, torpor durante ele inverno .

Grama Bitsa , *Helianthus ciliar*

Grama formiga , Allionia *encarnar*

Hymenoptera , artrópodes asas membranosas

Formigas , Formicidae

Huizache , *Vachellia Farnesiano*

Ei

Instar , estágio de desenvolvimento o insetos para atingir a maturidade sexual

Parasitóides de pulgões *Lisiflebo testaceipes* e *Aphidius* spp

Parasitoides del minador , *Dyglyphusbegin , Solenotus intermedius* e *Chrysocharis* sp

Parasitóides nativos , *Encarsia pergandiella , Eretmocerus Teajanus , Encarsia luteola*

Pasto Buffel, *Cenchrus ciliaris*

Pepino, *Pepino sativa*

Pilladores , abejas ladrões

Pinabete , *Tamarix* spp

Piquera , acesso às colmeias para que as abelhas pode Entre e saia

Pesticidas microbianos , *Bacillus thuringiensis* e *Beauveria bassiana*

Própolis , goma resinoso que as abelhas Eles coletam brotos de arbustos ou árvores

Pulga saltador , *Epitrix pepino*

Pulgão do melão , *Aphis gossypii*

Pupa, último estágio da

M

Macadâmia, *Macadâmia ternifolia*

Magnólia Laranja , *Magnólia Laranja*

Maguey, *Agave aspermia*

Ma^z , *o milho*

Majagua, *Hibiscus tiliaceus*

Manga, *Mangifera indica*

Maçã, *malus doméstico*

Maracujá , *Passiflora edulis*

Maranon , *Anacardium occidentale*

Murchando bacteriana , *Erwina tracheiphila*

Murcha vascular , *Fusarium oxysporum* f. sp. melonis

Borboleta amarela de asas longas , *Heliconius clisônimo*

Borboletas e mariposas , Lepidópteros

Borboleta Monarca, *Danaus plexippo*

Melão, *Cucumis melo*

Mesquite, *Prosopis juliflora*

Algaroba americana, *Parkinsonia aculeata*

Mícron, milésimo parte de um miKmeter

R

Rabanillo , *Raphanus raphanistrum*

Reticulado , com aparência de vermelho

Rizobactérias , *Ochrobactrum Anthropus , Microbactéria* spp , *Bacillus cereus, Pseudomonas fluroescens* e *Sphingomonas*

Santo

Melancia, *Citrullus lanatus*

Síndrome , conjunto de sintomas

Sorgo, *Sorghum vulgare* spp , vários espécies

T

Tatalencho , *Gimnosperma glutinoso*

Tecomate , *Crescentia cujete*

Tizon foliar, *Alternaria cucumerina*

Tomate, *Solanum lycopersicum*

grama de trigo , *Phagopyrum esculentum*

Trompete pinheiro dourado , *Angadenia berteroi*

Moscas de língua comprida , *Nemestrinidae* e *Tabanidae*

Mostacilla , pimenta- pássaro , Ferro sisímbrio

Mostarda , *Sinapis alba*

Mostarda amarela , *diplotaxia virgata*

Morcegos , *Choeronycterus Mexicano* e *Leptonycteris curasoae*

N

Nabo, *Brassica napus*

Ninfa, semelhante ao adulto mas em estado imaturo

Noz, *Carya illinoinensis*

Nosemiase , protozoário microsporídio parasita *Nosema* intestinal spp

QUALQUER

Ocotillo, *Fouqueria splendens*

Olho de gato , *Pulicária disenterica*

Operacular, fechar com cera célula de um favo de mel

P

Palmeira solitária, *Syagrus orinocensis*

Mamão, *Carica papaya*

Turfa, carvão leve, esponjoso e com terreno em lugares pantanoso devido à decomposição de restos mortais vegetais

Turfa , *Esfagno*

V

Beldroega, *Portulaca oleracea*

Inconstante , muito caule pequeno resistência ,

Vírus do mosaico do tabaco pulgões , *Aphis gossypii, Macrospihum euphorbiae* e *Myzus persicae*

E

Mandioca, *Mandioca* spp

Z

Zacate Búfalo, búfalo , *Cenchrus ciliaris*

Zacate chinês , bermudas , perna de galo , *Cynodon dáctilo*

Zacate Johnson, *sorgo* e *lápis*

Nota adesiva de Zacate , *Setaria verticalmente*

Zacate pinto, *Echinochloa coluna*

metamorfose de larva a adulto
P

Quelita , *Amaranthus palmeri*

Trombeta , *Solanum eleagnifolium*

Cenoura , *Daucus carota*

Canela campainha , *Selasphorus rufus*

210

" Uma boa entendimento poucas palavras"

cardeal Mazarino

As abelhas melliferas e a polinização do melão
Edição
Isidro Reyes Juárez
Corretivo de estilo
Robert Quinto Dominguez
Diseno
Isidro Reyes Juárez

Buy your books fast and straightforward online - at one of world's fastest growing online book stores! Environmentally sound due to Print-on-Demand technologies.

Buy your books online at
www.morebooks.shop

Compre os seus livros mais rápido e diretamente na internet, em uma das livrarias on-line com o maior crescimento no mundo! Produção que protege o meio ambiente através das tecnologias de impressão sob demanda.

Compre os seus livros on-line em
www.morebooks.shop

Printed by Books on Demand GmbH, Norderstedt / Germany